U1002510

Routledge
Taylor & Francis Group

GOOD CITIES, BETTER LIVES

HOW EUROPE DISCOVERED THE LOST ART OF URBANISM

更好的城市

——寻找欧洲失落的城市生活艺术

彼得·霍尔（Peter Hall）/ 著
袁 媛 / 译

江苏凤凰教育出版社
Phoenix Education Publishing, Ltd

图书在版编目（CIP）数据

更好的城市/（英）霍尔著；袁媛译．—南京：
江苏凤凰教育出版社，2015.10
（世界城市研究精品译丛）
ISBN 978-7-5499-5089-8

Ⅰ.①更… Ⅱ.①霍… ②袁… Ⅲ.①城市规划—研
究 Ⅳ.①TU984

中国版本图书馆CIP数据核字(2015)第131801号

All Rights Reserved
Authorised translation from the English language edition published by Routledge, a member of the Taylor & Francis Group.
Copies of this book sold without a Taylor & Francis sticker on the cover are unauthorized and illegal.

本书中文简体翻译版授权由江苏凤凰教育出版社有限公司独家出版并限在中国大陆地区销售，未经出版者书面许可，不得以任何方式复制或发行本书的任何部分。
本书封面贴有 Taylor & Francis 公司防伪标签，无标签者不得销售。

书　　名　更好的城市——寻找欧洲失落的城市生活艺术
著　　者　彼得·霍尔（Peter Hall）著
译　　者　袁　媛
责任编辑　任　晖
装帧设计　周　晨
出版发行　凤凰出版传媒股份有限公司
　　　　　江苏凤凰教育出版社（南京市湖南路1号A楼　邮编210009）
苏教网址　http://www.1088.com.cn
照　　排　南京紫藤制版印务中心
印　　刷　江苏凤凰通达印刷有限公司(电话025-57572528)
厂　　址　南京市六合区冶山镇（邮编211523）
开　　本　787毫米×1092毫米　1/16
印　　张　23.25
版　　次　2015年10月第1版　2015年10月第1次印刷
书　　号　ISBN 978-7-5499-5089-8
定　　价　65.00元
网店地址　http://jsfhjycbs.tmall.com
新浪微博　http://e.weibo.com/jsfhjy
邮购电话　025-85406265，85400774 短信 02585420909
盗版举报　025-83658579

苏教版图书若有印装错误可向承印厂调换
提供盗版线索者给予重奖

目录

第三部分：来自欧洲的经验

插图说明

我们非常感谢所有授权使用照片和图表的人，下文列出了标题页及各章节开篇的插图来源，其他图片来源附在文字说明中，没有说明来源的图片由 Peter Hall 提供。

简介："新耶路撒冷"来自 14 世纪的启示录挂毯，昂热城堡。（照片：CC Kimon Berlin）

第一部分：布里克巷，星期天，2013 年 2 月 17 日。（照片：Yasser Elsheshtawy）

第 1 章：旧天平秤。（照片：CC NikodemNijaki）

第 2 章：贝丁顿零能耗开发（BedZED）的生态村，伦敦海科布瑞吉（Hackbridge），（照片：CC Tom Chance）

第 3 章：布莱克浦有轨电车（照片：CC Mark S. Jobling）

第 4 章：在石勒苏益格-荷尔斯泰因州（Schleswig-Holstein）的韦塞尔布雷内尔代肖森市（Wesselburener Deichhausen），被奶牛忽略的风力发电机（照片：CC Dirk Ingo Franke）

第 5 章：修理拖拉机，1996 年，承蒙联邦档案提供（Bud 183 - E0208 - 0005 - 001/CC - BY - SA）

第二部分：来自詹姆斯 S. 贝克汉姆（James S.Buckingham）的示范镇计划，国家罪恶及补救方法：一个样板城镇的规划方案（*National Evils and Practical Remedies with a Plan of a Model Town*），1849。

第 6 章：20 世纪 20 年代的电动游览车，来自哈罗德 F. B. 惠勒（Harold F.B. Wheeler）的《知识全书》（*The Book of Knowledge*），1924。

第 7 章：第一百万辆大众甲壳虫。

第 8 章：吉斯特风车（The Spirit Mill，建于 1565 年），阿尔克马尔（Alkmaar），（照片：CC Guido Kieven）

第 9 章：一张旧明信片，印着 1906 年前从图尔奈城门（Porte de Tournai）到里尔（Lille）的 H 线缆车轨道上的电车，（由 Claude Villetaneuse 扫描）

第 10 章：哥本哈根城市自行车(图片：CC Ehedaya)

第 11 章：梅斯特 N. J. W. 弗莱堡布赖斯(Meister N. J. W. Freiburg im Breisgau)，*c*. 1580(照片：CC Andreas Praefcke)

第三部分：由海因里希许布什(Heinrich Hübsch)设计，建于 1833～1836 年间的卡尔斯鲁厄工艺大楼(Karlsruhe Polytechnicum，现在是科技大学)主体建筑的旧主入口

第 12 章：中世纪的课堂和老师。

前　言

这本书缘于和尼古拉斯·福尔克（Nicholas Falk）的一次谈话，他是 URBED（Urbanism，Environment and Design）的创始人。这些年来，我们引导着英国的规划师们（他为 URBED，我为城乡规划协会）考察欧洲大陆著名的“最佳实践”城市：它们是欧洲最适合居住和工作的地方。它们创造了良好的就业机会，在自然景观一流的地方建设了精致的住房，并形成了丰富的城市生活。不仅如此，这些城市同时也成了可持续城市生活、最小化能源需求、废物再利用并减少排放量的典范。以不同的方式在不同的程度上，它们似乎一切都做到了最好。那么，我们为何不将在那里学到的经验分享给更多的专业人士以及学生读者呢？

基于这个想法，我们首先在导言中阐述了英国城市及城市生活中所看到的、已经有了弊端的主要问题。然后，在本书的核心部分，我们会带领读者进行一次从德国到荷兰，经法国到斯堪的纳维亚，最后回到德国的 21 世纪的泛欧旅行（twenty-first-century Grand Tour①），详细描绘我们所欣赏的城市。最后，我们试图提炼它们的经验，为了应用而转化成一系列具体的、积极的建议提供给决策者和专家——这不仅适用于英国，也适用于那些探寻城市成功秘诀的世界各地的城市。

① Grand Tour 是指从前英国贵族子女遍游欧洲大陆的教育旅行，也称泛欧旅行。——译者注

我希望本书能够实现这个目标——即使不是以我们预期的方式。因为一些我俩都不能预见的原因，我不得已承担了撰写文稿的任务，成文得益于多次修改的草稿，从我们已完成的工作中提取的材料，以及我俩关于每章节最后总结部分的讨论。同时，我也在与专业人士、学术界朋友的交谈中受益匪浅。因此，这本“在尼古拉斯的帮助下，由彼得撰写”的最终成书反映了原本的共同理念。

首先，许多人和机构给出了建议和材料，对多次修改的草稿提出了重要的意见，对此我感激不尽。首先要感谢组织考察斯堪的纳维亚、弗莱堡（Freiburg）和荷兰的城乡规划协会（TCPA）的工作人员：克洛伊西·奥博尔德（Chloe Theobald）、亚历克斯·豪斯（Alex House）、

斯蒂芬妮 · 迪金斯（Stephanie Dickins）、菲奥娜 · 曼尼（Fiona Mannion）和黛安 · 史密斯（Diane Smith）。同时，向引导荷兰之旅的格雷姆·贝尔（Graeme Bell）致谢。还要感谢众多的合作者，在顺利或（有时）艰难时，他们都展示着自己的最佳状态，身体力行地引导考察活动。人数太多，在此不一一列举。但有一个名字必须提及，那就是沃尔夫·达斯肯（Wulf Daseking），这位传奇的城市规划师在弗莱堡工作了 27 年，直到 2012 年退休，现在他是弗莱堡大学和伦敦大学学院的客座教授。谨以此书向他及他的成就致敬。

其次，我要谢谢伦敦大学学院参与欧盟项目（SINTROPHER[①]和 SYNAPTIC[②]）的同事们：科恩·奥斯本（Cohn Osborne）、查尔斯·金（Charles King）、伊克巴尔·哈米德丁（Iqbal Hamiduddin）、罗宾·希克曼（Robin Hickman）、彼得·琼斯（Peter Jones），维罗尼卡·希普利（Veronique Shipley）和勒诺·斯科特（Lenore Scott），以及在布莱克浦（Blackpool）、瓦朗谢纳（Valenciennes）、西弗兰德（West Flanders）、奈梅亨（Nijmegen）和卡塞尔（Kassel）的许多欧盟项目的合作伙伴。

这本书很大程度上依赖于他人的基础研究，这点在扩展引用中表现得非常明显。尤其我的 UCL 同事克莱尔·科洛姆关于柏林和里尔/鲁贝的研究和安妮·鲍尔与 jörg plöger 合著的研究莱比锡的书——《凤凰城》(Phoenix Cities)。

向对原稿中部分内容提出优秀的、建设性意见的人致谢，包括：弗里德·哈同（Frieder Hartung）对德国部分的评论，卡尔·菲舍尔（Karl Fischer）对卡塞尔部分提出的评论，克劳斯·昆兹曼（Klaus Kunzmann）对多特蒙德部分提出的评论，汉·洛尔青（Han Lorzing）提出 URBED 团队考察荷兰的建议，尼尔·科廷（Neil Corteen）和雷纳内·格尔（Rainer Nagel）对柏林部分提出的评论，以及早期和我们一起工作研究的乌尔里奇·菲佛（Ulrich Pfeiffer）对莱比锡的评论。

在第 8 章和第 10 章中有一小部分的前身是《城乡规划》（*Town and Country Planning*）里的文章。我认为我在这篇文章中的判断是正确的，因此，这部分内容似乎有再次利用的价值。

比例地图和数字平面图是由巴斯克·D. 厄兹库（Basak Demires Ozkul）用其非凡的计算机制图技能制作的，感谢巴尔赞基金会（Balzan Foundation）和伦敦大学巴特莱规划学院对这个计划的资金

① SINTROPHER：欧洲边缘地区可持续的整合性有轨电车交通选择（Sustainable Integrated Tram-Based Tra-nsport Options for Perip-heral European Regions）。一个五年的跨国项目，旨在将西欧和北欧的城镇有轨电车交通网整合到欧洲铁路网中，项目将在分属于五个欧盟成员国的五个示范区进行尝试。详见 http：//www. sintro-pher. eu/.

② SYNAPTIC：通过新的先进公共交通方案的协同，改善西欧和北欧的公共交通连通性（Synergy of New Advanced Public Transport Solutions Improving Conne-ctivity in North-West Eu-rope）。由四个交通项目组成，通过其共同作用，提高公共交通网的整体性促进网络无缝衔接。详见 http：//www. synaptic-clu-ster. eu/.

支持。

理查德·波顿（Richard Burton）对原稿进行了专业的排版，并细致地插入了图片。在听不到繁华的 A34 街喧闹声的地方工作，在一个远离商业园的交换枢纽的地方由 Routledge 出版并走向世界，他的工作在当今知识经济时代是一个非同寻常的故事。

和我们已超过三十周年的协会一样，安·拉德金（Ann Rudkin）已经成为一位了不起的编辑，她的能力已经远远超出这份工作的常规要求，尤其在探究文献来源、检查常有的模糊引用方面。至此，我觉得对最终成书的贡献，她几乎和我一样多。

最后，我要谢谢玛格达（Magda），没有她，一切皆无可能。

Peter Hall

伦敦

2013 年 6 月

建设新耶路撒冷：城市的五个挑战

醒悟吧，啊，新时代的青年们！对无知的雇佣兵们，你们要待之如兄弟！雕塑家！建筑师！无法忍受上流社会的傻瓜压制你们的智慧……如果我们是且只是忠于自己的想象……

我将不停这心灵之战，
我的剑也不会在我手中酣睡，
直到我们把耶路撒冷，
重建在英格兰绿色和美好的土地上。

威廉·布莱克（1804）《弥尔顿》序：一首诗（*Preface to Milton: A Poem*）

布莱克的耶路撒冷（Jerusalem）已经成了第二国歌。对于布莱克而言，它的起源相当奇特：一个关于耶稣曾经到访格拉斯顿伯里的神话（Glastonbury，一个想象的但具有诱惑力的地方，远早于第一个圣诞节），和我们应设法创造一个他记忆里的人间天堂。它的音乐表现同样不协调：在 1916 年，当第一次配以休伯特·帕里（Hubert Parry）爵士创作乐谱唱出，以这种孤注一掷的方法去激发战壕里厌战战士们的韧性，并剥离了其神秘的宗教外壳。这首歌为数以百万计的人提供了创造一个更美好世界的灵感。

值得注意的是，它第一次被传唱是在 1945 年的工党会议上，只是作为政党上台时，克莱门特·艾德礼（Clement Attlee）[①]的承诺：建立一个新的耶路撒冷。在这里，不仅要创建国民健康服务——几乎是一座不朽的丰碑——也是英国新城镇建设的第一波。例如哈罗（Harlow）、斯蒂夫尼奇（Stevenage）、东基尔布赖德（East Kilbride）等地，紧跟其后的一代是华盛顿（Washington）[②]、特尔福特（Telford）和米尔顿凯恩斯（Milton Keynes），伦敦东区的战后重建与它们同时进行。

① 英国政治家，1945 年大选带领工党取得压倒性胜利，并意外地击倒在第二次世界大战领导英国的邱吉尔，出任英国首相一职。

② 以疏解英格兰东北部地区过分拥挤的人口而建设的新城。

但是，它们将创造好的城市空间这一长期而突出的英国传统推向了高潮。这一传统可以追溯到数世纪前伦敦、巴斯（Bath）、爱丁堡、都柏林的宜人街道和广场以及许多几乎隐匿于每个城镇和城市的更小的亮点。当然，这一传统越来越直接，不仅表现在莱奇沃思（Letchworth）和韦林（Welwyn）早期的花园城市，也表现在早先由慈善企业家创建的乌托邦式村庄，从有当代罗伯特·欧文（Robert Owen）之称的布莱克的新拉纳克（New Lanark）到威廉·赫斯基思·里弗（William Hesketh Lever）的日光港（Port Sunlight），再到约瑟夫·朗特里（Joseph Rowntree）的新埃尔斯维克（New Earswick）。这些地方是虔诚的拜访者、有鉴赏力的书籍和无数的宣传册及电视节目的主题。

英国城市的分裂

然而，近几十年来，我们似乎步履蹒跚，迷失了方向。我们在城市更新中的太多尝试是华而不实并缺乏深度的。为应对全球化世界的挑战，我们试图创造平衡的城市经济体，而我们的城市和城镇见证了我们的失败。我们的城市社会有时似乎比以往更加两极分化，如 2011 年 8 月的暴乱。当然，暴乱和反社会行为是更深层次的不满意的信号。虽然大多数的肇事者生活在最贫困的地区，但这些与贫穷并非紧密相关，反而体现了源自更广泛的社会异化现象，无论当时是什么样的政府政策（Glazer，1988）。因此，我们需要理解为什么所有促进经济增长并将其扩散到城市中更贫苦地区的努力都惨败收场。

大城市逃离记

与此同时，人们已经用他们的脚——或者车轮——投票了。数以百万计的人持续从城市和城镇逃离，选择居住在小城镇和村庄，他们不再认为城市生活是有吸引力的。在那里，他们屈从于一种任何事情——工作、上学、社交生活、休闲活动等——都完全依赖汽车的生活模式，这一范围广大的地区，由于缺乏有效的公共交通，与城市地区隔离开来了。

事实上，2011 年的人口普查表明，在过去十年，不只是伦敦，还包括其他大城市都有人口的增长，伦敦的人口增长不少于 90 万。但这只是一个明显的净结果，是因为从国外迁移到伦敦的人口数超过了从伦敦外移到国内其他地区的人口数，再加上伦敦相对年轻一代的人的高出生率。这造成了一个附加的结果：在伦敦，英国白人所占的比例急剧下降，从 2001 年的 59.8%下降到了 2011 年的 44.9%。“历史上以白人为主的城市现在是白人占少数”（Goodhart，2013，p. 31）。这不仅是因为白人和非白人均有高移民率，还因为大批伦敦白人的撤离：伦敦白人的数量在十年间下降了 60 万，是 1991～2001 年间撤离数量的三倍。现在，2/3 的伦敦自治市镇，即 33 个中有 23 个自治市镇，英国白人都只占少数。

不管是什么原因，我们中相当多的人已经背离城市生活，并且这部分人的数量还在不断增加。英国在一个半世纪前就成为世界上第一个城市国家，现已成为第一个领导反城市化革命的国家。显然，我们已经看到我们的城市，并且我们并不喜欢我们所看到的。当然，这种趋势不是英国独有的。几乎我们所有的欧洲邻国，还有如美国、加拿大以及澳大利亚等发达国家都遵循着相同的普遍的趋势：分散化，从城市到郊区、从郊区到更小的城镇的分散。在这个过程中，城市成了更广泛的城市地区的核心，然后，随着进一步的发展，城市吸纳更小的城镇和城市，甚至形成更广泛的巨型城市区域。我们从中国的珠江三角洲和长江三角洲，荷兰的兰斯塔德（Randstad）地区，德国的莱茵-美因（Rhine-Main）地区都可以看到这个过程，尤其是更广阔的英格兰东南地区。有些人可能会后悔，希望能像克努特（Canute）一样停止这种浪潮，回归中世纪风格的高密度城市生活。而如埃比尼泽·霍华德（Ebenezer Howard）的追随者们，事实上可能对此是喜闻乐见的，但有一个关键条件一定要处理好，那就是创造的新城市地区要像旧的一样吸引人。我们不打算对此展开论战，因为我们认为它没有意义且忽略了真正的中心问题。

我们需要的压倒性证据是既确保现存城市的自我更新——尤其是重建不再适用的部分——和自我延伸，同时又支持代表了21世纪新兴城市形态的、不断扩大的巨型城市区域的新增长。关键的问题和区别是我们如何处理好这些不同的任务。在别的地方，城市正以最严格的国际环保标准重建城市中心附近废弃的码头、船厂和钢铁厂。在别的地方，城市正变得越来越美好和可持续发展，优良的公共交通连接起精心布局的城市扩展区、城市中心和就业聚集地。在别的地方，城市向更小城镇迁移的运动可以被区域框架创造性地操控，这一框架通过综合交通网络联系起部分与整体。以未来的认知和规划来看，独立的城市或城镇不再是合适的结构；这些不同的部分必须与整个城市地区，甚至巨型城市地区建立联系。这是源自其他地方的例子，最重要的是，这是我们需要学习的。

中心主题：创造更美好的城市

因此，本书有这样一个中心主题：在英国，我们如何创造更好的城市和城镇来供我们生活、工作和娱乐？我们在这样做的同时，是否能够为处在类似困境中的其他国家提供经验？尤其是，我们如何从现在已经建设得最好的欧洲邻国学习经验？这些国家和其中的一些城市似乎更快速并更有独创性地回应了我们共同面临的挑战。他们的经济在制造业和服务业领域的新产业中创造了新的和有价值的工作。他们的老城工业区按照环境保护的最高标准被重塑成有活力的城市新社区。他们的新城市地区，无论是在城市边缘还是卫星城及其更广泛的影响区域，都在城市设计和环保标准方面呈现出示范性的成果。所有这些不同的地方，无论新旧，都通过由无缝衔接的区域列车、电车、公共汽车组成的公共交通网络连接起来，这使得私家车在许多行程中降为次优选择。

这本书的第一部分，我们将首先解析笼罩着我们的对城市和城镇不满的根源，论及——但在这一阶段并不深入——针对这些不满的可能的解决方案。然后，在第二部分，我们将踏上一段旅程，这场 21 世纪的旅行相当于 18 世纪的贵族们为了解古老的欧洲文化精华而进行的泛欧游学。但本次探访的是整个欧洲能为未来提供经验的地方：它们创造了多样而且优越的城市工作和生活模式，并领先于世界。最后，我们将在总结章中反思这些经验，并建议英国城市和城镇如何做得一样好，甚至更好。

五个基本挑战

那么，先让我们设想一下这个场景：有哪些事情正处于错误中，为了应对这些挑战我们需要做什么？我认为存在着需要用新方法、新力量和新的投资机制来面对的五个基本挑战：

1. 通过重新平衡我们的城市经济，为每个人创造潜在的好的就业机会和新的工作来源。

2. 在对的地方、以好的标准，建设满足需求的、数量足够多的新家园。

3. 将人与地方通过综合土地利用和交通规划联系起来。

4. 在有限的资源环境和全球气候变化的影响中生活。

5. 修复断裂的组织机构，促使公共机构和私人机构在开发与再开发的过程中联合起来。

在五个关键领域内，我们的欧洲邻国——但不仅仅限于这些国家　　似乎比我们更有创造力并更有效地做出了回应。但是，在求助于他们的答案前，我们需要更详尽地探讨每一个挑战。这就是接下来五章的目标。

第一部分： 面对挑战

1

第一个挑战：重新平衡我们的城市经济

第一个挑战：人们将何去何从？这个问题于 1898 年在埃比尼泽·霍华德著名的三个磁铁（*Three Magenets*）示意图[①]中第一次提出。在随后的几个世纪中，这个问题被认为已经失去了意义。事实上，现在研究这个问题比以往任何时候都更为迫切并更有意义。潜在的问题是：人们将去哪儿工作？从 20 世纪 30 年代开始，英国经济面临长期的区域不平衡发展的难题，现在变得更加明显。这常被不太恰当地贴上了南北差异的标签。在紧邻战后的 20 世纪 50 到 70 年代，经济增长的爆发暂时遮掩了区域不平衡的问题，这种增长使北部和中部的工业区从 20 世纪 30 年代开始的深层次结构萧条中得以复苏。然而，就如同恶性肿瘤容易复发一样，这个问题再次出现了，受影响的例如中西部地区，对此已经习以为常。这种南北差异的形式，现在更是有力地将英国划分为对比鲜明的两个部分：一部分是享有某些附属特权的小面积城市孤岛，另一部分是广阔的、人们在此难以谋生的城市地域。因此，了解这个差异的实质和

① 霍华德在《明日的田园城市》中使用的一个图式，用来阐述城市与农村生活冲突的吸引力。图中三个磁铁分别表示城市、农村和城镇-农村体。中央是人民，人民是社会的基石，也是霍氏认为最重要的；但是人民却有着何去何从的困扰，因为城市与农村各有优劣，难以抉择；工业革命后，城市化的步伐加快，更使得城市过度拥挤，居住品质恶劣，农村也有劳动力不足、单调沉闷的问题；人民要找到可归属的土地，唯有结合农村与城市的优点和吸引力，即城镇-农村体。

原因是解决问题最为基础和关键的环节。

正在影响英国经济及其相关城镇和地区的深层次的发展趋势，显著地表现为：

◆ 经济发展的驱动力是从一个残留的制造业部门转变为先进的生产性服务业部门（不只是金融业）；

◆ 在高级科学、工程学和中级技术层面的技能不足，剩余的不合格工人需要在教育和再培训劳动力队伍方面有大的转变。

→图 1.1　南北分界图。
（来源：http：//sasi. group. shef. ac. uk/maps/nsdivide/ns _ line _ detail. html）

南北差异：大城市和其他地区的对比

英格兰的新地理格局：原有的南北差异虽然存在，但被叠加上了大城市与其他地区之间的显著差别。伦敦和英格兰东南部正在成功地转型为知识型经济，但即使在那里，发达的城镇和贫困的农村腹地之间的差异还是很大。在北部，核心城市[①]内部日益两极分化，发达中心区、大学区与贫困的中等规模城市环和外环地区形成鲜明对比。在核心城市外围，很多前工业城镇（包括以海滨度假为单一产业的城镇）被认为更难成功地过渡到知识型经济。在更远的、更广阔的有吸引力的乡村地区，小城镇因为通勤人员和退休人员将他们在城市的收入带到这里消费而变得繁荣。

① 核心城市是指位于英格兰的、在伦敦外围的经济上最重要的城市。见 http：//wwwcorccjtjcs.com/ about-u/core-cities.

曼彻斯特大学的社会文化变迁研究中心（CRESC）表明，在2007～2010 年经济衰退期间，全国范围内共流失了 71.25 万个工作岗位，而其中 62.12 万个岗位的流失是在西部和北部的前工业地区，其比重超过了 85%，其中又以中西部地区、威尔士和苏格兰地区最突出（图 1.2）。研究中心/CRESC 认为伦敦实际上已成为像佛

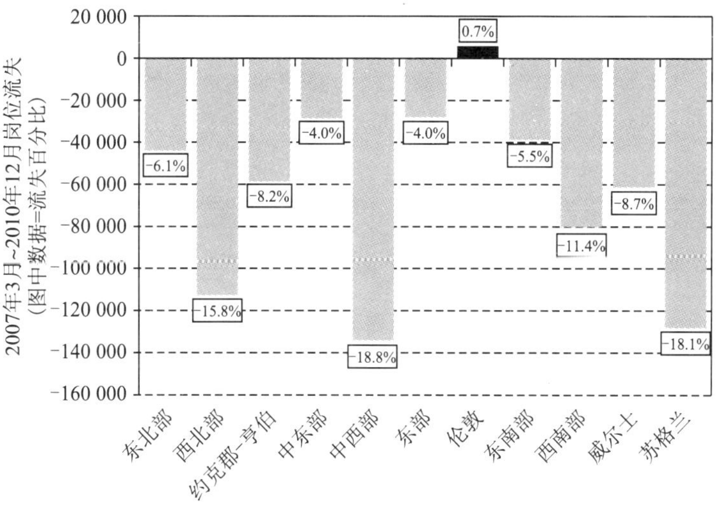

←图 1.2　2007～2010 年英国各区域内岗位流失的比重图。（来源：Ertürk 等人，2011，p. 4）。注：数据中涉及到的雇员不包括个体经营者和北爱尔兰，从 2007 年 3 月到 2010 年 12 月岗位流失总数为 71.25 万。

罗伦萨一样的新版中世纪城邦，与其他英国地区不同，伦敦基本上是自治并追求自己目标的——这一观点越来越多地出现在大量的媒体评论中，“现在的情况是在财政、社会、种族方面，伦敦都被当作英格兰内的一个孤岛而非其中的一部分。没有迹象显示伦敦是这

个以它为首都和离心动力的国家的代表”（Collins，2013，p. 29）。与伦敦相比，其他任何地区甚至东南部的区域人均总增长值（GVA）都是下降的，这就力证了以上观点（图 1. 3）。（Ertürk 等人，2011；cf. Heseltine，2012，图表 1. 11，p. 26）

→图 1. 3 1989 年和 2009 年各区与伦敦的区域 GVA 的比较（以伦敦的标准为 100% 计）。
（来源：Ertürk 等人，2011，p. 10）

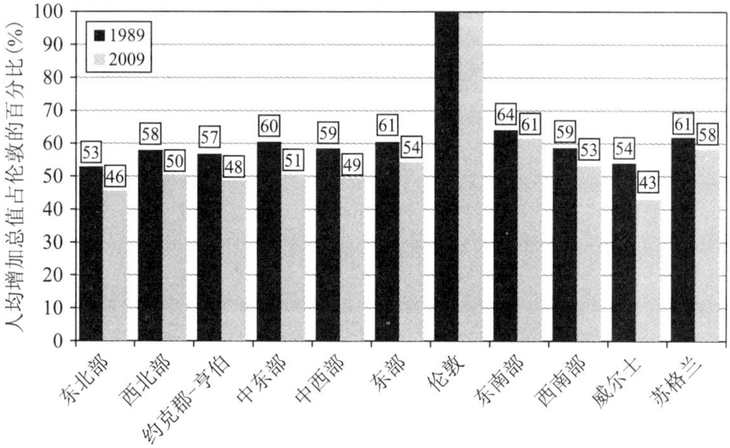

故事中更为关键的是，这些周边地区的就业越来越依赖国家部门和半公共部门。CRESC 解释半公共部门为由公共资助，但员工为私人企业工作，CRESC 能在第一时间估算出它的数量（Buchanan 等人，2009）。图 1. 3 显示，虽然这两类就业的人员数在伦敦只占到 1998～2008 年间就业增长的 32. 8%，但在西北部地区这个比例是 61. 6%，在约克郡-亨伯为 66. 8%，在东北部更高达 73. 1%。中西部地区更是极端的例子，因为私营部门就业衰退，这种方式是就业岗位唯一的增长点。

表 1. 1 1998～2008 年间各区公共和半公共部门的雇员变化表

总数（净新增岗位）	其中私营部门数量	女性 国有或准国有	总数（净新增岗位）	其中私营部门数量	男性 国有或准国有	总数（净新增岗位）	其中私营部门数量	国有或准国有	
东北部	85 372	26. 9	73. 1	38 876	−5. 4	105. 4	46 496	53. 9	46. 1
西北部	215 535	38. 4	61. 6	120 642	15. 2	84. 8	94 893	68. 0	32. 0
约克郡-亨伯	182 627	33. 2	66. 8	111 534	6. 5	93. 5	71 093	75. 0	25. 0
中东部	138 857	40. 4	60. 0	50 394	−29. 1	129. 1	88 463	79. 3	20. 7

续 表

	总数（净新增岗位）	其中私营部门数量	国有或准国有	女性			男性		
				总数（净新增岗位）	其中私营部门数量	国有或准国有	总数（净新增岗位）	其中私营部门数量	国有或准国有
中西部	64 609	−79.0	179.0	42 559	−103.0	203.0	22 050	−32.6	132.6
东部	204 884	45.9	54.1	98 644	21.8	78.2	106 240	68.2	31.8
伦敦	404 438	67.2	32.8	196 405	56.0	44.0	208 033	77.8	22.2
东南部	332 643	56.4	43.6	133 581	25.1	74.9	199 062	77.4	22.6
西南部	289 744	54.7	45.3	141 769	32.4	67.6	147 975	75.6	24.1
威尔斯	144 955	45.6	54.4	73 615	21.4	78.6	91 340	70.6	29.4
苏格兰	258 542	40.7	59.3	148 085	13.4	85.7	109 457	76.6	23.4
总数	232 296	45.4	54.6	1 157 104	18.4	81.6	1 165 102	72.2	27.8

注：该表是以雇员而不是工作岗位为测度（一个员工可以有不止一个的工作）。
来源：Ertürk 等人，2011，p. 11 和 Nomis（www. nomisweb. co. uk）

CRESC 分析称，从 20 世纪 80 年代开始，当去工业化（deindustrialization）已经摧毁了中部和北部地区很多传统的就业基地时，撒切尔和随后的新工党政府适时地提出了一种浮士德式（Faustian bargain）交易，即允许金融推动型的伦敦经济自由拓展，同时为其他地区提供巨额补贴，包括：提供所有地区普遍可用的社会服务，或提供公共和半公共部门的新工作岗位（其中许多提供这种服务），或通过无就业能力救济金（incapacity benefits）大量补贴长期失业人士。CRESC 的研究员们称这种“为所有工业失业人口提供充分救助的体系为斯宾汉姆兰体系（Speenhamland）”[①]（Ertürk 等人，2011，p. 29）。如 CRESC 的报告所述，“在没有任何其他经济生活迹象的去工业化地区，这些普遍的规定就成了区域政策的标准”（同上，p. 30）。

① 斯宾汉姆兰体系，1795 年由斯宾汉姆兰（伯克郡）的地方法官引入以减轻农业危机，实际上是救助失业人士的基本生活。1834 年该体系被新贫困法取代，新法中大部分救助只在济贫院提供。

但是，在 2007 年经济危机刚爆发时，由于公共财政遭遇削减，这种福利政策突然停顿了。

确实，像牛津、剑桥这样繁荣的南方城市在各方面都表现出高度依赖性，但其中很多是得到国家和国际资金大力支持的尖端研发。相反，公共部门的就业更容易受到公共支出削减的影响，例如在黑斯廷斯（Hastings）影响的比例为 42.2%，贝尔法斯特（Belfast）为 40.7%，斯旺西（Swansea）为 38.5%，邓迪（Dundee）

为 37.3%，利物浦为 36.0%。除了黑斯廷斯，上述其他地方主要集中在英格兰北部和凯尔特的边缘地区（Larkin，2009）。

这又与另一项关键指标有关：英国的劳动力通常技能不足，并且这种不足在北方城市更为糟糕。因此，毫不奇怪这些城市仍然有贫困聚居区。值得欣慰的是，这种情况在 2004～2007 年间有所改善。但在其他更小的北部地区，这种情况在恶化。事实上，如果将英国南部和北部进行仔细对比就会发现：南部的中型城镇（通常具有较强的服务配套），如雷丁（Reading）、梅德斯通（Maidstone）、牛津、剑桥已经发展得越来越壮大；而北部的中型城镇（通常是工业城镇）已经丧失了之前的工业基础，并逐步衰退。

超越南北差异：英国的新地理格局

如果将这种新兴的后工业地理简单地描述为南北差异，还是过于简略，尽管这种早在 20 世纪 30 年代初的大萧条时期就有所认知的差异是其中的一个重要部分。基于一些可能的简化，这种新地理格局可以分为以下四种：

1. 东南巨型城市区：包括伦敦及其通勤区，再加上 50 座独立的中型或小型城镇及其通勤区，是一个从伦敦市中心往外延伸 180 千米的庞大而复杂的区域，并在持续的扩展中。

2. 英格兰南部乡村外围地区：从第一个区域边缘往外延伸的广阔农村地区，一边抵北海，另一边直到大西洋，包括了威尔士的大部分。

3. 英格兰中北部的群岛经济：该地区以遭受严重去工业化、正向以服务为基础的知识型经济缓慢过渡的核心大城市为代表，周围环绕着一大圈更难以完成过渡的前工业城镇。

4. 北部乡村地区：英格兰北部广泛的中间地区，该区域将核心城市和周边地区分开，横跨人烟稀少的风景区，其中很多是受保护的国家公园，并远达东西海岸。

从 1960 年开始，经过了半个多世纪，这四个区域经历了差异性极大的经济变化、人口迁移以及随之而来的人口变化和社会变革。但是它们正处于持续的动态变化中，同时，一些单独的子区域发生了上述区域间的转移。因此，区域可能以惊人的速度呈现十年一变的境况。

东南巨型城市区

英格兰东南部是一种新的空间尺度——巨型城市区（Mega-City Region，MCR）的实例（Hall and Pain，2006）。这一概念起源于 20 世纪 90 年代的东亚地区，用来描述诸如中国的珠江三角洲和长江三角洲等区域（Lin and Ma，1994；McGee，1995；Sit and Yang，1997；Hall，1999；Scott，2001；Wo-Lap，2002，引自 UN-Habitat，2004，p. 63）。它实质上是一种新的形态：在英格兰东南部，主要的中心城市周围大约有 50 个城市功能区（FURs），地理上相互分离但功能上相互联系，从新的功能性劳动分工中获取经济优势。这些地区都是独立的实体，一方面，大部分居民在本地工作，大多数工人是本地居民；另一方面，作为更广泛的城市功能区的一部分，这些地区通过高速公路、高速铁路和通讯电缆上的密集的信息流和人流相互联系。毫不夸张地说，这是 21 世纪初的新型城市形态。

最近关于欧洲西北部八个巨型城市区/MCR[①] 的研究（Hall and Pain，2006）发现，在人口数量上，英格兰东南部是这些区域中最大的，在 27 332 平方千米的面积上拥有 1 856 万人口，在英格兰 1/5的土地上居住着接近 2/5 的人口。英格兰东南部同时也是最复杂的地区，拥有包括伦敦在内的多达 51 个城市功能区/FUR（图 1. 4）。它包括伦敦和伦敦中心区域周围大约 40 千米的通勤区，以及其他 50 个人口从 60 万到八万、位于伦敦周围 180 千米范围内的城市和城镇以及它们各自的通勤区。自 1947 年规划法施行以来，规划控制已经成功地保持了这些单元的地理分隔，在地面上形成，从空中看更引人注目的模式——“开阔的乡村背景中的城镇”，这是在 20 世纪 20 年代由雷蒙德·昂温（Raymond Unwin）首次阐述的传统的英国规划理想。但是，尤其是伦敦西部，它们不仅是通过日常的通勤往来，更多的是日常业务中的信息交流来进行功能上的联系。因此，这一地区在地理层面和功能层面都是多中心的（Hall and Pain，2006）。

另一个显著的特征是自足性程度（self-containment），由居住

① 英格兰东南部、比利时中部、兰斯塔德地区、莱茵鲁尔区、莱茵-美因区、瑞士北部、巴黎地区和大都柏林地区。

→图 1.4 欧洲八个多中心区域中城市功能区数量对比。(Hall and Pain, 2006)

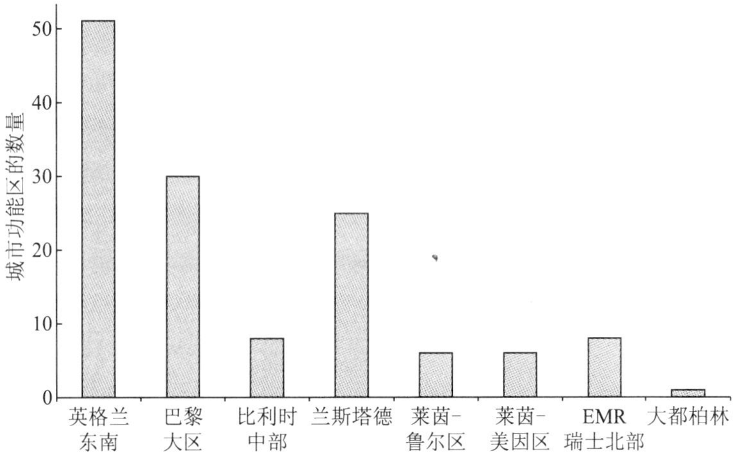

→图 1.5 欧洲八个多中心区域居住和就业在首位城市的比例。(Hall and Pain, 2006)

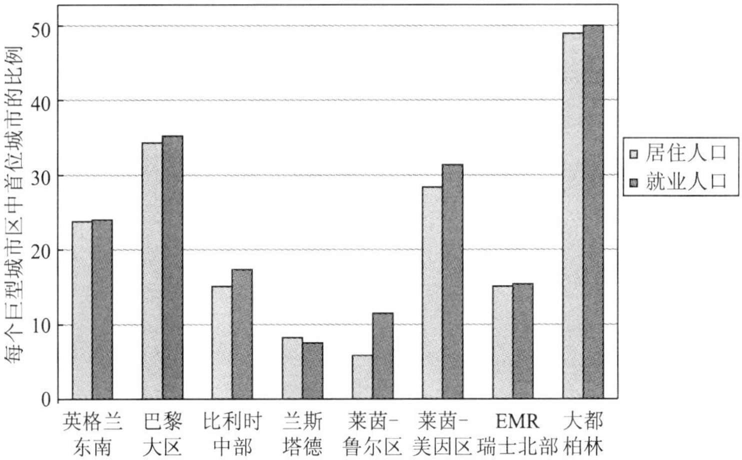

和工作在同一个相对较小的城市功能区/FUR的居民劳动力比例来测量(图1.5)。临近伦敦的地区，这一比例通常较低(一般小于50%)，说明这些地区与伦敦的通勤联系多，而与同一地区内周边社区的联系相对较少。但是在距离伦敦中心70千米这一临界点之外，自足性程度迅速上升，在距伦敦100千米之外的大区域的边缘地区，这一数字达到75%甚至80%。其他覆盖更大区域的研究进一步证实了这个结论，这些研究表明在离伦敦更远的区域有更高的自足程度(de Goei等人，2008)。这具有重要的政策意义，要达到减少日常交通出行的目的，最好是鼓励伦敦以外更远距离的分散。

这些功能性关系有助于解释这一巨大的、非常成功的区域的发展。区域发展动力还没有被完全解析，但有一点毫无疑问，那就是1950年后由于伦敦通勤区的扩大，被伦敦绿带所扭曲的中心区的职能得以发挥，由于规划控制限制了城市的蔓延，其城市职能越过绿带在远方城镇再次聚集。当通勤城镇逐渐发展成为地方服务基地，同时吸引了从伦敦疏散出来的商务办公领域的内部投资及其带来的就业岗位，它们也成为重要的独立中心，这一过程在伯恩茅斯（Bournemouth）、雷丁、沃金（Woking）、绍森德（Southend）、米尔顿凯恩斯都可以观察到。1946～1968年之间，至少有11个新城建设，以及像贝辛斯托克（Basingstoke）和斯温顿（Swindon）这样城镇的规划扩张，都进一步推动了这一过程。这些城镇被规划得尽可能独立，从一开始就同时具备制造业和服务业的强大经济基础。

关键问题是，考虑到高端服务经济中信息的流动性，这一庞大的多中心区域实际能够发挥多大的职能。最重要的发现是，伦敦和其他欧洲主要城市，组成了全球先进的生产性服务业（APS）的关键中心（Hall and Pain，2006），但是像雷丁和米尔顿凯恩斯这样的副中心城市也同样重要。事实上，像伦敦这样主要城市内部的通信流，与那些跨越更广泛区域的公司内部的通信流相比，更加密集并更有价值。尽管如此，大东南地区似乎更重要的是作为一个真正的功能性多中心区域。

英格兰南部乡村外围区域

东南巨型城市区域及其周边乡村之间的边界是矛盾的和不断变化的，巨型城市区域不断向外延伸到距伦敦130～180千米的范围。像布里斯托、考文垂（Coventry）和莱斯特（Leicester）这样的城市，以及像纳尼顿（Nuneaton）、利奇菲尔德（Lichfield）、凯特灵（Kettering）、科比（Corby）、梅尔顿莫布雷（Melton Mowbray）和格兰瑟姆（Grantham）这样更小的城镇，虽然目前不会被包括进巨型城市区域，但是未来很可能遭遇这种命运。铁路服务的改善，包括从伦敦到西北部的西海岸主要线路的升级，从伦敦到布里斯托的大西部主要线路即将到来的电气化，将有力地推动这一进程。如上所述，伦敦通勤带内城镇的经历很可能在远离伦敦的地区被复制。

我们在这些地区可以看到英格兰最活跃的发展。来自哈利法克斯（Halifax）2010 年的一份报告表明，1959～2009 年这半个多世纪，房价增长了 279%，但实际收入仅增长了 169%。伴随着居住形态的主要转变，投资购房的人获得了成功，私人租房比例从 33%下降到 14%，同时居住在大家庭的比例也明显下降，但个人持有房屋率从 43%上升到 68%。这一时期建造了 1 300 万套房屋，相当于现有 2 660 万套房屋的一半，远离城市中心区建造的独立房屋数量有显著增长。在这些新的社区中，居民通常有最熟练的技术，他们的出行更倾向于小汽车，而且现在通常拥有两辆或者更多的小汽车。这里是高速公路人和他们家庭的所在地，他们是典型的中等中产阶级选民，总是被断言决定着英国历届选举的结果。

除了城镇，优质的乡村地区以及到火车站的易达性，特别是到伦敦希斯罗机场的易达性，已被证明对于伦敦人寻找第二居所更具有吸引力，同时也吸引着高级咨询业和高科技研发等广大的小企业，事实上这两个过程也许是相互促进的。具有政治争议的论点是：不断上升的住房市场压力，影响着当地低收入购买者，越来越复杂的居住模式逐渐显现。

英格兰中北部的群岛经济

除了来自伦敦的一些很难定义并易变的关键性限制外，英国经济地理还有一个不同的表现形式，由皮埃尔·韦尔兹（Pierre Veltz）创造的这个词对此进行了很好的描述：群岛经济（Veltz，1996；Dorling and Thomas，2005）——由主要核心城市伯明翰、曼彻斯特、利物浦、利兹、谢菲尔德、纽卡斯尔构成经济增长的岛屿群，并由经济停滞或衰退的广阔海域分隔。这种空间结构来自非常不平等的转变过程，1960～2000 年间，从 19 世纪的制造业经济向 21 世纪的以服务为基础的知识型经济转变。但事实上，空间格局比之前描述的更加复杂和微妙。

两个主要的研究——《英国城市状况》(*the State of the English Cities*)，由英国副首相办公室于 2006 年发布（Parkinson，Champion *et al.*，2006），以及《欧洲城市状况报告：为欧洲城市审计增值》(*the State of the European Cities Report*：*Adding Value to the European Urban Audit*)，由欧盟 DG 区于 2007 年发布（ECOTEC 等人，2007）——令人信服地表明，与大城市一般处于

所在区域领先地位的欧洲其他地区不同，英国大城市的表现甚至不如周边地区。

在2002年巴克莱银行（Barclays Bank）提供的数据基础上，《英国城市状况》报告对比了欧洲人均GDP排名前六十一位的城市。结果发现，除伦敦外，即使是英国表现最好的城市——如布里斯托和利兹——也与欧洲表现较好的城市联盟相差甚远。卡尔斯鲁厄和慕尼黑这两个距离鲁尔老工业区好几英里的明星城市，其人均产出要比伯明翰和曼彻斯特等城市高出三倍（或者表现不如波尔多和里尔、哥德堡和都灵等仍然有大量工业遗产的城市）。一个有趣的图表显示，表现最佳的德国城市拥有高科技制造业从业人员的数量也是最多的。该报告建议英国的地区应该尽量将联系紧密的区域资本职能（所有的中心城市都是由航空和铁路紧密相连）和创新能力结合起来。经济成功意味着经济充满活力和多样性，并且是不可替代的（例如画廊和体育馆等文化设施，它们在改变一个城市的形象和自信方面起到了至关重要的作用，如Bilbao）。

托尼·钱皮恩（Tony Champion）和艾伦·汤森（Alan Townsend）最近的研究认为，在1998～2002年的短时间内，核心城市被加强注入大量公共服务工作后，表现得比区域其他城市更糟糕（Champion and Townsend，2011）。

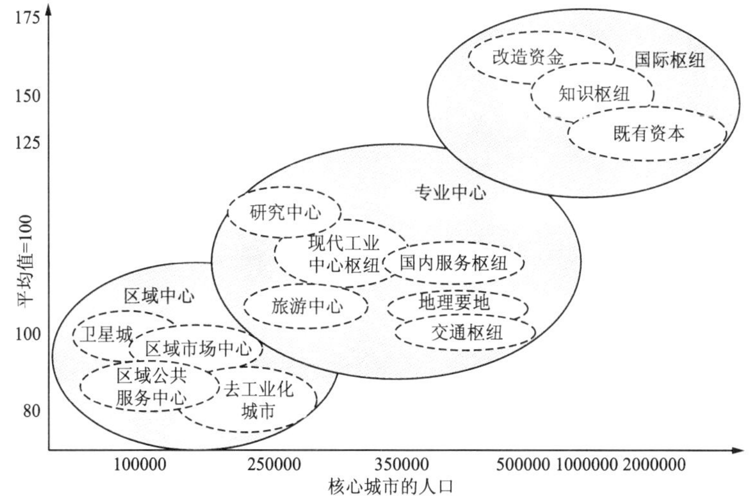

←图1.6 城市类型定位。（来源：ECOTEC研究与咨询公司等，2007，图S.3，p.x）

欧盟2007年的报告证实了英国2006年的研究：欧洲许多城市，尤其是英国的城市仍然表现不佳，它们落后于所在国家的平均值。问题根源在于整体失业率最高的城市往往是收入差距最大的城市。这进一步推动了对欧洲城市类型的比较，并根据它们在四个独立指标中的表现进行排序，包括：就业机会的创造、合格的工人、多模式联系性（在垂直尺度上）和人口规模（在水平尺度上）。真正成功的城市是那些迅速过渡到知识型经济时代的城市，反之，那些留在底部的则是在一定程度上未能完成过渡的旧工业城市。最成功的城市都是所谓的国际枢纽，即那些增长水平最高的大城市；它们包括建成的首都城市，如伦敦、巴黎和马德里，这些城市生活富裕但也存在局部失业状况。位于同样水平的高成功城市还包括所谓的研究中心，它们是人均国内生产总值非常高的小城市，如位于法国阿尔卑斯山的格勒诺布尔（Grenoble）或英国的剑桥。与此形成鲜明对比的，位于另一个极端的是所谓的去工业化城市：它们包括英国许多主要的城市（如谢菲尔德）以及英格兰北部、苏格兰和威尔士的许多小城镇。图1.6右上角是在新知识经济转型中表现优秀的专业化地区，与之形成对比的是左下方一些不太成功的城市，通常是旧工业小城包括东欧的一些城市，或者是处于两者之间的混合城市群体，虽然经济表现较好但也存在一些问题。

这些比较研究中发现的真正问题是，一些通常较小规模的城市容易转型到新经济时代，部分原因是它们有大学和较强的科研中心；而在另一个极端，一些城市很难转型，因为它们有一个正在消失的传统工业遗产，并且之前的劳动力没有接受充分的教育，或技能不足，无法为新经济提供相应的支撑和服务。但一些较大规模的城市，尤其是规模巨大的首都城市，在知识型服务业方面的转型相当成功（如在金融服务和媒体方面），但同时也留下了一些问题：这些城市的某些部门还存在一些落后的群体并未同等地实现向新经济的转型。

所以，当今公共政策最有趣的问题是：伦敦、巴黎、马德里和柏林等欧洲最大的首都城市之间的协同关系可在多大程度上向下和向外扩散到下一层级的城市？然后在这个基础上再扩散传递到更小的城市，包括一些存在较大问题的前工业城市？最后一点就是，这些活动大部分是面对面进行的：你必须在那里，并成为它的一部分。无论你是去那里旅游的游客，或者是伦敦银行的一个交易员，或是在一家大公司总部办公室工作的员工，你必须面对面地交流。我们可以从大城市向小城市转移一些活动，我们可以创建博物馆和画廊，我们可以在各大首都周边的小城市发展旅游。在一定程度上，我们可以转移其他媒体活动，如：2011 年，英国广播公司（BBC）把它整个活动的一个重要组成部分从伦敦转移到大曼彻斯特地区的索尔福德（Salford）。矛盾的是，当我们这样做之后，越来越多的其他活动在大城市里得到发展并取代原先的活动。这构成了不断更新的过程，意味着其他城市在这些方面也许能有所作为，但是事实上大城市还能保持其强大的发展动力。

但这种向下和向外的转移，虽然在东南部巨型城市地区表现十分明显，却并未从北方的核心城市发生涓滴效应进入更广泛的空间经济。英国经济的历史弱点，可以追溯到 1851 年的世界博览会，并持续了几十年，尽管也有无休止的探索并试图改变教育和激励体系。虽然英国制造业的就业人数已经不及服务业，其他国家——德国、法国和意大利——却通过转向高级产品的制造，如铁路或光学设备等，使其生产经济体成功适应了全球化经济竞争，并在历史悠久的城市（如斯图加特、瓦朗谢讷和都灵）的边缘出现了较大范围的扩展。

相比之下，虽然英国的一些主要城市已成功地更新了中心区边缘的旧工业区，如伯明翰的珠宝区，但主要城市周围的一些较弱的工业城镇（包括沿海城镇），由于未能找到切实可行的新出路，承受了十分严重的衰退。随着高活动性的或拥有更好技能的年轻人离开，剩下的人群——如前工业劳工的孙子，在工厂关闭前占据当地的移民的儿子，在海滨小客栈（B&B）漂泊的救济金领取者——引发了越来越多的社会问题。随着时间的推移，一个新的群体出现了，他们依靠临时工作和福利生存，并构成了所谓的“黑色经济”或“非工人阶级”。因此，在北方地区，集聚（clustering）——这一过程曾得到管理大师们如迈克尔·波特（Michael Porter）等的称赞——可能产生了具有讽刺性的消极影响。黑色经济会破坏整个邻里社区，例如贩毒和卖淫泛滥，恶化的形象会推走经济增长所依赖的知识型员工和投资者。同时，本地总增加值（the local GVA）中可能会扣除社会服务或安全等活动成本。

这些变化累计造成了巨大且仍在不断扩大的地域差异。首先，核心城市本身是不平等的城市（Centre for Cities，2008，p. 9）。如上文所述，整体失业率最高的城市往往是收入差距最大的城市，丹尼·多林（Danny Dorling，2011）发现，自第一次世界大战结束的1918年以来，或自19世纪50年代的工业革命鼎盛期以来，大城市内部的收入差距都在不断地扩大。在其他城市也能找到证据，验证收入差距大得令人震惊，如知识经济内高学历、高技能、高度专业化的从业者（尤其是金融服务业或媒体行业）和从事基础服务工作、报酬很低的新移民之间的对比。也许有人认为这只是一个过渡阶段，随着移民的子女接受教育和培训并在新经济中获得新的就业机会后，问题自然而然地会得到解决。但我们不应该理所当然地认为这会发生，至少在很长一段时间内还不会，因为我们可以看到，教育的差异是如此之大，丹尼·多林的研究强调，知识经济从业者的孩子往往能进入最好的学校接受教育，而其他孩子往往只能被迫进入最差的学校接受教育，结果导致后者的学习成绩表现很差。

这种不平等体现在核心城市新的地理格局上。中央商务区是知识经济增长的主要地区，还有大学校园，在少数情况下还包括周边的机场。有时候，市中心扩展到更新的内环区，如大曼彻斯特地区的索尔福德码头或中西部地区的梅里希尔（Merry Hill），这些地区将补充或替代中央商务区的部分职能。但这些城市中部和外圈层的大部分地区都未能实现转变，导致许多居民处于失业和贫穷状况。这一进程已经显著影响到在隔离社区——如边缘区公租房——中成长的年轻男性白人，他们无法适应新经济的期望和约束（McDowell，2003）。因此，这些城市提出了一个悖论，提供新的就业机会吸引年轻外来移民（特别是那些已经从城市大学毕业的人）以及选择住在周边乡村地区的通勤者，但是本地长期以来较高的失业率和较低的期望值可能会代代延续。这就是这些繁荣的城市背后仍有非常高的剥夺（deprivation）[①]水平的原因。

这一过程在城市外围的地带表现得更加明显，包括起步于19世纪的前工业城市，但未能从制造业经济中实现关键转型。《英国城市状况》（Parkinson，M.，Champion，T. *et al.*，2006）指出，这些城市表现出较低的人均增加值、较低的增长率、较高的失业率

① 剥夺（deprivation），多重剥夺指数（Index of Multiple Deprivation），是用来衡量居民在收入、教育、医疗、住房、就业等领域处于不利状况的综合性概念和指标。——译者注

和高比例的低收入家庭等特征。2004 年、2007 和 2010 年连续发表的多重剥夺指数（Index of Multiple Deprivation，DCLG，2004，2007，2010）表明了一个清晰的模式：核心城市仍然是英格兰最贫穷的地方，但都出现了稳定的改善，而周边的单一产业城镇的发展却停滞不前或有所衰落。但在这方面也有显著的差异。一些城镇，也许是因为它们位于全国主要的交通走廊的优越地理区位上，它们的经济表现比平均水平更好：位于 M6 高速公路和西海岸主线上的西北部城市沃灵顿（Warrington）就是一个很好的例子。其他的城市似乎在恶化，特别是那些远离中心城市的城市。中兰开夏城市地区（Central Lancashire City Region）由五个独立的中型城市组成（布莱克浦、普雷斯顿、布莱克本、艾宁顿和伯恩利-纳尔逊-科恩），在 2004～2010 年间多重剥夺指数都显著增加。

2010 年更新的多重剥夺指数主要是基于 2008 年经济危机时期的数据，凸显了英格兰日益不均衡的地理格局。它显示了与 2007 年大致相同的状况：北方的大城市和东伦敦的一些自治市镇是全国最贫困的地方。利物浦、米德尔斯堡（Middlesbrough）、曼彻斯特、诺斯利（Knowsley）、赫尔（Hull）、哈克尼（Hackney）、陶尔哈姆莱茨（Tower Hamlets）和伯明翰拥有最高比例的高剥夺下层结构输出区（Lower Layer Structural Output Areas，LSOAs）[①]。但接下来到了布莱克浦、哈特尔浦（Hartlepool）、布莱克本与达尔文（Darwen）和伯恩利（Burnley）：一个海滨胜地和三个中等规模的单一产业（更准确地说是前单一产业）城镇，四个中有三个位于中兰开夏走廊。此外，2007 年以来，当其他城市的地位有所下滑时，大城市却证实了它们的地位。利物浦极度贫困的社区数量下降了 9%，曼彻斯特下降了 13%，伦敦的改善更为壮观：哈克尼下降了 25%，陶尔哈姆莱茨下降了 28%。形成反差的是，布莱克浦同比增长了 17%，伯恩利增长了 43%。这有力地表明了城市正成功地实现从工业经济向知识型经济的转型，并能为城市中最贫困的居民带来好处。单一产业的城镇，包括布莱克浦（其产业是旅游业）没能做出这样的转变。在全国十个最贫困的社区中，有三个位于布莱克浦，其中两个距离小镇中心一英里以内，第三个是镇区边缘的战后小区。国内最贫困的人正逐渐向海边地区迁移。联合政府提出的修改住房福利政策的建议必然会加速这一趋势。

① 英国人口普查区中的一种空间单元，规模在 650 户约 1 500 人；于此相对应的更大单元称为 Middle Layer Super Output Areas，规模在 3 000 户约 5 000 人。——译者注

北部乡村地区

最近的英格兰地理学的一个显著特点是：前工业化时期城镇和乡村及其紧邻地区之间状况的对比。这种对比通过两个关键的指标体现。首先，在地方多重剥夺指数排名前三十到四十多的贫困城镇周边，邻近的乡村地区通常被发现情况正好相反。第二，乡村地区的房价通常比城镇地区高50%～100%——在极端情况下，比如伯恩利和里布尔谷（Ribble Valley），则差不多比城镇高三倍（Hall，2006）。这种对比在繁荣的村庄和小城镇是显而易见的，与英格兰南部出现的现象几乎没有区别。由于长期以来中产阶级迁出城镇，他们在城镇的服务经济下谋生，但更喜欢乡村的生活方式；同时高速公路的系统帮助更方便长途通勤，尤其是在英格兰西北部，在城市周边产生了为专业技术和管理人员存在的更大范围的通勤区（Harding and Robson，2006）。

繁荣的北部乡村，一直延伸到偏远的地区，如奔宁山脉（Pennines）北部、湖区（the Lake District）和北约克郡国家公园（North Yorkshire National Parks），特点是人口规模2～4万人的小集镇，有Macclesfield、Knutsford、Clitheroe、Ripon、Northallerton、Barnard Castle、Kendal、Keswick。也有一些规模相对较大、人口数高达10～15万人的城镇，包括Chester、约克、兰开斯特、Darlington。（Preston，一个有趣的例子，似乎属于这一类，但它与前工业化时期的城镇有某些共同特征。）这些多是城市地区的乡村边缘带。它们通常位于能快速地连接到核心城市和伦敦的主要高速公路和铁路干线旁。它们有基于公共服务（县政府、公共卫生、高等教育）的强大经济体，广泛的集聚区对零售店具有吸引力，与英国南部地区有许多相同的特征。同时，像英国南部一样，这些地区见证了房地产业的快速增长，但与南部相比较往往较少受到严格的规划控制。所以，在靠近M6、M61和M62的转换区，是典型的高速公路人和他们的家园。

表 1.2　北部：贫困的城镇与富裕的乡村

城市地区排名	IMD2004	乡村地区排名	IMD2004	相差
伯恩利	37	里布尔谷	288	251
布莱克本与达尔文	34	乔利	172	138
普雷斯顿	59	Wyre	161	102
布莱克浦	24	法尔德	240	216
维冈	53	哈罗盖特	127	74
利兹	68	西兰开夏郡	277	209
布拉德福德	30	克莱文	262	232
谢菲尔德	60	High Peak	211	151
赫尔	9	East Riding Yorks	208	199

来源：Hall，2006，图表来源于 DCLG。

表 1.3　北部：乡村地区房价溢价（2006 年上半年）

城镇地区	平均价格	乡村地区	平均价格	额外费用
伯恩利	72 189	里布尔谷	198 979	+175.6
布莱克本与达尔文	98 662	乔利	151 465	+53.5
普雷斯顿	130 815	Wyre	155 956	+10.2
布莱克浦	120 176	法尔德	197 997	+64.8
维冈	119 515	哈罗盖特	169 933	+42.2
利兹	157 153	西兰开夏郡	235 437	+49.8
布拉德福德	126 354	克莱文	195 501	+54.7
谢菲尔德	140 144	High Peak	153 282	+9.4
赫尔	82 521	East Riding Yorks	154 805	+87.6

来源：Hall，2006；图表来自土地注册处。

结论

正如《英国城市状况》中大量数据所显示的，英国经济体系中不同区域之间命运的差异，无疑是巨大的而且日趋明显的，不仅仅是北部和南部之间，还存在于大城市和小城镇、城乡之间。公共政策能否提供解决这种问题的方法？我们将在最后一章回到这个问题。这里只是按顺序先做一个初步的预告。目前英国经济地理中的不均衡状况是几十年变化累积的结果。任何试图发展反补偿过程都很可能是缓慢而艰巨的（Hall，2006）。我们不应期望立竿见影的补救办法，同时也应该对声称提供这种方法的人持怀疑态度。

2
第二个挑战：建造新的家园

英国，尤其是英格兰，正在同时经历着四个巨大的住房挑战。首先，我们建造的新住房远远不够。第二，我们没有建造足够合适的住房类型来满足预期的人口变化。第三，相应地，我们没有把住房建设在适当的位置。第四，我们建造的住房没有达到最好的设计标准，尤其是没有满足未来的环境标准（见第 4 章）。

没有足够的新住房

评论家们反复强调，多年来英国国家住房绩效低下最显著的事实之一是：未能建造足够的新住房以满足人口和家庭的预期增长。更加明显的事实是，这一缺口日趋严重。而且，政党的政治言论毫无疑问会受到打击，这在工党和联合政府执政期间都已经发生过。

自第二次世界大战后，英国住房年度竣工量在 1968 年达到了

42.583 万套的顶峰，但之后呈现急剧下降趋势，一直到 20 世纪 80 年代进入每年大约 20 万套的不均衡稳定期（Goodier and Pan，2010，见图 2.1）。2002 年之后的十年里，新住房建设量比之前的十年少 12.5%（Goodier and Pan，2010，引自 Barker，2003）。2001 年新住房的建设量跌到了第二次世界大战以来的最低水平（17.377 万套）。尽管自 2001 年到 2007 年住房竣工量逐年增长，但 2007 年秋季财政危机以后竣工量急速下降，据估计 2009 年的年竣工量低于 15 万套（Goodier and Pan，2010）：这一数量低于 1946 年以后的任何一年，实际上，如果这一表格接着向后延伸的话，这一数量将低于 1923 年以来的任何和平时期的年份。而且这是一个长期的趋势。最近的急速下降程度超过了过去六十五年的所有记录。自 2010 年初以来每年竣工量平均为 11.2 万套，住房建设量目前大约相当于经济低迷前水平的 65%（DCLG，2012）。

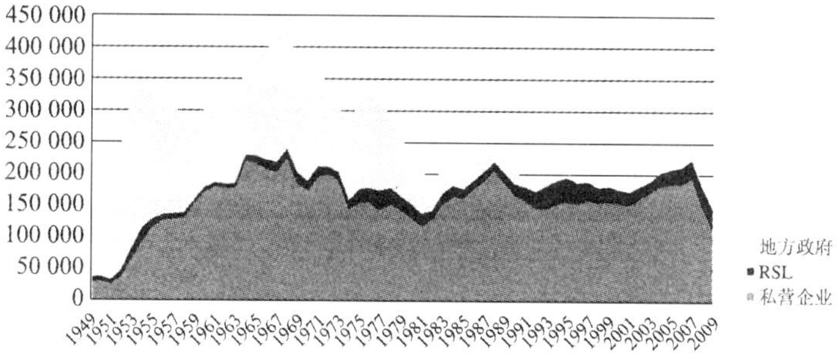

→图 2.1 英国不动产中永久性住宅竣工量。
（来源：Goodier and Pan，2010，p. 9），英国社区和地方政府部（Department for Communities and Local Government，DCLG）表格 211 和 241。

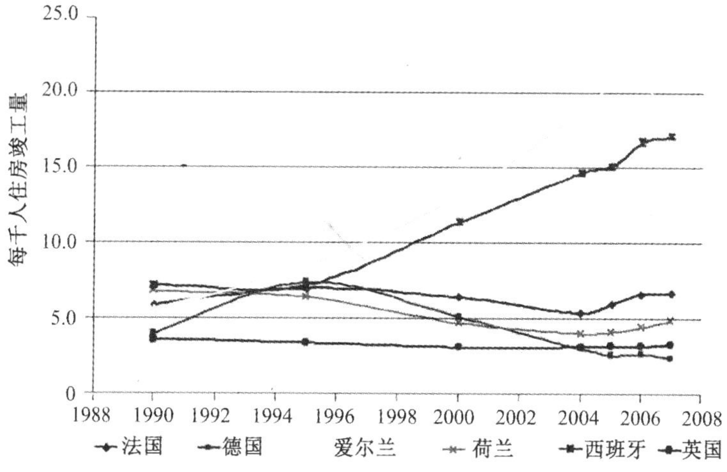

→图 2.2 部分欧洲国家 1990～2007 年每千人住房竣工量。
（来源：Oxley 等人，2009，p. 62）

图 2.2 表明这一趋势在欧盟国家并不常见。在西班牙和爱尔兰

等国，人为的低房价和容易获得的抵押贷款引发了住房狂热期，导致这两个国家空置房和未建成住房的大量剩余，给公共财政带来了灾难性的后果。但是英国的情况不仅落后于这些国家，而且落后于表格上每个具有可比性的国家。图 2.1 通过揭示主要原因放大了这一点，20 世纪 80 年代公共住房竣工量急速下降，在册的社会住房提供者（Registered Social Landlords）——住房协会（Housing Association）——没能弥补这一状况，近年来私人部门的竣工量也急剧下降。

事实表明，在过去的三十年里，英国住房价格实质上每年大约增长 2.5%，而欧洲平均每年仅为 1.1%。在其他国家，如法国、瑞典和德国，住房价格大体上保持平稳甚至是下降。在价格通货膨胀方面唯一具有可比性的例子是爱尔兰和西班牙。一个关键的原因是，英国住房供应对于需求的变化应对不足，因此更高的需求推起了更高的房价而不是更多的住房供应（Barker，2003，para. 3，p. 5；para. 5，p. 6）。

凯特·巴克（Kate Barker）认为，仅仅是需求这一因素不能解释英国房价的高增长率，同时还需要考虑供给因素。长期以来，英国的住房供应比较薄弱：自 1960 年之后，相比其他欧洲国家，英国的住房在 GDP 中占比较低；与现有的存量住房比较，英国新住房的竣工量相对较少。以目前的置换速率，新住房的建设需要持续大约 1 200 年（Barker，2003，para. 10，p. 8）。从国际比较来看，英国住房供应对于价格的反应低于其他主要经济体，仅相当于法国住房市场的1/2，美国市场的 1/3，德国市场的 1/4。而且随着时间的推移，这一反应的灵敏度更低。第二次世界大战以前的反应度相当于战后时期的四倍。20 世纪 90 年代急速下降到几乎为零，表明针对住房价格的上涨，住房供应没有任何变化。因而增长的需求直接导致了更高的住房价格（Barker，2003，para. 11，p. 8）。

住房建设率让工党政府十分为难，因此他们发起了几次有关原因的调查。2004 年，凯特·巴克在《住房供应报告》中指出："2002 年只有 37%的家庭可以买得起一套新房产，而在 20 世纪 80 年代这一比例为 46%。"（Barker，2004，p. 3，引自 Gallent 等人，2011，p. 3）报告中总结，2003 年英国有 3.9 万套的住房缺口，其中 8 000 套是私营部门住房，3.1 万套可支付住房。另外积压了 45

万个没有独立住房的家庭。也就是说，如果要达到 20 世纪 80 年代的住房支付水平，意味着英格兰每年有 9.3 万到 14.6 万套的住房缺口，其中 2～4.5 万套为私营部门提供的私有住房，7.3～10.1 万套是可支付住房。另一方面，如果要把长期以来的住房价格增长率减少到零，意味着全英国每年的住房要增加 24 万套；如果要把住房价格增长率降低到 1.1%，则每年需要新增 14.5 万套住房，相当于将现有私有住房竣工量增加两倍到 15 万套（Barker，2003，para. 14，p. 9）。

巴克的报告指出，尽管过去的 1/4 个世纪政府做出了持久的努力来维持住房的供应，但关键问题还是土地供应。一个原因是在这段时间里小家庭（单身或两人家庭）的急剧增多。正如尼克·盖伦特（Nick Gallent）和他的同事在为英国皇家特许测量师学会编制的报告中指出，城市工作组（Urban Task Force）1999 年报告中建议将新住房集中在城市和棕色地带，以此来促进城市更新和保护乡村地带（Urban Task Force，1999），该提议虽然被政府 2001 年城市白皮书（2001 Urban White Paper）采纳（DETR，2000），但并没有真正起作用。实际上，凯特·巴克发现棕色地带并不容易开发，或者在区位上并不能满足需求（Gallent 等人，2011）。她发现根源在于迟缓和狭隘的规划系统。她建议，规划应该变成具有前瞻性的工具，以应对不断快速变化的市场。政府通过新的规划政策声明（Planning Policy Statement）、规划政策声明 3（Planning Policy Statement 3，PPS3，DETR，2006）和绿皮书（Green Paper，DETR，2007）做出了反应，设定未来住房供应的规模宏大的目标，其运营背景是区域空间战略（Regional Spatial Strategies，RSS）和地方发展框架（Local Development Framework，LDF）系统中制定的 15～20 年的住房目标（Gallent 等人，2011）。但是这一切都因联合政府对于区域空间战略的废除而不复存在。

巴克（2004）和约翰·加尔卡特（John Callcutt，2007）都把责任归咎于未能建设足够多的住房来满足需求。21 世纪早期，有大量的住房建造商，其中五家建造了超过一半的私人住房，一直到 2008 年市场崩溃之前，每年大约建设相同数量的住房，但是并没有填补社会住房减少带来的空缺。作为一名经济学家，巴克训练有素，能够同时看到供给和需求。她了解日益增长的家庭数量、寿命的自然延长和夫妻离婚是如何争夺有限的住房供给的。住房建造商与意在保护住房拥有者利益的规划系统相抗争，它们没有任何动机去冒险在昂贵的棕色地带建造家庭住宅。政府使这一过程变得更加复杂，例如需要开发商提供混合使用权和资助建设基础设施。

所有这些都是我们考虑未来需求的前提。艾伦·霍尔曼斯（Alan Holmans）和克莉丝汀·怀特海（Christine Whitehead，2011）根据英国社区和地方政府部 2008 年版规划（2008-based projections）来预测，如果家庭有能力分开居住，仅仅是人口变化一项将会导致每年 23.4 万套新增的住房需求。他们进一步深入分析出家庭对于不同规模和类型住房的需求。我们需要跟随着他们的分析继续讨论。

不适当的住房类型

霍尔曼斯和怀特海（2011）也指出，尽管大家庭的增长速率要低于无子女家庭，但儿童数量的新迹象意味着对于能够容纳三个或者更多儿童的大住房的需求增多。单亲家庭的增长率预计是正常家庭的两倍。如果真的达到了这种状态，将意味着需要大量的可支付住房。新增的 120 万个没有其他家庭成员的夫妻家庭意味着对于住房储备的大量需求。

新规划中最大的变化是关于住房类型的，部分原因是新规划中包含了更多的家庭结构信息。但是他们也指出了与早期规划的大量差异，而且这些差异不仅仅源于更多的信息。表 2.1 总结了早期规划中的主要家庭类型。可以看出，与早期规划相比，单亲家庭的数量有很大增长。单人家庭预期也会快速增长，而夫妻家庭和其他多人家庭预期将会增长缓慢。在 2008 版规划中，夫妻家庭在 2001～2026 年增长了 60 万个，其中增加了 100 万个不需要抚养小孩的家庭，减少了 40 万个需要抚养一个或多个小孩的家庭。同时期，预期有 105 万个新增的单亲家庭。

表 2.1　住房类型总结——2008 年版规划和早期规划的对比

	2001	2006	2011	2016	2021	2026
			千			
2008 年版						
夫妻家庭	11 441	11 394	11 504	11 727	11 949	12 060

续 表

	2001	2006	2011	2016	2021	2026
			千			
单亲家庭	1 438	1 607	1 811	2 035	2 292	2 495
其他多人家庭	1 341	1 318	1 301	1 287	1 264	1 268
单身家庭	6 304	7 024	7 773	8 558	9 340	10 194
所有家庭	20 523	21 344	22 389	23 608	24 843	26 016
2006 年版						
夫妻家庭	11 497	11 583	11 841	12 146	12 446	12 703
单亲家庭	1 477	1 663	1 767	1 852	1 919	1 976
其他多人家庭	1 386	1 446	1 550	1 648	1 735	1 816
单身家庭	6 163	6 822	7 590	8 460	9 339	10 178
所有家庭	20 522	21 515	22 748	24 107	25 439	26 674
2004 年版						
夫妻家庭	11 497	11 596	11 787	11 994	12 182	12 322
单亲家庭	1 476	1 655	1 760	1 830	1 882	1 928
其他多人家庭	1 387	1 452	1 538	1 629	1 708	1 775
单身家庭	6 163	6 816	7 562	8 384	9 200	9 951
所有家庭	20 523	21 519	22 646	23 837	24 973	25 975

来源：Holmans with Whitehead，2011，p. 4

从住房需求的角度来看，重要的观点是有小孩的家庭总量预期会增长到 66 万个。其中 2/3 的家庭只有一个要抚养的子女，但是有三个或更多小孩的单亲家庭增长了 73%。

总的来说：

◆ 2008 年版规划表明，如果家庭有能力分开居住，仅仅是人口变化一项将会导致每年 23.4 万套新增住房需求。

◆ 尽管大家庭的增长速率要低于无子女家庭，但儿童数量的新数据意味着对于能够容纳三个或者更多儿童的大住房的需求增多。

◆ 单亲家庭的增长率预计是正常家庭的两倍。如果真的达到了这种状态，将意味着需要大量的可支付住房。

◆ 新增的 120 万个没有其他家庭成员的夫妻家庭意味着对于住房储备的大量需求。

在不适当的地方建设住房

不适当的住房区域?

艾伦·霍尔曼斯和克莉丝汀·怀特海（2011）继续关注未来住房需求的区域分布。表 2.2 阐述了他们的结论。新规划中英国中部地区和部分北部地区家庭数量有较低增长，而南部和东部地区有较高增长。这与 20 世纪 90 年代晚期和 21 世纪早期的情况相反，相比国家其他地区来说，南部和东部地区当时正处在房价高增长期的前期，这导致了南部地区较少的迁入和更多的迁出。但是据新的估计，当南部的房价增长减缓，中部和北部的房价增长加速后，越来越少的人会从南部迁出。从某种意义上来说，这就是一个简单的交互模型：随着东南地区经济的升温，房价升高，迫使更多的人搬往区域边缘，尤其是与中东部地区毗邻的区域起到了逃离阀门的作用。当经济降温时，逃离阀门上的压力减小。但特别值得关注的是，新的规划显示伦敦家庭数量将快速增长。这可以反映出 21 世纪头十年的中期和末期海外到伦敦的高迁移率，其中包括大量的年轻移民住在内城的出租住房内。如果他们继续开始组建家庭，外部压力会再一次增加，特别是如果 2008～2012 年的抵押贷款危机最终得到缓解的话。

表 2.2　家庭预期增长量的区域分布

	2004 年版（2006～2026）	2006 年版（2006～2026）	2008 年版（2006～2026）
		百分比	
东北部	2.7	3.3	3.7
西北部	11.5	11.0	9.3
约克郡和汉堡	10.5	11.8	11.5
中东部	9.9	10.9	9.4
英格兰东部	8.3	8.4	7.9
伦敦	13.4	13.4	14.0
东南部	14.8	13.4	15.5
西南部	16.1	15.5	17.0
英格兰（总的增长以千计）	4 457	5 159	4 672

来源：Holmans with Whitehead，2011，p. 4

但是一些观察家相信，自购住房需求已经达到顶峰，新家庭将会越来越多地倾向于长期租住，虽然这个年纪的上一代人已经自购住房。这一点在家庭构成上得到进一步加强，特别是未来会寻求可支付住房的单亲家庭的大量增长。毫无疑问，其中的许多人将会集中居住在伦敦以及其他大城市，但这些在预测中并没有加以区分。

棕色地带还是新发展区？

另外一个困扰政策制订者多年且没有得到解决的关键问题是：有多少新住房可以而且应该建造在之前开发的棕色地带，有多少应该建造在之前未开发的新发展区？出发点必须是确定这个国家城市开发的确切范围，最近一次重要的尝试是尼克·盖伦特2009年为政府科学办公室（Government Office For Science）的土地利用规划所做的主要调查（Gallent，2009）。他发现，英格兰2005年住房所占用土地是15.077万公顷，如果包括家庭花园但是不计入道路、停车场、附属的开放空间和儿童游乐区的话，则为45.231万公顷（DCLG，2007）。这相当于全部土地利用的3.4%。如果所有的非住宅建筑、公路、铁路和小路都算进去的话，整个城市土地利用为112.941 7万公顷，占所有分类土地的8.53%。这里面没有包含建成地区开放空间（例如水体和绿地地区）所占用的土地，因此已经开发的面积可能会更高。但是盖伦特认为，这是与大致同时期存在的2 200万套住宅相关的一个有用的基线。他关注艾伦·霍尔曼斯和克莉丝汀·怀特海早期的研究（2008），研究表明到2056年需要900万套新增的住宅，总共要提供3 100万套住宅。算上庭院和直接相关的其他用地，将需要另外的29.25万公顷的土地用于建造住宅。用于开发的所有土地，包括因为人口增多带来的基础设施建设和经济开发，会增长41%，总开发面积为159.257 8万公顷，占总用地的12%。

我们较早看到尼克·盖伦特所依据的艾伦·霍尔曼斯和克莉丝汀·怀特海的报告，表明了这种开发向北部地区的相对转变，这与最近的证据相矛盾。但是正如表2.1所示，所有的预测都表明伦敦、东南和南部地区有一个大的绝对量的开发。另外，尼克·盖伦特论证，从大城市到小城镇和乡村地区的居住分散趋势似乎很可能继续。如同南部地区一样，北部地区的居住将会集中在较低层次的定居点，而且也不能保证北部城市的复兴。

城市工作组提议，棕色地带开发率应该由56%增长到60%，2000年的一份政府白皮书中接纳了这一提议（DETR，2000）。同时实际的百分比开始势不可挡的急剧增长，在2008年达到80%。在城市开发的浪潮中，包括了很多之前工业地带的住房。但是这一浪潮会波及多远？2000年Urbed和UCL被要求对东南地区的城市复兴进行回顾。他们的报告《生活空间》(*Living Space*，Carmona等人，2000）发现，在布赖顿（Brighton）和雷丁这些城市有大量精心设计的项目，但是在大部分人居住的有精心设计规划的郊区则很少。议员们通常认为他们的地区并不能挤进更多的住房了。随后在英格兰首个城市峰会上，一份关于24个城镇和城市的报告《城市复兴同盟》（*Partners in Urban Renaissance*，Urbed，2002）指出，在主要城市如伯明翰和利兹的中心地区正在进行城市复兴，但是其受益范围还没有扩散开。旧的工业城市如布莱克本无法吸引到他们需要的投资，而且对在斯温顿迅速新建的房产有着令人惊讶的不满意度。

2013年的世界

十多年后，尽管有堆成山的报告和标志性建筑以及更新计划，包括政府雄心勃勃的社区可持续发展计划（Sustainable Communities Plan，ODPM，2003），但是发展几乎停滞。房价的增长速度远远超过了收入水平，正如巴克在第一份报告中提出的，部分原因是（如上所述）住房的建设已经落后于需求（和欧洲的水平相比）。社会差异变得越来越大。尽管有越来越多的高密度公寓建造在棕色地带，但可悲的是其质量遭受了广泛的批评。拥挤的城市中心公寓主要是由年轻的专业人士购买，随着信贷危机和过度借贷所引起的银行业的崩溃，这一市场像纸牌一样倒塌。高收入人群倾向于居住在建成社区的老房子中。因此，最大的疑虑是政府增长区如泰晤士河口区（Thames Gateway）[①]或者住房更新地区的新开发项目是否会按计划发展。

同时，当南部房价飞速上涨时，北部工业城市正在经历住房市场的衰败。所有重现三十年前综合再开发地区的尝试都被抵制，有车的白人工人阶级已经用车投过票，并搬离出去。随着“城市逃

① 泰晤士河口区，长期以来是伦敦多重剥夺最严重的地区之一，也是2004年伦敦规划确定的空间发展走廊之一。——译者注

离”的持续进行，日益增多的交通拥堵和通勤时间，日益严重的社会两级分化，少数民族聚居成为压力和冲突的结果。通过大量社区更新计划来提高宜居性和处理最糟糕地区的社会动乱，虽然这些措施受到欢迎，但是没有能够阻止社会资本的流失，恰恰是这种流失导致很多地区持续衰败。有小部分人很错愕，最糟糕的问题恰是在郊区住宅区，像曼彻斯特的班切尔（Benchill）地区，年轻人抱怨无事可做，许多街道在晚上是不适宜散步的。一些新颖的概念如夜间经济和咖啡文化最终变成周五和周六晚上的饮酒作乐，与城市工作组致力推进的欧洲大陆发展模式最终大相径庭。

因此需要新的、激进的机制来更新现有社区，并建设人们真正想要居住的新的可持续的城市社区。这意味着要吸引经济和社会资本的投资以及基础设施的建设。尽管英国成功地创造了新的就业岗位，但少数民族特别是年轻人有着令人无法接受的高失业率，与无职业技能认证的白人工人阶层的失业率相当。大多数年轻人无力购买自己的住房。由于低水平的生产和革新能力，以及大量预算和需要平衡支付赤字，因此难以为创建更好的社区提供资金。

2010 年 6 月，分权和城市（Decentralisation and Cities）大臣 Greg Clark 就职后不久，宣布停止城市棕色地带日益高密度的开发：决定权应该赋予议会和社区，他们有权叫停铲除花园行动和决定什么类型的住宅适合自己的地区。为此，PPG3（Planning Policy Guidance 3）中先前每公顷 30 套住房的最低密度将被取消：当地委员会将有权决定多大的密度是合适的（英国皇家城市规划学会年会演讲，2010 年 6 月 29 日）。早些时候，他的同事 Grant Shapps 认为：

> 满足可支付家庭住房的需求是当下最紧迫的问题，但当前鼓励高密度的体制使得开发商建造一居室或两居室的高级公寓。这就是为什么从现在开始，社区有权决定他们所在地区需要什么样的住房，而不再是最大化利益和最小化选择系统的受害者[①]。

① http：//www. pla-nnin-gresource. co. uk/news/1009439/Housing-density-target-abandoned-coalition/.

盖伦特发现，实际上住房密度的证据是交错复杂的。英格兰最近的住房密度较低，但是在持续增高。未来土地利用的预测认为，在棕色地块上的平均密度为每公顷40套住房，在新发展区的密度为20～30套。对空间标准以及土地有效和高效利用目标的再度关注，将促使密度保持上升轨迹。当住房购买者质疑小公寓的长久效用时，内城地区投资导向的超高密度会下降（Gallent 2009，p. 102）。

隔热差、设计差的住房

政府对于新住房的标准将会在第4章有更详细的描述，这些标准是为了确保到2016年在节约能源上有一个快速和根本的提高，如同政府政策在2008年规定的那样，所有新住房的净二氧化碳排放必须是零碳，与住房能源利用相关的排放同样是零排放或者负排放。因为节约能源的高要求，这些住房运营成本将会降低，而且住户不容易受到上升的天然气和电力价格的影响。作为典范，2008年政府宣布在四个先锋地区建设的首批英国生态城——怀特希尔-博尔敦（Whitehill-Bordon）、圣奥斯特尔（St Austell，陶瓷城）、拉克希思（Rackheath［诺里奇，Norwich］）和西北比斯特（Bicester）——这几个城市将会设立绿色生活的最高标准，由政府专用资金来支持。城镇所有建筑包括商业、公共建筑和住宅都是零碳排放，这比任何现存或者已经达成的目标都更加严格。城镇内将会有40%的地区是绿地，其中至少有一半应该作为公园或者休闲区向公众开放。每套住房至少应该有一个就业机会是通过步行、自行车或者公共交通可达的，以此来减少对小汽车的依赖。所有的住房将会布局在高频次的公共交通站点和每日必需的社区服务的十分钟步行范围内。住房的能量将来源于阳光、风和土地。

这些都是很好的目标，最大的特点是，2010年选举后，新的联合政府承诺要坚持做下去。但是有一个难以应对的问题是：新的措施只适用于2016年以后建造的新住房。而且，由于非常缓慢的存货周转率，英国现存住房储备相对老旧，大约有38%的住房（800万套住房）建造于1945年前，其中将近500万套建造于1919年之前。在历史上，英国住房建设并没有太多考虑基本设计质量或者对外部环境隔热的基本要求。正如时任能源大臣的Chris Huhne所说的：

英国拥有欧洲最古老的建筑储备。我们通风良好的住宅隔热不好，不保暖而且耗能。作为消费者，我们为低效的住房支付了昂贵的价格，我们的地球也为此付出了昂贵的代价。英国1/4的碳排放来自于我们用于加热住房所消耗的能量，1/4来自于我们的商业、工业和工作场所（DECC，2012，p.2）。

近年来已经有了一些改善：

◆ 能源效率的改善使得住房的平均能源效能（SAP，标准评估程序）从1996年的41提高到2010年的54.5，其等级为100。变得更好，但仍然有很长的路要走。

◆ 到2010年，社会住房领域取得了最高的能源效能等级（超过60）。越高的等级反映了社会住房房龄越年轻化（例如只有1/5的属于地方政府的社会住房建于1945年之前，而私人租赁市场这个比例则超过了一半），同时也反映了地方政府为租户改善能源利用率付诸的行动。

◆ 但是，考虑到社会住房（同时也包括住房协会储备量）在所有居住房屋中大约只占17%，标准评估程序等级正好在新住房80分的平均水平之下，对于现存住房储量仍然有很大的空间去减少排放。

对于减少现存住房排放的主要机会来源于隔热、替换锅炉和更高效的家用电器等：

◆ 隔热。简单划算的措施包括阁楼和空心墙绝缘，会减少整个住房储备量6%的排放。实心墙绝缘更昂贵且容易破裂，但是可以再减少5%的排放。

◆ 更换锅炉。建筑规范中指出，更换的锅炉必须是高效节能的冷凝式。2012～2020年将有800万台锅炉可能被替换，这将会减少大约6%的排放。

◆ 更高效的电器。购买更高效的家用电器（冰箱、洗衣机）以及有效地使用它们，到2010年可以减少大约14%的间接的（与电力相关的）居住排放。

这些措施到2020年总共可以减少23%的直接居住排放和36%

的间接排放，并且需要自己支付成本，因此 2020 年典型的家庭能源账单将会保持现有的水平。这也可以创造当地的就业岗位，在 Merseyside 的 Kirklees，一项给 5.1 万套住房做保温的计划估计创造了 250 个就业岗位（气候变化委员会，Committee on Climate Change，2012，pp. 32～33）。

我们在住房中所用能源的 3/4 是用于加热我们的房间和水，大多数来源于燃气锅炉。这些总共占英国二氧化碳排放量的 13%，而工作场所大概占 20%。为了达到碳预算，到 2022 年（相比 2008 年）我们需要减少住房和社区 29%的排放以及工作场所 13%的排放。为了达到这一目的，我们需要使住房、社区和工作场所更加高效节能，用低碳源来保温和供电。图 2.3 形象地展示了挑战的比例（DECC，2012，p. 7）。

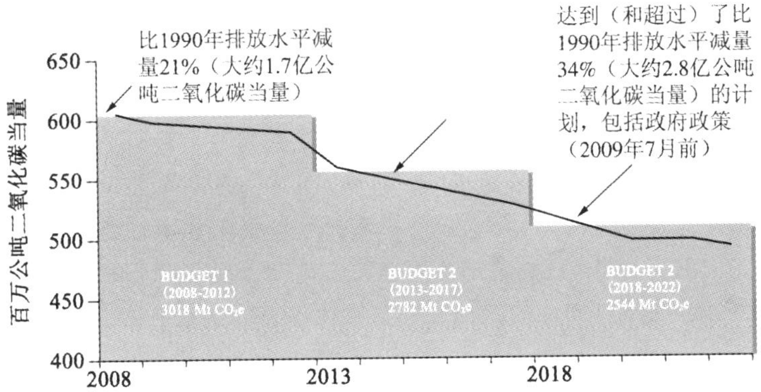

←图 2.3　碳预算：英国减少排放量的挑战。
（来源：DECC，2012，p. 7）

很显然，关于英国过去几十年和几个世纪里建造的大量住房，由于当时没有适用的标准，翻新是当务之急，却缺乏足够的关注。但是伦敦的自治市萨顿（Sutton）市，作为环境政策制订的开创者，在地方政府中已经建立了令人羡慕的声誉，市政府已经委托撰写一份更为详细的分析报告（Parity Projects，2008）。如同任何典型的伦敦外围自治市，与国家平均水平相比，萨顿市的住房储量很大程度上集中在中间房龄范围；61%的私有住房（全国 13%）建造于 1939～1959 年间，当时的隔热标准比较低。在这方面最破的住房是最古老的和最大的。尽管如此，报告指出这些最终都可以得到很大的改善，可以达到 92%的 CO_2 排放量和 89%的能源要求。但是这些需要大量的花费，而且其回报率也会随着时间的推移而变化。

政府 2010 年公布的绿色交易计划（Green Deal Programme）在全国范围内应对这些挑战。它声称要帮助希望采取高效节能措施的家庭和企业消除众多障碍。通过不需要提前支付的投资（通过能源账单偿还），提高了业主、租户和房东采取行动的积极主动性。关键问题是，居民和机构应该以多快的速度、在多大的范围受到激励去抓住主动权。

同时，政府取消了由前任工党在 2006 年制订的时间表：到 2016 年所有住房实现零碳排放，中间目标是 2010 年减少 25%的排放，2013 年减少 44%。乔治·奥斯本（George Osborne）在 2011 年 3 月的预算中改变了零碳的规定，所以除了采暖、固定照明和热水外，住房建造者不必再提供零碳能耗的家用电器。可再生技术的收购税费比率随之降低。更严重的是，2013 年 L 部分咨询（2013 Part L consultation）建议把 2010 年 25%的碳排放减少量大幅削减至 8%。这意味着住房建造商在 2016 年要面对更大的挑战，来保证零碳截止日期得以实现——也许跨越太大而使这个行业无法掌控。原因当然是成本。根据官方数字，棕色地带一栋三居室的半独立式住房，如果按照 2013 年 L 部分的要求碳排放减少 25%，需要额外多花费 4%；但是为了达到现有零碳的新规定需要额外多花费 15%，住房要达到最初设定的零碳排放的规定需要额外多花费 29%。但是许多建造商和设计者已经表明他们可以实现低成本的解决方案。最重要的是，这个行业需要一个明确的不会每年变动的目标（Lane，2013）。

住房的优先次序

优先次序已经很明显。它们是：

- 提供更多的新住房，为了达到规划要求，不要有突然的变动。
- 提供适当类型的住房来满足不同家庭规模和构成的预期增长。
- 在合适的区位提供住房来满足人口的增长。
- 提供满足环境和设计要求的最高标准的住房。

显然，现在的系统并没有实现这些优先顺序。为了更好地了解为何如此，我们将在第 5 章深入分析潜在的机制。

3
第三个挑战：连接人和地方

1957年，经济学家科林·克拉克（Colin Clark）发表了一篇题为《交通：城市的建设者和破坏者》(Transport: Maker and Breaker of Cities）的文章，该文章注定成为城市文献的经典之作。他认为，至少自200年前第一次工业革命以来，交通设施的发展就影响了城市的发展；但是这些反过来又要依赖交通技术的演变。每一次技术的成功发展，都有一类相应的城市出现。然而，它们之间的关系远比下面描述的要复杂：这是一个*相互的*关系，交通系统促进了城市的发展，但另一方面，城市早期的发展影响也限制了可供选择的交通方式。因此，城市的活动和土地利用模式以及交通系统处在某种共存的关系当中。但克拉克认为这些可能不是同步的。实际上，在过去的150年里，全世界的城市已经经历了连续四次交通技术和城市形态的危机，其中第四次危机依然在进行中。

城市发展和变化的方式是一种意义深远的景象，多少年来都难以动摇，所做的种种努力也无非证明了这一点而已。因为在那个时候，发达国家的所有城市已经见证了职住分离的模式，这与从公共交通到私人汽车的转变有关，现在从可持续发展的角度看，这被视为巨大的挑战。

追溯到 1850 年，大部分城市——甚至是最大的城市——也没有我们今天所定义的交通系统。在前公共交通城市（pre-public transport city），个人的出行主要依靠步行。这些城市特别小而密集。因此，就像克拉克在另一篇经典之作（Clark，1951）中所描述的一样，城市具有很显著的密度梯度，中心区密度很高，到乡村地区迅速下降。大约在 1850 年，这些城市经历了一次危机：由于就业岗位处于或者靠近市中心，同时也因为没有个人交通工具，它们无法进一步的发展。解决的方法是马力有轨车和蒸汽拖动的通勤铁路：将钢轮放在钢轨上可以减小移动中的摩擦阻力，这使得在陆地上不仅可以运输大量的货物，而且可以运输大量乘客。从 1870 年左右开始，基于“有轨电车的郊区”（streetcar suburban）在北美和欧洲的城市周围发展起来。大约在 1890 年左右，以这种模式为特点发展的城市如伦敦、曼彻斯特、巴黎、柏林或者纽约，可以被看作是早期公共交通城市（early public transport cities）。

第二次危机开始于 19 世纪 50 年代的伦敦。尽管只拥有 200 万人口，但随着越来越多的人涌进一个用平均速度步行去上班、半径大约为 5 000 米或者一个小时路程的极小空间内，城市变得过度拥挤。伦敦金融城公司的律师 Charles Pearson 认为，便宜的火车可以分散“干体力活的穷人进入城市的优先次序”（引自 Sheppard，1971，p. 136），他们中有十万人每天从郊区来到城市。他的想法最终在 1863 年大都市铁路`（metropolitan railway）和 1884 年的内环（Inner Circle）——今天的环线（Circle Line）——得以实现。随着交通系统扩展到郊区，别墅随之发展，通常不是为了干体力活的穷人，其主要受益者是维多利亚时代的中产阶层。

但是因为技术相对不成熟，第二次危机正在发生。这种早期的公共交通城市以蒸汽火车、马车和有轨车为主，直到大约 1990 年才得到充分的发展。部分城市不断壮大，在 1890 年人口已经超过 100 万（伦敦已经超过 400 万），在大量已有技术的基础上难以获得更大的发展，从而出现了社会住房危机。在这一点上，大约 1890～

1900 年间，发展到了一个新的阶段：有轨车和通勤火车开始用电力驱动，地下电力铁路在最大城市建成，后来它们迅速延伸到地面为新建的郊区服务，伦敦和纽约比巴黎和柏林更早更积极。其结果是，到了 20 世纪 20 年代和 30 年代，出现了新的城市类型，即晚期公共交通城市（late public transport cities）。

在两次世界大战期间的 1918～1939 年，伦敦的地铁系统为世界其他城市提供了典范。穿行于市中心和内城区域的地下隧道，之后出现在地面上，然后行驶 20 千米进入一个开阔的地区。大约每 2～3 千米设立一个车站，由公交公司提供接驳服务，这使得几乎相同的中等密度发展模式（一般是每公顷 20 座房子）可以扩张到与这相当的半径。英格兰省地区的许多小城市和城镇，人口规模一般介于 10～100 万之间，有轨电车和后来的公共汽车在为郊区发展服务中发挥着相同的作用，在比较小的地方只能向外延伸 5 000 米的距离，但是在比较大的城市如伯明翰市、利兹或者曼彻斯特可以达到 10 000 米。这些年建造的住房具有混合性，包括大型市政公共住房如位于曼彻斯特的 Wythenshawe，位于利物浦的 Speke 或者位于利兹的 Middleton，以及投机性建设的私人住房，后者因为使用廉价劳动力和材料（20 世纪 20 年代和 30 年代原材料价格下降）、中产阶层的富足和有效的按揭贷款而得以建成。

伦敦：从典型的公共交通大都市到巨型城市区

伦敦的地铁系统大约到 1912 年实现了基本统一，到 1933 年完全统一。一个管理团队 Albert Stanley（Lord Ashfield）——早期曾经经营过美国的城市运输系统[1]——和他的商业经理 Frank Pick，他们迅速地将地下系统延伸到地面的开阔地带，与处于同一管理下的公交公司一起提供接驳业务，使郊区迅速扩张。在河流南部，新近统一的南部铁路为郊区提供电力服务，也具有了相似的结果。直到 1939 年第二次世界大战爆发，中等密度的郊区几乎全部扩张至距离市中心大约 12～14 英里（19～23 千米）的地方，使得伦敦这一典型的公共交通城市迎来了它的全盛期。

但是，就像 20 世纪 30 年代末期 Pick 所提醒学者们的，当这种系统扩张的距离超出它的极限时，它既不够快速也不够舒适。因此，Pick 加入了要求限制伦敦继续扩张的团体，他的论述最终出现

① 因此今天的美国说法是：请将汽车传递下去。

在第二次世界大战爆发以后的1940年早期出版的皇家委员会(Royal Commission)报告中。随后，当时的先锋规划师帕特里克·艾伯克隆比(Patrick Abercrombie)教授提出了一个区域性的大伦敦规划(Greater London Plan)。他呼吁，伦敦的进一步增长应该被周围的绿带所限制，并将过度拥挤的贫民窟里过多的人口置换到扩张的新城中。更加引人注目的是这可能已经成为事实。绿带强有力地阻止了地铁进一步延伸的计划，有些工程有时还可以在有些地方看到。除此之外，从1946～1950年开始建造，之后的二十多年中建成的八个新城位于距离伦敦20～35英里(35～55千米)的地方。接下来在20世纪60年代开始建设的三个城镇位于50～80英里(80～130千米)远的地方。大量扩张的城镇位于这些中间或者比它们更远。根据后来的研究发现，与大小相似、离伦敦距离相似的新城相比，距离越远的新城发展计划中的自足性越高。

但是规划者理想的假设被一个意料之外的事实所挫败：出生率的上升再加上未能成功阻止来自英国经济落后的外围地区的人口迁入。这一结果蔓延至绿带另一侧城镇周围的郊区发展中，这些区域距离伦敦超过25英里(40千米)，快速通勤主干线铁路为其提供服务，在20世纪50年代和60年代，大部分铁路系统逐渐变成电力驱动。伦敦因此从典型的公共交通大都市发展为一种新的城市形态，即多中心巨型城市区(polycentric Mega-city region)。到2000年，正如已在第1章中提到的，这个英格兰东南部巨型城市区占地面积巨大，比英格兰1/5的面积还多，容纳了近2/5的英格兰人口(38.6%)。从伦敦向北大约延伸80英里(130千米)，从首都向西南方向延伸110英里(180千米)，大伦敦半径约15英里(25千米)，以巨大的建成区为主，绿带和M25环城高速公路限定了边界，这也是艾伯克隆比计划的一部分，只是在1986年才完成。建成区和周围通勤带作为城市的功能区(functional urban region, FUR)，占据了整个的更广阔的区域，超过900万人口聚集于此，不到总人口的一半。除此之外还有不少于15个城市功能区，人口从八万到60万不等，它们在过去的半个世纪中表现出持续而强劲的发展势头(Hall and Pain，2006)。对于人和就业有着不可遏制的外推趋势。

日常通勤所造成的模式理所当然地被进出伦敦的强势辐射流所

控制，其中一些是远距离的，尤为明显的是沿着以平行高速公路和铁路主干线为代表的强大交通走廊。但值得注意的是，许多沿着这些交通走廊的中心地区，距离伦敦 40～100 英里（65～160 千米），也表现出与其他中心的复杂和日益重要的交错联接。这种现象在伦敦的西北、西部和西南部构成的一个广阔的新月形区域尤为明显，从北安普敦和米尔顿凯恩斯绕到伯恩茅斯-普尔、南安普敦、朴次茅斯、布赖顿码头和伊斯特本，它们似乎发展成为一个更大的巨型城市区中网络状的次巨型城市区，在伦敦的另一侧确实成为一个更加强劲的独立经济发展模式。

20 世纪 40 年代的规划者们没有预见到这些现象，他们天真地想象着整个迁往新城的运动是一个一劳永逸的过程。这一过程伴随着在 1961～2008 年间汽车的拥有量而激增三倍。这种结果不可避免地加剧了欧洲大部分密集的现有道路网络的拥堵。些许安慰的是：尽管存在高密集的相互连接，2001 年在整个区域不少于 70％的工作者生活和工作在同一个城市功能区，代表了高度的自足性程度，这种比例在接近巨型城市区边缘的城市功能区高达 75％～85％。

洛杉矶：第一个完全汽车化的城市

在美国，人们给出了一个总体上较好的地铁建设商业潜力评价。开通于 1904 年的纽约第一条地铁线，连接着位于市中心金融区心脏地带的市政厅和欠发达的 Bronx 区，但是这些区域的落后状况很快得到了改善。这条地铁第一年的载客量是 1.06 亿人次。开始的时候非常拥挤，因为它创造了一种新的交通：五分钱的单一票制补贴了地铁扩张的线路和未来的发展。在 1890～1900 年间 Bronx 地区人口增长了 126％，到 1910 年达到了 40 万。在接下来的十年间，多条线路穿过了 East River 之下和 Brooklyn 之内，最后都汇集到繁华的商业中心。

但在这些实例中，最引人注目和非同一般的还数洛杉矶。在 1901～1911 年间，太平洋电力铁路公司（Pacific Electric Railway Company）建成了至少 72 条独立的轻轨系统，这是美国最大的市际电力轻轨系统，服务于洛杉矶周围 160 千米半径内的 56 个社区。在它的高峰期，也就是 20 世纪 20 年代中期，标准轨距线路延伸至 1 164 英里（1 873 千米），它的 800 辆“大红色车厢”（Big Red

Cars）每天能够完成 6 000 趟预定的行程，加上它经营的洛杉矶太平洋公司，在洛杉矶内有超过 326 英里（525 千米）的窄轨距的有轨电车线路。

这是企业巨头亨利·E. 亨廷顿（Henry E. Huntington）的杰作，他是一个鲜为人知的人物，即使有成千上万的人参观署有他名字的画廊和图书馆。而且他构建的交通网络仅仅是他实际经营的土地投机活动项目的基础。就像洛杉矶历史学家罗伯特·福格尔森（Robert Fogelson）所说，亨廷顿对交通系统的投资与东部的城市如纽约有很大不同：在那里，开发在先地铁在后，并且利润多少是可以保证的；在这里，铁路的建设先于其他建筑，这些线路似乎都冒着没有市场收益的风险（Fogelson，1993）。因此，洛杉矶的企业家们如亨廷顿等热衷于分享土地的升值，因此土地开发而不是票价收入成了整个投资的目标。亨廷顿将这种投资方式发挥到了极致，他同时经营着太平洋电力铁路公司、亨廷顿土地与开发公司（Huntington Land and Improvement）和圣盖博谷水公司（San Gabriel Valley Water companies）。铁路系统赔钱了，但是土地公司挣了数百万。

令人惊讶的是这种情况并没有持续很久。早在 1920 年以前，洛杉矶就成为世界上第一个拥有大量汽车的地方，这比世界上其他城市早了几十年。在 1915 年，洛杉矶已经达到了每八个居民就有一辆汽车，而全国平均是每 43 人一辆；到了 1920 年，洛杉矶为每 3.6 人一辆，全国是每 13.1 人一辆；到 1930 年，洛杉矶为每 1.5 人一辆，全国是每 5.3 人一辆；到 1938 年，洛杉矶平均每个人拥有一辆汽车，这个城市的任何地方都不再限制汽车拥有。这意味着什么？简单地说，洛杉矶在 1920 年开始受到大量拥有汽车的影响，直到第二次世界大战之后，这种状况在美国的其他城市才出现，而西欧直到 20 世纪 80 年代才出现。正如雷纳·巴纳姆（Rayner Banham）所说的，来到这里的人们开始背离旧式的城市：他们想要的梦想中的美好生活没有欧式城市的肮脏。他们来自小城镇，在那里开车是理所当然被允许的。

结果洛杉矶的轻轨系统开始急速衰落。早在 1912 年，旅客运输量已经下降；在 1923～1931 年间，到市中心的运量下降了 24%，非高峰期和周末的业务大量流失，在经济大萧条期，情况甚至更加糟糕：运输量降到了1929～1934年间的1/3。由于汽油价格是每加仑11～14美分，许多家庭认为开车比乘车更便宜。在1930年，太平洋电力铁路公司有50条城际线路和30条地方电车线路；十年之后，只剩下不足30条城际线路和大约20条地方线路。因此，几乎从1911年初期以来，新合并系统的损失超过了金融式尼亚加拉大瀑布（financial Niagara Falls）。即使是在20世纪20年代的繁盛期，每年的平均损失也超过了100万美元，在20世纪30年代，每年的损失高达200万美元。总之，在1912～1940年间，该交通系统只有三次盈利。在20世纪30年代末期，该交通系统必须进行大规模的削减，1961年所有的铁路服务全部结束。

没有人再关注这个事实。在20世纪20年代中期，当该交通系统陷入危机时，当地展开了一次关于城市未来的激烈辩论。该市水电部门的执行主任Clarence Dykstra在1926年发表的简短文章中提出主要观点："豪华的拥挤——我们是否想要?"他认为城市的发展不需要建立在一个密集、拥挤的中央商务区基础上，就像伦敦或纽约的模式一样。他强调，每个地方的商业——银行、工厂、剧院、商店——是分散的。他提出了一个不一样的构想，"未来的城市应该是一个基于本地中心和田园城市的和谐发展的社区，在这里对长距离快速交通的需求将降到最低"。洛杉矶可能成为世界上第一个这样分散的城市，个人的出行依靠私家车，运送货物依靠货车和传统电车。Dykstra认为"在这种条件下，城市生活不仅是过得去而且是令人愉悦的……"(Hall，1998a，p. 882)。

这也许是对的，至少在1940年第一条高速公路开通之后。同时，洛杉矶是另一种城市生活方式的试验，它将在20世纪下半叶被其他许多城市效仿。

三类城市

这之后迎来了第三次危机，洛杉矶在20世纪20年代经历了这次危机，而其他城市在20世纪60年代才经历：旧的城市形态和汽车之间的冲突。尽管我们这些后来者认为有其政策性的错误，但洛杉矶解决措施的创新是惊人的：它任由公共交通系统衰落，并成为一个以汽车为导向的城市。其他少数城市，它们都位于美国西部如凤凰城、盐湖城（Salt Lake City）、达拉斯（Dallas），有效地在低密度的居住和就业区实现了完全汽车化。但问题是其他较老的城市依然保留着强大的中心商业区，在 20 世纪 60 年代和 20 世纪 90 年代的复兴繁荣时期，通常变得更加景气。它们不能采用完全汽车化的洛杉矶模式。迈克尔·汤姆森（Michael Thomson）在 1977 年的书中，将最大的城市如纽约、巴黎、东京和伦敦称为强中心城市（strong centre cities）；它们拥有 100 万或者更多的市中心上班族，他们拥挤在一个 10 平方英里（26 平方千米）或者更狭小的区域里，这一特征使得这些城市依赖铁路：它们严重地依赖 20 世纪早期的铁路系统运送人们上班。因为只有铁路系统能够承担这种交通走廊沿途的客流：一条车道或者轨道上每小时高达四万人次。

在下一层级的城市中，包括欧洲和美国大部分重要的区域中心，和欧洲许多较小的首府城市，如伯明翰和曼彻斯特，布鲁塞尔和哥本哈根，尤其是斯德哥尔摩、法兰克福和米兰，亚特兰大和旧金山，被汤姆森称之为弱中心城市（weak centre cities）：它们的市区办公中心通常有 25～50 万的上班族，这些城市通过公交、有轨电车和轻轨的混合交通系统运送上班族，有少数人利用通勤铁路上班。

但有一个关键点是，强中心城市和弱中心城市都是混合体：在它们密集的中心之外，也像洛杉矶一样依赖汽车。每个地方，即使在强中心城市，在市中心就业的人口只占大都市区劳动力总数中很小的比例，并且这一比例正在普遍缩减。郊区出现了写字楼和商店的集聚，而且在不断增加，从而出现了美国记者约耳·加罗（Joel Garreau）所说的“边缘城市（Edge City）”（Garreau，1991）。这些集聚对汽车高度依赖，公共交通系统通常较弱，虽然每个城市不尽相同，但正如第二部分的研究将要阐明的，欧洲的城市通常拥有更好的郊区公共交通。此外，住在这些郊区的人们工作之外的行程几乎全部依赖小汽车：购物、娱乐、休闲和周末的社交生活。因此，这些城市地区实际上有两套交通系统：一套被少数通勤者和小部分无车人群使用，一套被几乎其他所有人和非上下班时间的通勤者使用。

低效和矛盾

这引出了一系列的矛盾，并导致了城市交通组织管理的第四次危机。如同克拉克在1957年所强调的那样，交通和城市可能不协调了，事实上它们经常不协调。那是一个特殊情况，因为城市的变化要比技术的变化慢很多。正因为如此，老城市不能与现代交通很好地协调；这就是为什么许多城市——特别是欧洲——不让汽车进入它们的市中心区域，选择回到中世纪的步行世界。

众所周知的第一个矛盾就是个人和社会的成本和收益：所有的汽车司机令其他使用者进入拥挤时代，这是一个巨大的社会成本。第二个矛盾其实是第一个矛盾的一个特例，就是把汽车当作唯一的出行方式，对它的依赖性不断加大所带来的能源消耗和环境影响等问题。彼得·纽曼（Peter Newman）和杰夫·瑞肯（Jeffrey Kenworthy，1989，1999）的著名研究表明，美国城市的平均汽油消耗量几乎是澳大利亚城市的两倍，是欧洲城市的四倍，是亚洲城市的十倍。即使在美国国内，在休斯敦这样完全汽车化的城市，人均汽油消费比强中心城市如纽约或者弱中心城市如波士顿都要高40%。不同的汽油价格、收入和汽车效能只能解释这些变化的一半原因。最重要的原因是城市结构：就业向中心高度集中的城市，相应的公共交通系统发展较好，它的能源消耗比就业分散城市要低得多；密集的城市要比不密集的城市表现更好。

总之，能源利用，公共交通的使用，特别是铁路以及汽车的供应之间有着密切的关系。在欧洲城市，25%的旅客通过公共交通出行，只有44%的人开汽车去上班。在那些更加密集的城市，步行和自行车出行的重要性更加突出，事实上21%的人选择这两种方式去上班。在阿姆斯特丹这一比例增加到28%，在哥本哈根增加到32%，亚洲的城市甚至有更高的比例。纽曼和瑞肯（1999）指出，以铁路为基础的交通运输系统可以与汽车竞争，在欧洲和亚洲，火车的速度一般快于平均交通速度。中心区步行化是复兴欧洲城市中心区域广受欢迎的手段，而正是强大的公共交通系统运营使得这一手段成为可能。

但是还有进一步的问题：正如已经指出的，许多大城市市中心的劳动力不再增加，在那里主要依赖传统的公共交通辐射模式。随着居住和就业分散到更加广阔的郊区，市中心最好的状况是保持不变，而最坏的情况是持续衰退。不管怎样，在相对意义上来看就业是处处分散的，因为郊区就业岗位的增长比中心商业区快得多。这种情况不只出现在美国的城市，在欧洲也同样如此。在大城市区域如伦敦周围的巨型城市区，许多小城镇汽车的使用量比伦敦市中心和内城高得多，尽管在两次世界大战期间才发展起来的大伦敦外围郊区也是汽车依赖型。不仅美国没有采用欧洲的节能型模式，反倒好像是欧洲开始走浪费型的美国道路。

其实，在就业高度集中的市中心依然存在时，新就业岗位的增加主要出现在郊区，包括较小的城镇，它们已经与不断扩大的巨型城市区联系起来。这就是公共交通系统出现糟糕的财务结果的原因之一：交通服务模式主要呈辐射状分布，而这种分布在下降。20 世纪 80 年代期间的美国，一个显著的地理变化是出现了所谓的新的后台办公综合体（back office complexes），就像沿着旧金山湾区的 I－680 通道，或者是围绕新泽西州普林斯顿的拉链带（Zip Strip）一样。在美国和欧洲的其他大都市区边缘区也存在类似的校园办公综合体：康涅狄格州的 Stamford 距离纽约市中心 43 英里（69 千米），雷丁——位于伦敦西部 40 英里（64 千米）处，还有巴黎的新城如 St Quentin-en-Yvelines。然而，这三个地方与早期拥有良好公共交通系统的地方是不同的，包括接驳巴士和通勤火车。

协调交通和土地利用规划

总之，未来和过去一样，交通技术与土地利用紧密联系。无论哪种系统发展都将取代传统的单乘客、有人驾驶的汽车，都会刺激土地利用的类型做出改变。在这点上，英国和美国是高度相关的。

苏珊·欧文（Susan Owens，1984）认为，一个可持续的城市形态应该有以下特征。第一，在区域尺度内，该区域应该包含许多相对小的居民点，其中部分将聚集形成拥有 20 万人口或者以上的更大的居民点。第二，在次区域尺度内，它以紧凑的居民点为特征，在形态上可能是带状的或是矩形的，就业和商业分散分布，形成异质的土地混合利用模式。第三，在地方尺度，由步行/自行车尺度的亚单元组成；中高居住密度，可能是带状高密度；本地的就业、商业和服务机会集聚，以促使多目的出行成为可能。她的研究强烈建议，小居民点的集聚可能要比大的集聚更节能；最佳的人口上限是 15～25 万；带状或者至少是矩形分布最节能；虽然应该有适当高的密度，但是不必为了节能而密度太高。因此，每公顷 25 栋住宅，可以换算成大约每公顷 40 个人，可以为所有的住房在 600 米范围内的、总计约 8 000 人的区域提供服务设施；步行规模为 2～3 万人的聚集可以为很多设施提供充足的阈值，从而使这些设施不需要依赖高密度，实际上高密度的能源利用率反而可能是低的。这些与马克利乌斯（Markelius）和西登布拉德（Sidenbladh）在 20 世纪 50 年代对斯德哥尔摩地铁站（Stockholm Tunnelbana stations）周围的研究结论是一致的（Hall，1987，1998）。欧文也指出，区域供热系统对每公顷 30～37 栋住宅的适中密度是可行的；在未开发地带，特别是假如土地利用是多样的话，这一收支平衡的密度可能更低。

在国家层面的环境战略下，荷兰对土地利用和交通规划的整合在全球处于领先地位。关于荷兰物质空间规划（Physical Planning）的第四次报告（补充文件，Netherlands，1991）出台了一项政策，通过包含交通和交通政策、环境政策和物质空间规划政策的整合方案，旨在应对发展的压力，改善城市生活质量和减少城市和城市区域的汽车交通。关键是通过聚集居住、就业区以及便利设施来实现最短的可能出行距离，最大可能地利用自行车和公共交通。因此，住房选址首先是在内城，接下来是城市边缘，第三选择是更遥远的地方；无论选址在哪些位置，关键是要有可使用的公共交通。商业和便利设施的规划将使用者的要求和区位特征联系起来。每公顷上包含大量的上班族和观光人员的项目，比如面向公众的办公室、剧院和博物馆，位于 A 位置，即它们的位置应该靠近城市中心车站。B 位置是那些同时接近车站和高速公路的地方，同时适合汽车和公共交通出行。适合这些位置的项目包括医院、研发以及白领行业。C 位置接近高速公路，仅仅适合每公顷的就业者和参观者比较少的项目，满足汽车或货车高可达性需要。与此相关，该报告呼吁整合交通/土地利用规划以便强化公共交通的作用，包括对长期停车空间的管制，这关系到良好公共交通的供给。

迈克尔·布雷赫尼（Micheal Breheny）和拉尔夫·卢克伍德（Ralph Rookwood）已经给出了在不同的尺度和地理背景下如何实现

可持续发展的理论阐述（Breheny and Rookwood，1993）。所有具有不同规模特征的居民点，就像一颗颗小珠子被串联在公共交通走廊（从公共汽车线路到重型轨道系统）沿线（图 3.1）。再者，丹麦和瑞典的规划师们在 20 世纪 50 年代和 60 年代有过十分类似的尝试。

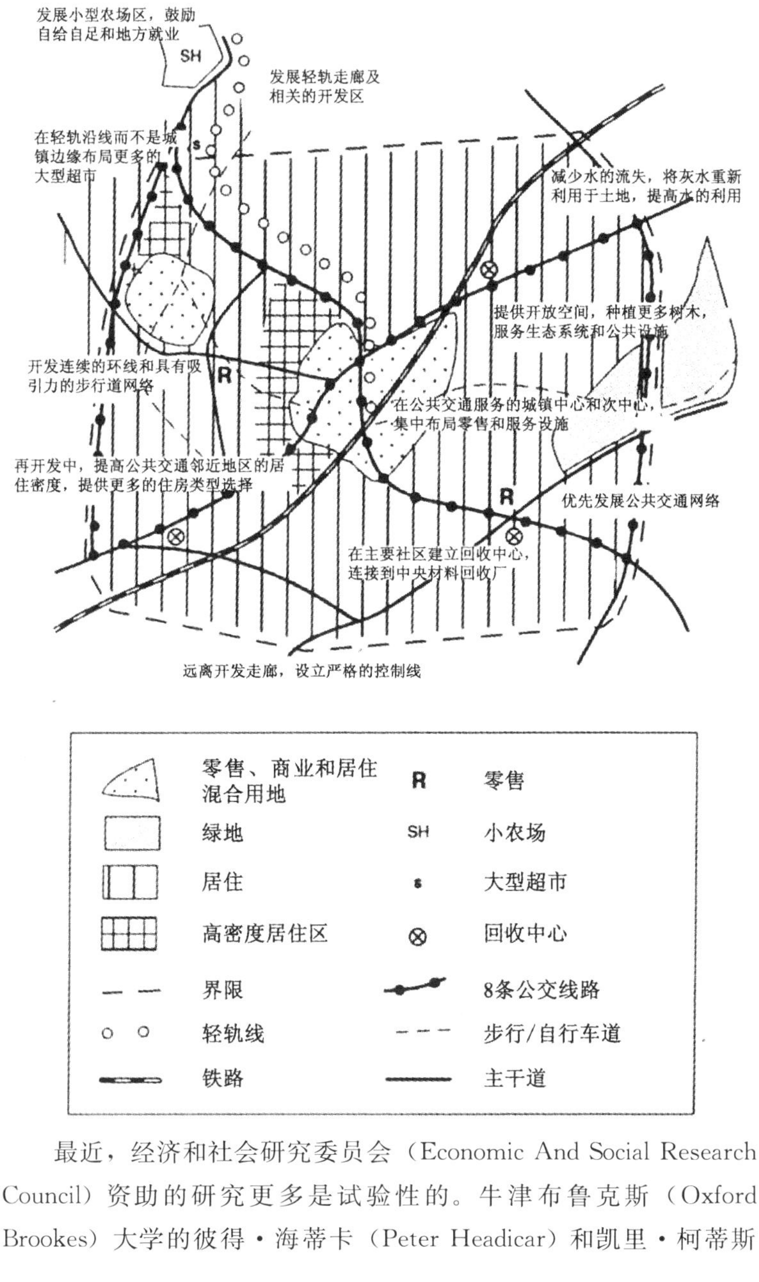

→图 3.1　小城镇和新社区如何可持续发展。
（来源：Breheny and Rockwood，1993，figure 9.7）

最近，经济和社会研究委员会（Economic And Social Research Council）资助的研究更多是试验性的。牛津布鲁克斯（Oxford Brookes）大学的彼得·海蒂卡（Peter Headicar）和凯里·柯蒂斯

(Carey Curtis) 在关注一个重要问题：对汽车的依赖是否关系到在哪里发展新的郊区 (Headicar and Curtis, 1998)。他们的结论十分相关。如果将新郊区建在靠近大城镇和拥有良好公共交通的走廊上，像牛津外的 Botley 和 Kidlington，在这些郊区建成之前，大部分人从市区开车去上班，建成后更是如此；搬往远离牛津的比较小的城镇如 Bicester 和 Witney 的人，迁移前很少有人开车，迁移后则倾向于更多地使用汽车。在位于一条好的铁路线上的 Didcot，更多的人搭乘火车，即使是在那里，也有 4/5 的通勤是依赖汽车。就汽车的总使用量和每周的英里数来看，距离城市最近的郊区 Kidlington 和 Botley 产生最小的旅程量，更远距离的 Bicester 和 Witney 旅程多达两到三倍；第三个城镇 Didcot 产生最小的旅程，与 Botley 的总量接近，并且火车里程是最高的。研究者们得出的结论是，这些差别不仅与大小和密度有关，而且与在一个较广阔的区域中的位置相关。政策上的含义可能是这样的：最好在有强大的公共交通走廊的地方发展，这些地方接近中等大小的城镇，这些城镇可以提供主要的就业资源，铁路通道可以提供更好的发展前景。

在美国，来自加利福尼亚的英国移居建筑规划师彼得·卡尔索普 (Peter Calthorpe) 有一些有趣的观点（图 3.2）。他提出在公交

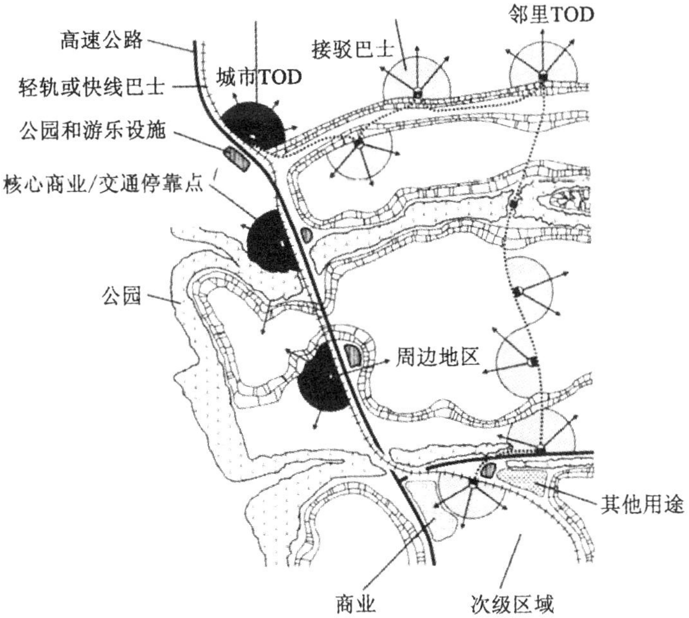

←图 3.2 彼得·卡尔索普的交通导向发展。
(来源：Calthorpe, 1993)

站点周围发展步行尺度的郊区，在这些节点上聚集一些就业和服务岗位，以及高密度的带有街道停车场的独户住宅。他称之为交通导向型发展（transit-oriented development，TOD，Calthorpe，1993）的观点，与布雷赫尼和卢克伍德的观点本质上惊人的相似，它们被独立提出并在同一年发表。加利福尼亚人似乎很喜欢这个：他开发了硅谷（Silicon Valley）的首府城市圣何塞（San Jose）的整个居住区，他的理念现在已经成为萨克拉门托州（Sacramento）首府总体规划中的强制性内容。

关于交通和城市形态关系的权威性评论来自于大卫·巴尼斯特（David Banister，Banister，2005）。他总结道：

> 很多这种争论和实证性证据缺少详细的分析。大多数想法受到了领导者惯例的约束，领导者们喜欢通过规划或者其他控制手段来干预，或喜欢有利的技术修补，或允许市场操作有更大的自由。一般来说，现实更加复杂，需要多个方法的组合，而不仅仅是一个方法。同时，应用的方法可能不是兼容的，从而导致与直觉相反的结果（Banister，2005，p. 124）。

许多研究受到可获得数据的数量和质量的限制。那些结果不必精准，但应该是指示性的，这里对不同的结果做出了比较。而且这些结果经常出现矛盾（表 3.1）。然而，巴尼斯特发现，在大量的研究中显露出来六个合理的稳定的结论。

表 3.1　研究结果的差异总结

居住人口规模：关于人口规模是否影响方式选择、出行距离和能源消耗的争论。
◆ 在美国，城市人口规模和方式选择之间没有相关性（Gordon 等人，1989）。
◆ 最大的居民点（大于 25 万人口）具有较近的出行距离和较少的汽车使用量（ECOTEC，1993）。
◆ 居住人口规模在 2.5～10 万或者 25 万以上的居民点在交通方面最节约能源（Banister，1997）。
居住人口密度：关于提高密度是否影响方式选择、出行距离和能源消耗的争论。关于在减少小汽车出行方面的最佳城市形态有各种各样不同的结论；从紧凑城市到“分散式集中”，甚至是低密度郊区蔓延。

续 表

◆ 增加密度有助于通过交通减少能源消耗（Newman and Kenworthy，1989）。
◆ 在美国，小汽车出行比例与人口密度没有明显的关系（Gordon 等人，1989）。
◆ 随着密度的增加，人们倾向于更多地使用火车和公交（Banister，1997）。
◆ 紧凑城市不一定是减少能源消耗的最佳选择，因为交通拥堵的影响，同时，分散化也许可以减少出行距离（Breheny，1997，2001；Gordon and Richardson，1997）
◆“分散式集中”是减少小汽车出行的最有效的城市形态（Jenks 等人，1996）。
◆ 密度是交通能源消耗最重要的决定性因素（Banister，1997）。
◆ 更高的密度为更少的出行提供了必要而不是充分的条件（Owens，1986）。
◆ 当人们从高密度城市迁往低密度城镇时，他们更多使用小汽车出行，但出行距离可能会更短（Hall，1998b）。
服务的供给与混合使用：关于本地服务和设施供给是否影响方式选择、出行距离和能源消耗的争论。
◆ 本地供给不能够决定方式选择。个人和家庭特征是主要的决定因素（Farthing 等人，1997）。
◆ 附近服务和设施的多样性能够减少出行距离，改变出行方式，而且人们倾向于为了获得更高标准的服务和设施而更远距离出行（Banister，1996）。
区位：关于区位（距市中心距离、重要的交通网络以及绿带影响等）是否影响方式选择、出行距离和能源消耗的争论。
◆ 现有城市地区之外，或者靠近重要的交通网络，或者是作为独立开发的新住房开发区位，能够增加交通出行，影响交通方式选择（Headicar and Curtis，1998）。
◆ 区位是能源消耗和汽车依赖的重要决定因素（Banister，1997）。
◆ 靠近现有城市地区的开发减少了自足性和无车人士的进入（Headicar，1996）。
◆ 城市设计质量：在美国，一些坊间数据表明，新城市主义规划路网和尽端式道路网对交通行为有着不同的影响。在英国，一些最初的证据来自马歇尔（Marshall，2001）。
社会经济特征：关于个人和家庭特征是否影响方式选择、出行距离和能源消耗的争论。以及相比于土地利用来说，个人和家庭特征是否是影响交通的更重要的决定因素。
◆ 出行频率随着家庭规模、收入和小汽车拥有量的增加而增加（Hanson，1982）。
◆ 出行距离、小汽车出行比例以及交通能源消耗随着小汽车拥有量的增加而增加（Naess and Sandberg，1996；Naess 等人，1995）。

续 表

◆ 双收入家庭：评估双方工作地点、“额外出行”范围以及背后的动机、交通因素作用是如何影响新住房区位选择的。没有相关研究。
◆ 周围的机动性水平：周围的机动性水平对方式选择、工作出行距离以及能源消耗等出行行为的影响。在美国有一些坊间证据。在英国没有相关评估。
◆ 态度：在加利福尼亚有一些关于态度对出行行为影响的研究。在英国没有相关评估。

来源：Banister，2005，pp. 125～126，基于 Hickman and Banister，2002。

第一，新的开发，特别是住宅开发，应该有较大的规模且靠近或者处于总人口至少为 2.5 万或接近五万的现有居民点。本地的设施和服务应该分阶段实施，以鼓励本地的交通模式。

第二，在密度超过每公顷 15 人的区域，开车的行程是相对固定的（12 千米），但是在更低密度的区域，汽车的行程增加了 35%。同样的，随着密度的增加，汽车出行从占总出行的 75%降到 51%。在高密度地区的汽车使用是低密度地区的一半。

第三，居民点规模越大，行程越短，而且乘公共交通出行的比例越高。规模经济出现在有卫星城的大都市区，这些城市通过增加行程来适应复杂的城市结构。

第四，结合上述原因，混合使用的开发应该减少行程以及对汽车的依赖。虽然这里的研究局限且集中于上下班的行程，但是增强住宅与设施和服务的邻近度还有巨大的潜力。

第五，新开发项目应该布局在公共交通枢纽和交通走廊附近，这样可以提高所有人的交通可达性。但是这可能同时也鼓励了长距离的通勤。

最后，有无可用的停车场是决定居民是否使用汽车的关键。总之，汽车的可用性和其他社会经济的变量是决定交通需求和形式选择的两个最重要的因素，可以对这种变化的 70%～80%做出解释。土地利用因素可以解释剩下的 20%～30%的变化，同时提供如何利用政策干预影响可持续发展的主要方法，特别是与交通方面相结合的时候（Banister，2005，pp. 124～125）。

在巴尼斯特述评后不久，由英国的五个大学负责，受工程和自然科学研究委员会（Engineering And Physical Sciences Research Council，EPSRC）资助的主要研究项目公布了一个引人注目，甚至引起哗然的结论。外围社区土地利用与交通可持续发展研究（the Sustainablility of Land Use and Transport In Outer Neighbourhoods，SULUTIONS）指出，在接下来的二十年，空间战略对温室气体排放的影响不大（Echenique 等人，2009，2010）。即使采取了土地利用和交通措施，并结合道路收费政策，长期的社会和经济发展趋势依然是其主要影响，这种影响使人们更倾向于宽敞的房子和更多的出行。言外之意是，试图减缓气候变化的规划政策如紧凑城市战略，是一种误导而且在某些方面是起反作用的。

SULUTIONS 的研究者们着眼于两个区域：伦敦周围广阔的东南部，Tyne 和 Wear。在这两个区域，他们主要观察了三种可能情况：理查德·罗杰斯风格（Richard Rogers-style）的紧凑型城市；美国式的市场主导的分散；以田园城市为模型的规划引导的扩展模式。他们发现，在东南部，一个紧凑型的城市能源消耗量和 CO_2 排放只能减少 1%，但是总体上成本会增加，因为外围住宅短缺，而需求量很大，而且那里更加拥堵，交通噪声更严重。美国方式的蔓延使能源的消耗和 CO_2 的排放增加 2%，但是那里的房子价格较低，交通没有那么拥堵，同时也不太拥挤。田园城市的解决方案可能影响到介于两者之间的一些地方，它可能代表了最佳的折中方案，但是同时，这种影响按百分比计算也是很小的。

但是在 2011 年，当这个研究团队的核心成员撰文严厉地批评上述研究结论（Barton 等人，2011）时，他们引起了一种共鸣。上述结论仅仅是基于研究的一个要素，即一个广泛的土地利用及交通模型，该模型忽略了对地方以及邻里社区行为方式的平行研究结果（事实上已经完成）；而且主流的建模工作包含了有争议的假设。

这项工作的另外一部分，即本地研究，基于对跨越四个城市具有明显区位差异的 12 个社区家庭的调查问卷，包括伦敦、泰恩河畔纽卡斯尔（Newcastle upon Tyne）、布里斯托和剑桥周围的郊区、城市最新的扩展区和通勤住区。研究结果显示了不同社区行为的广泛差异性：对汽车的依赖水平从在英格兰 Broxbourne 的五次出行中占四次（82%）到 Cherry Hinton 的刚超过 1/3（35%）。同时，利用步行/自行车出行的比例从 18%到 62%不等。在郊区，这种行为变化是不能被广泛忽略的，但是土地利用及交通相互作用（land-use/transport interaction，LUTI）的研究没有考虑到这种变化。

笔者认为这种解释远不够明确。一般而言，一个有说服力的因素似乎是社区的空间特征，包括区位和可用设施的活力。然而，这里没有简单的空间变量可以解释这种差异。十分频繁地被提到的变量——居住密度，事实上与方式选择相关性很弱。更有影响力的变量是区位、社区的连接性、与城市的整合程度以及联系的线路网络。考虑到与区位相关的因素，城市边缘区新的住宅区对汽车的依赖高于较老的和新旧混合的住宅区。这对城市新扩展区域来说不是好的预兆。不同地方的行为差异与它们的空间特征高度相关，这种空间特征包括在城市区域中的位置、本地设施（如商场）的大小和本地的城市形态。

对地方研究的第二个组成部分是对 12 个不同区位中的八个社区进行基于设计导向的分析。这部分研究结果表明不同的社区设计可以深刻地影响可达性的模式，从而影响社会包容、积极出行的可能性。因此，研究者们认为，"如果经过一段相对短的时期并在同一种战略背景下，当建模人员声称土地利用与交通规划的影响有限时，他们不能在总体上得出土地利用与交通规划影响有限的结论"（Barton 等人，2011，p. 344）。

相反，其他研究表明，整合土地利用和交通规划是可持续战略的重要组成部分，包括财政和科技创新。SULUTIONS 最终报告的一个案例有缺陷，此案例中缺少对照和先后关联的研究，这些在巴尼斯特的述评中是不可或缺的。

2012 年环境变化委员会（the Committee on Climate Change ）给出了进一步的证据，提出在人口众多的大型城市，通畅的公交服务、住宅邻近公交车站，以及其他便利设施，都有助于减少小汽车出行。这一点在英国主要城市的人均交通排放量变动的数据中很明显。环境变化委员会建议，规划和交通政策应该把重点放在已有城市和大型城镇内的新开发项目上，这些城市都拥有良好的公共交通服务，能有效地降低尾气排放（Committee on Climate Change，2012，p. 46）。委员会的证据（图 3.3）清楚地表明，在这方面表现最好的地区不仅仅是那些小汽车拥有量少的大型城市和英格兰北部的地区（布莱克本、洛奇代尔、别根海特），还有大量的相对繁荣的南英格兰的中等规模城市——剑桥、Luton、牛津、Ipswich、南安普顿、Gloucester、Chatham、雷丁。这些城市能够提供可以被广泛应用的模式。委员会提出通过为新的开发项目合理选址来减少碳排放，这个观点在 2012 年国家规划政策框架（National Planning Policy Framework，NPPF）中得到认可。NPPF 还要求，对于产生大量出行的新开发项目，尽量使出行需求最小化（例如避免城外的零售项目），应使可持续的交通方式最大化（Committee on Climate Change，2012，p. 47）。

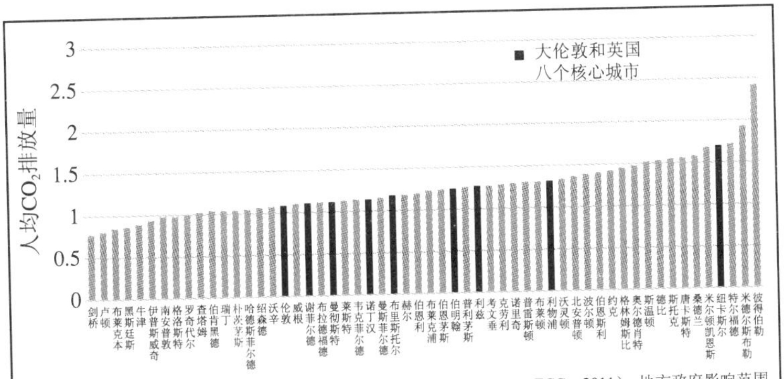

来源：英国能源气候变化部（Department of Energy & Climate Change，DECC，2011），地方政府影响范围内的二氧化碳排放数据集（以前的NI186）；统计局（ONS）关于英国主要城市地区的人口规模数据。
注释：人口和排放数据反映了英国社区和地方政府部（DCLG）所定义的主要城市地区。

←图 3.3 英国主要城市人均交通排放量，2009。（来源：Committee on Climate Change，2012，p. 47）

解决困境：向最佳实践地区学习

世界上一些地区，尤其是但也不仅仅是欧洲，都在寻找富有想象力和创新性的方法来面对这些挑战，为 21 世纪巨型城市区的可持续交通提供创新性的例子。令人惊奇的是，最有趣的例子集中在欧洲相对小的“学习区域”和世界上一些其他地区。在这些地区，城市和区域似乎都经历着创新、模仿和改善的共同过程。在欧洲，三个最值得一提的地区是：斯德哥尔摩和哥本哈根的两大斯堪的纳维亚城市区域；三国交汇的城市区，包括德国西南部巴登省、法国东部穿过莱茵河的阿尔萨斯和瑞士的巴塞尔；令人瞩目的多中心城市区域兰斯塔德，包括荷兰的四大主要城市阿姆斯特丹、乌特勒支、鹿特丹港市、海牙，一些更小的城市像代尔夫特（Delft）、Leiden、Haarlem，还有阿姆斯特丹东部快速发展的卫星城市阿尔梅勒（Almere）；同时，还有一些虽然更分散但联系紧凑的例子，如法国主要的城市斯特拉斯堡（Strasbourg）、格勒诺布尔（Grenoble）、蒙彼利埃（Montpellier）和里尔，这些城市正在发展新的交通与土地利用相结合的模式，并将新的有轨电车网络与区域铁路系统结合。这些区域和城市在诸多方面都做出了创新，但都不如在城市交通方面突出。在第二部分，我们将逐一探索他们是如何实现的。

4
第四个挑战：有限资源下的生活

不到半个世纪前，规划师们不必担心自然资源的问题。“可持续性”这一词还没有成为热门词汇。气候变化更是闻所未闻。世界上的资源看上去几乎能够无限地支撑经济增长和日益富裕的生活方式。改变始于 1972 年，当罗马俱乐部——一个自我任命的小组——出版了《增长的极限》(*Limits to Growth*)，展示了一些关于迄今为止无法想象的世界未来的预测；报告认为，人口的指数增长和消费已经超越了世界的承载能力（Meadows *et al*，1972）。32 年后，类似的几位作者认为，鉴于世界人口开始从 40 亿上升到 70 亿，极限已经突破，我们的地球将面临灾难（Meadows *et al*，2004）。《增长的极限》出版四十年以来，一些观点如一个城市的生态足迹、碳排放对全球变暖的影响以及气候变化的影响，已经进入大众话语，进而从根本上改变了我们对发展的思考（Wacknernagel and Rees，1996）。

这一章分析了英国可持续发展的目前成果和未来前景，特别是在与欧盟其他一些成员国的比较中，其环境标准和目标在各方面都有约束力。本章很大程度上依赖于官方的消息来源，有些来自政府，有些来自独立的科研机构，总结了到目前为止的成就、未来的目标和过程中的阻碍，以及政府采取的行动，旨在到 2030 年及以后能有一个稳定的环境。

事情的开端是一份进展报告，由英国政府独立的气候变化委员会下属的适应小组委员会（the Adaptation Sub-Committee）于 2011 年出版。报告指出，英国正在积极应对目前的气候，但尽管这样，现在的一些行业——比如供水——正在接近它们的极限。在发展模式和老龄化等人口变化趋势的共同作用下，某些地区的气候变化的脆弱性正在潜在地增加。可以采取小步的、遗憾较少的行动（low-regret actions）来降低其脆弱性——例如能提高用水效率的措施，减少洪水对建筑物的破坏，保护建筑物免于夏天过热。这些措施能为户主节省开支。然而，适应小组委员会发现几乎没有证据表明人们采纳了这些措施，特别是现有住房。他们还发现气候风险没有完全纳入重大战略的决策，如土地利用规划和供水基础设施的投资。将气候变化更充分地纳入决策可以减少未来的成本，比如建设新的防洪设施和维护现有的设施，同时也可以保证气候风险能适当地平衡其他的风险和收益（气候变化委员会，2011a，p. 8）。

第一个可持续性挑战：能源

英国全力执行了一项关于可再生能源的欧盟指令（an EU Directive on Renewable Energy，2009/28/EC），它在 2010 年 12 月实施，为所有的成员国确定了雄心勃勃的短期目标：它们必须确保，到 2020 年，所有能源的 20％来自可再生能源，运输行业 10％的能源来自可再生能源。英国电力供应商需依法确保一定比例的来自可再生能源（如风力发电）的销售额，否则要支付罚款。

但是，与它的邻国相比，英国的执行力度远远不够：目标是合适的，但没有成功地实现它们（表 4.1）。一位评论员写道："英国正踮着脚站在能源的悬崖边缘。老化的核电站和火力发电站即将结束它们的生命，并在接下来的二十年内不得不消亡。如何填满这个

潜在的黑洞变得越来越紧迫。”（Cook，2013，p. 17）

表 4.1　可再生能源的份额（占总能源消耗的比例%）

国　家	2006	2007	2008	2009	2010	2020 目标
欧盟 27 个成员国★	9.0	9.9	10.5	11.7	12.4	20.0
奥地利	26.6	28.9	29.2	31.0	30.1	34.0
比利时	2.7	3.0	3.3	4.6	—	13.0
保加利亚	9.6	9.3	9.8	11.9	13.8	16.0
捷克共和国	6.5	7.4	7.6	8.5	9.2	13.0
丹麦	16.5	18.0	18.8	20.2	22.2	30.0
德国	6.9	9.0	9.1	9.5	11.0	18.0
爱沙尼亚	16.1	17.1	18.9	23.0	24.3	25.0
爱尔兰	2.9	3.3	3.9	5.1	5.5	16.0
希腊	7.0	8.1	8.0	8.1	9.2	18.0
西班牙	9.0	9.5	10.6	12.8	13.8	20.0
法国★★	9.6	10.2	11.1	11.9	—	23.0
意大利	5.8	5.7	7.1	8.9	10.1	17.0
塞浦路斯	2.5	3.1	4.1	4.6	4.8	13.0
拉脱维亚	31.1	29.6	29.8	34.3	32.6	40.0
立陶宛	16.9	16.6	17.9	20.0	19.7	23.0
卢森堡	1.4	2.7	2.8	2.8	2.8	11.0
匈牙利	5.1	5.9	6.6	8.1	—	13.0
马耳他	0.2	0.2	0.2	0.2	0.4	10.0
荷兰	2.7	3.1	3.4	4.1	3.8	14.0
波兰	7.0	7.0	7.9	8.9	9.4	15.0
葡萄牙	20.8	22.0	23.0	24.6	24.6	31.0
罗马尼亚	17.1	18.3	20.3	22.4	23.4	24.0
斯洛文尼亚	15.5	15.6	15.1	18.9	19.8	25.0
斯洛伐克	6.6	8.2	8.4	10.4	9.8	14.0
芬兰	29.9	29.5	31.1	31.1	32.2	38.8
瑞典	42.7	44.2	45.2	48.1	47.9	49.0
英国	1.5	1.8	2.3	2.9	3.2	15.0

来源：欧盟统计局，2011。

注：★欧盟 27 个成员国总计量包括了部分缺失数据的估计值。

★★法国大都市，不包括四个海外省（法属圭亚那、瓜德罗普、马提尼克和留尼旺）。

—没有数据。

英国不能将缺乏潜力当作它的借口：它拥有欧洲最好的风力、海浪和潮汐资源。最近，英国引人注目地开始开发利用它们。2013年初，其风电装机容量是 8 445 兆瓦，有 362 个运营中的风力发电场和 4158 台风力涡轮机；它是世界上排第八位的风力发电生产者。风力发电是继生物能源之后排第二位的可再生能源，2012 年风力发电提供了 1.8 吉瓦（GW）电能，使全英国的装机容量增加了30%，包括四个大型海上风电场超过 1.1 吉瓦（GW）的发电能力。到 2020 年，预计英国的风能发电产能将超过 2.8 万兆瓦。

政府的《英国可再生能源路径图》(*UK Renewable Energy Roadmap*)，覆盖了到 2020 年的短期计划，同时表示，在岸（onshore）和离岸（offshore）的风能产生的电力足够供给超过 250 万户居民。可再生能源产业已拥有超过 25 万的员工；到 2020 年，这个数字可能上升到超过 50 万（DECC，2011b，pp. 4～5）。但政府还需要做很多工作。尽管英国是从一个低水平开始，它仍然能满足到 2020 年 20%的能源消费需来自可再生能源这一目标。可再生电能已经建立，并能提供 29 吉瓦（GW）的运作能力。再生热源的发展还很不完善，但在引进世界第一的激励计划后，它可以提供 12.4 万台可再生热能装置。公路运输生物燃料由占总量的 3%以上计划到 2014 年提高到 5%。面临的挑战是将降低成本和增加部署（同上，pp. 5～6）。

政府政策的重点在八项技术，这些技术通过成本低、可持续的方式能够完成提供 90%以上的可再生能源这一目标，或在接下来的数十年里提供巨大的潜力（同上）。每一项科技都有关键举措：

◆ 在岸风能：通过电力市场改革为投资者提供长期的确定性。共同提供克服风力发电场对航空雷达干扰的技术解决方案。

◆ 离岸风能：成立一个专案小组，到 2020 年使海上风力发电的成本为降低为 100 英镑/兆瓦时。未来四年，政府提供高达 3 000 万英镑的支持，确保输电网的及时开发。

◆ 海洋能源：未来四年提供高达 2 000 万英镑的资金来支持海浪和潮汐设备的创新。

◆ 生物质发电：发布英国生物能源战略（UK Bioenergy Strategy）；比最初的时间安排提前一年投入应用。重点支持长期废燃料供应的措施。

◆ 生物质发热：通过引进可再生热能激励机制（Renewable Heat Incentive，RHI）和可再生热溢价支付机制（Renewable Heat Premium Payment，RHPP）来增加生物质热和生物甲烷应用到热力网络的吸引力。

◆ 地热和空气热泵：引入激励机制促使国内外的热泵发展。

◆ 运输：通过在充电设备的投资上补偿 3 000 万英镑并为合格的混合动力电动车或氢燃料电池车提供最高达购买价格 25%（上限为 5 000 英镑）的补助，来支持电动汽车的发展。

中长期战略使所有的技术能够在一个公平的没有额外支持的环境中，与其他低碳技术（如太阳能发电）竞争（同上，p. 7）。

《路径图》发布的同时，政府一项关于能源供应发展白皮书的长期计划定到了 2030 年（DECC，2011a，para. 2，p. 5）。这表明在接下来的二十几年里，英国将面临一系列空前的挑战：

◆ 到 2020 年现有电力装机总容量将会减少大约 1/4（大约 20 吉瓦），因为一些旧的或污染程度较高的工厂将关闭，这急剧地减少了产能并增加了停电的风险。未来的电力生产将会涵盖许多间歇式的能源（比如风能）和固定的能源（比如核能），引入更多的挑战来满足需求——比如，当风不吹的时候。

◆ 现在必须采取行动将英国永久地转变为低碳经济，满足到 2020 年达到 20%的可再生能源的目标和到 2050 年 80%的碳减排的目标。为了实现后者，气候变化委员会建议，21 世纪 30 年代电力行业的排放物需要大量脱碳，否则，到 2030 年电力行业将会产生三倍以上的排放量。

◆ 尽管国内外的能源效率有所好转，但由于运输的电气化、供暖和其他碳密集型行业，到 2050 年电力总需求可能是现在的两倍。

◆ 批发成本的增加，碳价和环境政策都可能会导致更高的费用，即使不考虑新的基础设施的巨额投资需求。这使得制度改革至关重要（para. 3，pp. 5～6）。白皮书表明，当前的市场安排不能应对这些挑战。到 2020 年，电力发电和输电的投资可能会高达1 100 亿英镑，比现在的两倍还多。

此外，目前的布置也不能应对脱碳和供应安全性的挑战：

◆ 目前电力的市场价受化石燃料驱动，相对于它们的经营成本，它的固定成本比核能、离岸风能低得多。

◆ 新的低碳发电机进入市场往往要克服高壁垒、建设成本的形式和市场流动性不足的问题。小型的独立生产商尤其会受到不能找到长期的电力买家的风险的影响。

◆ 碳的社会成本没有充分反映在市场价格里，市场价格没有将气候变化所造成的损害考虑在内。

◆ 现有的市场参与者为前所未有的必要投资提供资金，但他们的能力和喜好是不确定的（同上，para. 4，pp. 5～6）。

2012 年 9 月，由前保守党部长约翰·冈默（John Gummer）主持的关于气候变化的委员会会议，史无前例地向部长们发送了一封公开信批评政府明显矛盾的立场，不确定是否承诺用新的零碳发电或建立新的天然气发电站来替换英国老化的燃煤发电站。委员会补充道，政府的信息有可能推迟对可再生能源的投资。众所周知，财政大臣乔治·奥斯本反对在可再生能源、核能发电上投资，他偏爱“天然气”。但是他也面对来自自由民主党人激烈的反对，并受到警告：任何试图削弱当前补贴可再生发电来使生产经济可行的提案，都将会导致英国违反其具有法律约束力的减排承诺。他们正在推动政府采取一个新的具有法律约束力的承诺，作为刺激可再生能源投资的一种方式，即详细说明到 2030 年发电会产生多少碳。但这项提议受到财政部的阻拦（Wright and Cooper，2012）。

其结果是一个奇怪的矛盾现象。2012 年 11 月引入议会的能源法案（The Energy Bill），目的是为了达到白皮书制订的目标，通过提供激励措施用风能、核能和其他形式的清洁能源如生物质能代替大型的旧燃煤电厂和旧核电站，使得英国在能源上更加自给自足（图 4.1）。法案建议在低碳能源项目上——可再生能源、碳的捕获与储存以及核能——为投资者提供长期的交易，这被称为“差价合约”（Contracts for Difference，CFD），在这一条件下如果电力的市场价格低于由政府制定的价格，他们将支付补偿。差价合约的目的是为这些项目的开发商和投资者提供长期稳定的物价（Cook，

2013，p. 17）。但这可能会产生非常不安定的局势，尤其是新体制建立起来的 18 个月内（同上，p. 19）。

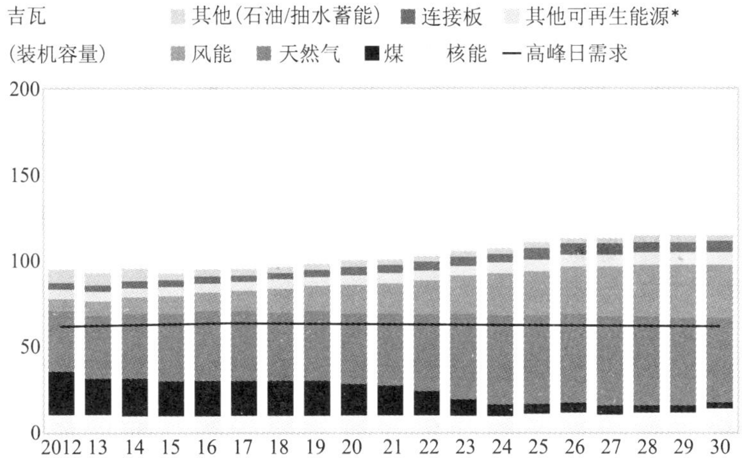

←图 4.1 这个方案显示了电力来源的结构是如何变化的，可再生能源和低碳能源的发展是缓慢的，而且目标是无法实现的。天然气填补了煤带来的缺口。随着经济增长放缓，能源的需求有望下降。（来源：http：//www.bbc.co.uk/news/business - 20458326）

目前在消费者支出上产生了分歧。政府对能源公司表示，到 2020 年他们将能从家庭账单中增加总计共 76 亿英镑的收入，来帮助支付所有的新能源支出——大致与英国目前花费在进口天然气上的相当。政府表示，家庭支出中用于支付清洁能源项目的额外费用将从 2012 年每年 20 英镑提升至 2020 年的 95 英镑。气候变化委员会表示额外费用将增加到 110 英镑，但是这个数字包括了能源效益测度的 10 英镑。政府表示，总体而言，新政策将通过提高能源效率和减少对昂贵的天然气的依赖，到 2020 年让家庭平均每年减少 94 英镑的支出。（根据天然气电力市场办公室［Office of Gas and Electricity Markets，OFGEM］的数据显示，2011 年 3 月至 2012 年 3 月间天然气价格的上涨增加了大约 100 英镑的家庭平均支出。同时，国际能源机构［the International Energy Agency］预测，即使有大量廉价页岩气的流入，到 2020 年天然气价格还将上涨 40%。）气候变化委员会承认，如果清洁能源上没有重大投资，支出会更高。因此，能源法案和其他措施并用来减少碳排放会节省消费者的开支，从长远来看这是可能的。

主要的问题是建设新的风力发电场和核发电站需要的时长。比如，英国最大的陆上风电场——位于英格兰西北部的斯高特荒原风力发电厂——花了八年的时间仅仅只是从概念到试运行。还有一个至关重要的问题，电力公司是否准备好了投资所需的巨额费用。一些评论人士已经提到能源法案的力度还远远不够，而且不能提供长期的确定性，而这恰恰是巨额投资的一个先决条件。当然，政府终究不会让这些计划破灭。如果投资不足，没有足够的能力建设清洁能源，将不得不采取短期措施，比如建造时间相对较短的新的天然气加工厂，或者直接就从海外进口更多的能源（BBC，2012）。

因此，政府在 12 月为能源法案补充发行了一项天然气战略，“再次强调”了传统能源发电，特别是天然气和核能（Cook，2013，p. 17）。新的燃气发电站需要供应 26 吉瓦的能量，相当于英国的整个发电厂产能的 29%，在一定程度上取代了旧的燃煤、石油和核电站（同上）。当然这正是气候变化委员会的信中试图阻止的事情。在撰写本书时，其结果仍然是非常不确定的。

与此同时，天然气电力市场办公室（OFGEM）即将卸任的首席执行官 Alistair Buchanan 已经计算出：推迟核电站重建和海上风电项目，将意味着天然气发电的比例不会按最初预期的那样从 40% 降到 20%～30%，而实际上到 2020 年会增加多达 60%。页岩气的前景被看好，但近期不会进行相当大规模的生产。因此天然气发电的份额仅仅会在欧洲供应收紧时上升，这不可避免地会增加消费者的开支。理查德·兰波特（Richard Lambert）——《金融时报》（*Financial times*）的前任编辑、能源专家——将这归咎于政府许多部长的犹豫不决（Lambert，2013）。

据工程雇主联合会（the Engineering Employers' Federation）的制造商协会称，这种不确定性已经对绿色科技的投资产生了负面影响。他们表明，2011～2012 年低碳产品和服务在制造业中的份额略微降低，而中国、印度、韩国和美国呈两位数的增长。他们认为，我们目前未能利用这个机会来成为低碳产品和服务中的世界领先者（Groom，2013a）。

地方行动的作用

毫无疑问，在与私营部门生产者的紧密联系中，由政府驱动的这些行动将在全国上下产生影响。气候变化委员会已经响应了某个部长的要求，即考虑地方政府如何在地方层面产生影响。

他们报告中的关键信息有：

◆ 地方政府能影响建筑、陆路交通和废弃物的排放，这共占了英国温室气体排放的40%，到2020年，将从2010年的水平减少20%的排放量。最大的机会是在住宅建筑中，但也存于非住宅建筑、可持续运输和废弃物管理中（气候变化委员会，2012，p.8）。

◆ 地方政府可以通过以下两项措施来支持电力部门的脱碳：给陆上风电项目颁布规划许可，支持电动汽车充电基础设施投资。

◆ 地方政府应当制订低碳计划，实现到2020年建筑、陆路交通和废弃物的排放相对于2010年减少20%的目标，重点关注它们影响的要素（比如房屋的隔热，汽车的里程数）。

◆ 政府应当认真考虑额外的资金（例如促使地方政府成为绿色交易的供应商或合作伙伴，推广可持续交通计划），和（或）将制订和实施低碳计划作为地方政府的法定职责（同上，p.9）。

委员会特别强调，地方政府在规划权力上有杠杆作用。他们用这些杠杆在新建筑和扩建部分中强制实施能源效率标准是非常重要的；通过集中发展现有的城市和大城镇来减少交通运输的排放，和（或）确保它们有良好的公共交通服务；与开发商合作，使可再生能源项目能被地方社区接受；为基础设施制订计划，如低碳区域供热网络、绿色基础设施和可持续的排水系统；将新的开发项目布局于洪涝风险最低的区域。

地方政府也能在发展和制订商业上可行的区域供热计划中发挥独特的作用。在英国，虽然从上世纪50年代就使用了区域供热，它目前只占总热量需求中很小的比例（约2%），因此许多计划不支持个人供热系统。区域供热的成功之处在于，它带来了较低的加热成本和节碳的好处，表明了热电联产企业（Combined Heat and Power，CHP）相对较高的效率，特别是在那些由低碳燃料提供区域供热或是已经取代了电力供热的地方。斯堪的纳维亚和德国的城市（见表4.2）已经在这方面取得了惊人的成效（同上，p.41）。然而，在未来，基于燃气的热电联产的区域供热可能不符合长期减排的目标，因此重点应放在低碳热源，从生物能源或低碳发电的余热

（尤其是后者）入手。但这里也存在着困难。新的低碳发电站需要位于与热需求合理的连接距离内，以此来避免过长的连接，同时这个距离可能引起公众的反对。投资者也许不愿意提高建设成本，除非他们在那里看到一个肯定的需求。同时还需要建造运输管道，需要开挖很多道路——这是在运输距离和连接数量方面的挑战。委员会认为这些还需要进一步评估。与此同时，地方政府应重点关注利用来自当地的生物能源的热能（尤其是废弃物）。（同上，p. 42）

表 4.2　斯堪的纳维亚和德国城市的区域供热

◆ 马尔默（Malmö）：550 千米区域供热网络——原本属于市政当局，现在属于德国意昂集团（E. ON）——为供热区 95%的建筑提供热能。自 1950 年以来，支持系统的燃料结构已经大幅改变，从石油和煤炭到废物能源化、工业余热、天然气热电联合系统和大型生物质锅炉。大约有 65%的区域供热能源来自可再生能源。

◆ 哥德堡：区域供热网络属于哥得堡能源公司，延伸超过 700 千米，为超过 90%的公寓、商业场所和 20%的房屋提供热能。2008 年，区域供热输出的能量，来自于 81%的余热（包括垃圾焚烧、炼油厂和其他行业）、15%的可再生能源和 4%的化石燃料。目前计划致力于通过林业废弃物气化产生沼气来获取能源。

◆ 哥本哈根：这个地方政府拥有的区域供热系统有 1 500 千米长的网络，已覆盖了哥本哈根超过 98%的供热需求，主要由热电厂和垃圾焚烧提供能量。2008 年热能生产的燃料结构是：41%的天然气、19%的煤、33%的生物能和垃圾焚烧和 7%的石油。目前计划包括利用可再生能源代替煤。

◆ 慕尼黑：区域供热系统属于地方政府，800 千米长的供热网络，热能来自燃气热电联产（占 70%）、燃煤热电联产和废物能源化。供热网络正在进一步扩大 100 千米，到 2040 年计划 100%使用可再生能源（主要是地热和一些沼气）。

◆ 弗伦斯堡：这个在丹麦边境的德国小镇是区域供热连通率最高的地方，98%的建筑由 80%的高效的中央热电厂提供热能。到 2007 年，工厂只使用燃煤，但现在与垃圾衍生燃料和木屑共燃超过 25%。地方政府所有的能源公司已经承诺到 2050 年供热网络 100%使用可再生能源（气候变化委员会，2012，p. 41）。

来源：气候变化委员会，2012，p. 40。

第二个可持续性挑战：住房

英国总能源消耗量超过 1/4 来自家庭，这比来自商业的比例大很多，和道路运输所占的比例相同。尽管中央供暖系统广泛使用，家用电器拥有数和使用率也在增加，但每户的能源消耗自 1970 年以来已经下降了 16%。但家庭数量的增长（约 700 万多）抵消了这种效益的提高，所以家庭总能耗增加了 17%。在英国，自 1970 年以来用来发电的燃料结构已经发生了根本性的变化，火电发电被天然气和越来越多的可再生能源发电所取代（Palmer and Cooper，2011，p. 53）。

预测表明能源消耗将会持续上升。更多的家庭意味着更多的能源消耗和更多的 CO_2 排放，除非能源效率的改进能抵消现有的家庭数量——正如第 2 章中已经探讨过的。尽管人口规模较小的家庭居住在面积较小的房屋，倾向于使用较少的能量，但似乎还是存在一个与家庭规模或住房面积无关的最低的基本负荷。最后，有相对大面积外墙的独立住宅数量的增加，与排房或公寓相比，也增加了冬季的热损耗（同上）。

家庭的能源开支自 1970 年以来整体水平实际下降了，虽然它们在 2003 年到 2008 年间有所上升。能源支出占家庭总开支也下降了，从 1970 年的平均每周支出的 6%，如今下降到仅为 4%。随着时间的推移，一些家庭变得更加富有，相对于穷人而言，他们花费收入中更少的比例在能源支出上。这将影响到人们对激励措施做出的反应（同上，p. 54）。

但集中供暖的家庭倾向于使用更多的能量——通常是两倍，因为家庭供热是给整个家，而不只是一个或两个房间。如果不是因为大多数现有家庭提高了隔热和锅炉效率，这种增加将会更大。近几年用于供暖的能源显著减少，自 2004 年以来下降了 10%。这似乎并不是因为冬季相对暖和；有可能是因为最近燃料价格的上涨和更高的能源效率。如果不是住房有更好的隔热和更有效的供暖系统，可能现在用于住宅的能量是之前的两倍（同上，pp. 54～56；见第 2 章，pp. 25）。

平均每户 CO_2 排放量自 1970 年以来几乎减少了一半，因为用于发电的燃料结构有了变化，作为家庭加热燃料的天然气的使用大大增加，用于代替固体燃料和石油。近年来增长的一个因素是，从 2003 年到 2009 年提供给电网的可再生能源发电急剧增加。到目前为止，只有有限的数据是关于家庭中直接使用可再生能源的变化，热能是否来自太阳能电池或光伏电池板发电。到目前为止，在住宅内直接使用的可再生能源技术大多是提供热水（同上，p. 56）。

在此背景下，英国的关于住宅建筑环境可持续的政策重点在可持续住宅规范（the Code for Sustainable Homes，CfSH），2006 年 12 月由英国社区与地方政府部（Communities and Local Government，CLG）正式推出。基于建筑研究所环境评估法（Building Research Establishment Environmental Assessment Method，BREEAM）的生态住宅的体系，为了更贴近地与建筑规范和政府政策相适应，它制定了能源、水资源、建筑、生活垃圾和材料使用的强制性最低标准（Goodier and Pan，2010）。

它有六个潜在的星级等级，六星为最高等级。达到能源和水资源一星级，要比 2006 年建筑规范高出 10%；达到三星级需要提高 25%，到零碳就是六星级（同上，para. 6. 4，p. 28）。2007 年政府认可了一个目标：到 2016 年全部新住宅应该是零碳的（英国社区和地方政府，2007）——这个方法在 2009 年得到确认（同上，引自英国社区和地方政府部，2009）。（奇怪的是，正如欧洲大陆上的那些成功例子一样，六星级禁止使用任何社区或场外能源系统。）建筑商谨慎乐观地认为他们可以实现这些目标，但担心建设六星级的住宅会昂贵得多。尽管他们希望组件价格会随着销量的上升而下跌，但他们不认为到 2016 年能建成六星级住宅，特别是在特殊的场地上（同上，引述 Davis and Harvey，2008）。客户不打算为高等级的住宅支付价格溢价，并且可能不接受由此产生的一些生活方式上的制约（同上，para. 6. 5，p. 29）。可持续住宅规范（CfSH）目前采用率较低，在 2008 年 4 月至 2010 年 3 月期间，在设计阶段总计颁发了 17 401 个可持续住宅证书，而在建成后只颁发了 4 883 个证书——新建住宅的比例非常小。绝大多数的证书（90%）是三星级的，还在通往零碳住宅的半路上，因此要达到 2016 年强制性标准还有很长的路（同上，para. 5. 5，p. 18，图 6）。

第三个可持续性挑战：垃圾处理

2009 年，欧盟统计机构——欧盟统计局（Eurostat）——公布的数据显示，英国的城市干垃圾回收率第一次领先于欧盟平均水平。但英国城市垃圾堆肥比例继续落后于欧盟 27 个成员国的平均比例，同时它对垃圾填埋场的依赖高于平均水平。

数据显示，欧盟 27 个成员国干垃圾的平均循环利用率为 24%，堆肥率为 18%，垃圾焚烧处理率为 20%，平均 38%的垃圾运往垃圾填埋场。与此相比，英国26%的废弃物用来循环利用，14%的用来堆肥，只有11%的焚烧处理，48%的垃圾填埋。这是英国在2008年持续进步的成果[①]。同时，英国每人产生的城市废弃物总数仍然高于全欧盟平均水平——尽管英国每人产生529公斤的废弃物与欧盟总体水平的513公斤之间的差距已经远远低于2008年记录的数据。

相对而言，德国是干垃圾再循环率最高的国家（48%），高于瑞典和比利时的36%，爱尔兰和荷兰的32%。在表格的另一端，保加利亚没有干垃圾再循环率的记录，全部的城市废弃物被填埋，而罗马尼亚只有1%的城市废弃物被循环利用，捷克共和国只有2%（见表4.3）。英国2009年的干垃圾再循环率与堆肥率总计40%，低于欧洲的42%的平均水平，明显低于奥地利（两项）70%的总记录，德国的66%；荷兰总和占61%，瑞典总和占50%。[②]这似乎进一步论证了焚烧倡导者提出的论点，即达到高再循环率的同时可以有相对高的焚烧处理率。

① http：//www. letsre-cy-cle. com/news/lasest-new/wastse-management/uk-achieves-average-eu-municipal-recycling-rate.

② http ：//www. letsre-cy-cle. com/news/lasest-new/wastse-management/uk-moves-above-eu-averge-municipal-recycling-rate.

表4.3 城市垃圾处理，欧盟成员国，2009年

	城市垃圾产生（千克/每人）	填埋（%）	焚烧（%）	回收（%）	堆肥（%）
欧盟27个成员国	513	38	20	24	18
比利时	491	5	35	36	24
保加利亚	468	100	—	—	—
捷克共和国	316	83	12	2	2
丹麦	833	4	48	34	14
德国	578	0	34	48	18
爱沙尼亚	346	75	0	14	11
爱尔兰	742	62	3	32	4
希腊	478	82	—	17	2
西班牙	547	52	9	15	24
法国	536	32	34	18	16
意大利	541	45	12	11	32
塞浦路斯	778	86	—	14	—
拉脱维亚	333	92	0	7	0
立陶宛	360	95	—	3	1
卢森堡	707	17	36	27	20

续 表

	城市垃圾产生（千克/每人）	填埋（%）	焚烧（%）	回收（%）	堆肥（%）
匈牙利	430	75	10	13	2
马耳他	647	96	—	4	—
荷兰	616	1	39	32	28
奥地利	591	1	29	30	40
波兰	336	78	1	14	7
葡萄牙	488	62	19	8	12
罗马尼亚	396	99	—	1	0
斯洛文尼亚	449	62	1	34	2
斯洛伐克	339	82	10	2	6
芬兰	481	46	18	24	12
瑞典	485	1	49	36	14
英国	529	48	11	26	14
冰岛	554	73	11	14	2
挪威	473	14	42	48	16
瑞士	707	—	49	34	17

来源：欧盟统计局，2011 epp. eurostat. ec. europa. eu/cache/ITY…/8…/8 - 08032011 - AP - EN. PDF.

注："0"相当于少于0.5%，"—"指真正的零。

图4.2表明，在2004年和2008年间，废弃物沉淀地表（下）的比例下降，而英国废弃物回收的数量（不含能量回收）增加了50%。英国的生活垃圾总量从2006/2007年以来开始每年下降，2009年下降了2.7%。十多年时间，垃圾再循环率从10%上升至39.7%，有证据表明达到更高的比例（高于70%）是可能的[①]。

① http://www.guardian.co.uk/news/datablog/2011/jan/07/household-waste-recycling-by-area#date.

减少废弃物排气量

废弃物排放的气体主要是甲烷（CH_4），自1990年以来下降了约70%，这主要是因为为了应对垃圾填埋税而减少了可降解垃圾进入垃圾填埋场；这个税种于1996年推出，是为了响应欧盟垃圾填埋指导性目标。1990～2010年间，从垃圾填埋转移出的垃圾占到了废弃物排气总量的95%。垃圾填埋税是对垃圾填埋场的经营者征收的，但它转嫁给地方政府并最终通过市政税（coucil tax）转嫁给居民。垃圾填埋税为地方政府创建了强有力的激励措施，鼓励将废弃

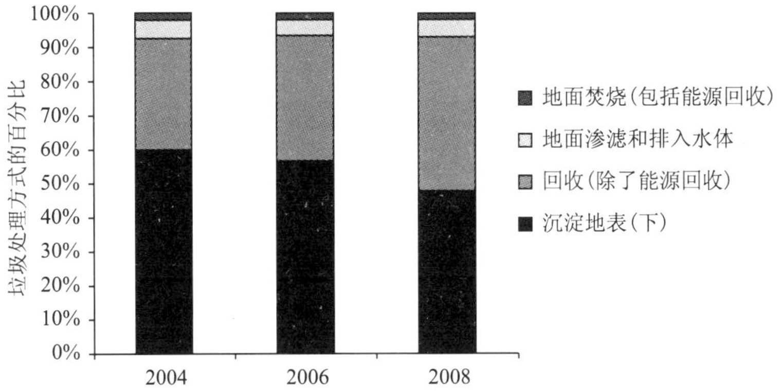

←图 4.2 英国 2004～2008 年所有垃圾处理的方式，英国，2004～2008 年。（来源：http：//www.defra.gov.uk/statistics/environment/waste/wrfg01-annsector/）

物（如纸和卡片）从垃圾填埋场转移出来并转向回收利用，堆肥和厌氧分解垃圾（如厨余垃圾），焚烧一些不管是否有能量再生的垃圾。根据欧盟垃圾填埋指导性目标，与 2010 年相比，政府计划到 2020 年废弃物排放量进一步减少 20％。

第四个可持续性挑战：水资源——太少，太多

2012 年的气候变化委员会适应小组委员会的报告主要致力于城市供水（气候变化委员会适应小组委员会，2012）。矛盾的是，调查发现，英国同时遭受了水资源太少和太多的问题。

太少

英国环境署曾报道说，气候变化和人口增长会增加水资源可用性的压力。当前媒体的预测表明，到 21 世纪 50 年代，夏季气温可能会增加，同时夏季降雨可能会减少。短期干旱（12～18 个月）可能变得更加频繁，因此像 1976 年的干旱可能会更为常见。到 21 世纪 30 年代，英格兰和威尔士人口预计大约将增加 15％（不少于 960 万人）。同时最显著的增长（超过 40％）很可能发生在已经面临干旱威胁的地区，比如泰晤士河和英格兰东南部。

环境署总结，到 21 世纪 50 年代可用于居民、商业、农业和环境的水资源比今天少。这些压力不只限于在英格兰的南部和东部；在许多情况下，威尔士、英格兰西南部和北部很可能会受到影响。尽管需求管理将会起重要作用，有重大意义的新资源待开发。报告强调，显而易见的是，仅仅只是继续当前水资源管理的方法将会危害环境、经

济或社会中的一种或多种（英国环境署，2011，pp.7～8）。

近几十年来英格兰平均每七年遭受一次干旱。自来水公司已经用投资来确保我们尽可能不遭受重大的干扰，比如储水管的使用，但是限制条件——软水管禁令、许可限制——更加普遍。他们估计，如果到21世纪20年代还没有采取行动的话，会有将近一半的水源地在干旱中可能会有枯竭的风险，大约占现有供应的7%。

指标显示，2000年以来，家庭人均用水量已经下降，但欧洲西北部仍是最高：每人每天145升。目前的趋势表明，到2035年每人每天用水量可下降到130升，将每天节省约七亿公升的水——约是本世纪20年代一半的缺口。经过比较，自来水公司计划到2035年，通过减少用水量来实现每天节约4.4亿升的水。通过水资源高效使用措施和宣传活动可以达到一个更快速的减少，首先是扩大水表的使用范围，目前英格兰和威尔士有40%的家庭（按照水表），按当前趋势到2035年将上升到85%。但这可能需要一个更有力的政策框架。

供水体系也需要同时改变。英国环境和乡村事务部（the Department for the Environment and Rural Affairs，DEFPA）在2011年12月发表的政府水资源白皮书《生命之水》（*Water for Life*），是一个技术性很强的文件，大部分的报纸媒体忽视了它。其关键的建议是改革现有取水许可来建立一个强大的市场框架，以确保所有用户——包括电站、重工业和农业——间水资源的有效配置。这将只会在21世纪20年代中后期完全实现。与此同时，英国环境和乡村事务部将利用其现有的权力从取水许可上减少环境破坏，其中包括2003水法（the Water Act 2003）中规定的，可以解除或改变那些对河流、湖泊和地下水造成严重破坏而没有补偿的许可。同时，它将致力于去发展一个“取水许可”的交易市场，允许企业可以获得他们需要的水资源（英国环境和乡村事务部，2011，行动纲要，para.1～52，pp.4～9）。

与此同时，气候变化委员会强调，若是未能充分考虑未来水资源的可用性或为了维护自然环境产生的潜在需求，那些对水资源可利用性非常敏感的（比如在能源和农业上）政策决定将会存在一定风险（气候变化委员会小组委员会，2012，pp.12～14）。

太多

另一方面，小组委员会的报告强调，洪水风险的威胁切实存在，并不断上升。这目前大约影响了1/7的房产，包括360万个家庭和企业。大约10％的关键性基础设施（发电站、水处理厂）和应急服务设施（火灾、监督治安和救护站）目前位于河漫滩上。气候变化大大增加了可能会受到来自河流和大海洪涝威胁的英格兰房产数量：从现在的33万到21世纪80年代的63～120万。到那个时候，每年花费的洪涝预期成本会从现在的10亿英镑上升到18～56亿英镑（按现在的物价算）。

更糟糕的是，到2012年，英格兰河漫滩的开发在过去的十年内增加了12％，相比之下，在河漫滩外的区域只增加了7％。这段时间，每年大约2.1万栋新住宅和商业楼宇（占新开发数量的13％）已经在河漫滩上建成。这些项目大多数会听从环境署的建议，整合如提高地面和防洪线高度或设计安全疏散路线的功能。但是1/5的地区直到今天仍在洪涝高风险区。回顾42个最新的地方发展计划，委员会无法确定地方政府是否在为河漫滩开发项目分配土地之前正确地评估了这些地区适应增长的潜力；或者考虑到因气候变化带来的洪涝的长期成本，无论是洪水灾害增加的成本还是任何防洪工程的额外成本。

前景是因气候变化带来的洪涝风险的上升。环境署估计在面对气候变化和防洪设施恶化时，要维持风险水平不变，在排除通货膨胀因素之后，每年需要增加2 000万英镑的投资。到2035年，即使考虑到气候变化，防洪设施投资的增加（加上通货膨胀每年2 000万英镑）和更快速的房地产保护措施的应用相结合，能够将面临显著洪涝风险的房产数量降到现在的一半（气候变化委员会小组委员会，2012，pp. 9～12）。

第五个可持续性挑战：食品供应

农业创造了英国值得珍视的乡村景观。在许多区域，它保有着野生动物至关重要的栖息地。英国农业雇用了超过50万的人口，2007年它为经济贡献了53亿英镑。灵活的、熟练的、以市场为导向的国内农业部门表明它可以繁荣发展，并在国际市场上竞争。这反过来为全球粮食供应、国内食品供应的多样性和顺应力做出了巨大的贡献。

工业革命以来，粮食进口是英国食品供应的一个至关重要的组成部分。它们在两次世界大战期间受到严重干扰。维持食品的供应，确保进口货的流入，同时促进国内生产。战后欧洲推动的更广泛的自给自足是为了应对战时和战后物质的短缺。20 世纪 70 年代，欧盟共同农业政策（the EU Common Agricultural Policy，CAP）提供的激励措施推动了英国的自给自足。自 20 世纪 80 年代以来，全球化的回归和其他经济趋势已经削弱了自给自足的论点，尤其是在国家层面自给自足已经减弱。然而表 4.4 显示，按历史标准来看，目前英国自给自足的水平实际上很正常（RuSource，2006，pp. 1～2；环境食品和农业部，2006）。

表 4.4　不同时期的英国大概的自给自足率

时　　期	自给自足率
1750 年前	100%左右（适度的生产）
1750～1830s	90%～100%左右（因为粮食欠收）
1870s	60%左右
1914 年	40%左右
1930s	30%～40%
1950s	40%～50%
1980s	60%～70%
2000s	60%

来源：环境食品和农业部，2006。

最近，自给自足率的下降反映了 1994 年以后贸易增长的不足和农产品产量的下降与减少。短期因素包括疯牛病造成的英国牛肉出口的禁令，2001 年的手足口病，1995～2000 年之间英镑的升值，共同农业政策在 1993 年和 1999 年的改革终结了 20 世纪 70 年代和 80 年代扩张的趋势。推动这些趋势的长期因素包括：口味改变并倾向于更异国的和多样的产品，更少的贸易限制，更低的交通和通讯成本，以及超市更广泛的货源。两者结合起来，这些因素并不表明潜在的食品安全问题已经严重恶化。它们更多的与英国农业满足消费者需求的能力相关，即国内外的“市场份额”。

总体而言，英国大约 60%的食物是自给自足的，大约 74%的自给自足的食物可以在这个国家生长。但是商品之间存在着巨大差异，此外，国产食品可能依赖进口原材料（如能源或动物饲料）。自20世纪80年代以来自给自足的水平已经下降了，但并不罕见：英国依赖食品进口已经超过一个世纪。虽然英国比其他类似的欧盟国家更依赖粮食进口，68%的食品进口来自其他欧盟国家（Barling *et al*，2008，p. 2）。目前没有一个国家食品和饮料进口的比例高过英国的13%。维持一系列的供应来源，意味着整个的食物供应的任何风险都是分散的，持续降低无法预料的突发事件的影响，包括任何特定的贸易伙伴或来自我们国内的农业部门（RuSource，2006，pp. 1～2；环境食品和农业部，2006）。

最大的争论是关于食品供应的"顺应力"，即它能够承受严重冲击的能力。戴维·巴林（David Barling）和他在城市大学的同事得出的结论是，应急计划不足以应对"新的基本"挑战——包括气候变化、水资源、生物多样性和生态系统的支持、能源和不可再生的化石燃料、人口的增长、土地利用、土壤、劳动力和饮食的改变和公共卫生。他们总结到，已经存在着令人信服的证据，政府需要重新思考国家食品安全政策，但是这些必须建立在一个可持续的发展框架中（Barling *et al*，2008，p. 2）。

面对五个可持续性挑战：英国可以应对吗?

总之，对英国政府而言，这五个挑战构成了一个艰巨的议程。与周边的欧盟邻国相比，除了一些明显的例外，英国记录的数据已低于平均水平。而且，尽管历届不同政治立场的英国政府都显示出值得称赞的决心来解决这些问题，但实现目标的障碍还是相当大的。障碍尤其存在于他们与政府和各种各样的私营公司之间极其复杂又微妙的关系中，政府试图利用监管制度，私营公司——从逻辑上讲——关注的第一个问题必定是他们的盈亏账目表。此外，这些私营公司跨度巨大，从电力和水的全球供应商，到小型建筑商和个人DIY独立发电机构。有组织的游说和规制俘虏（regulatory capture）[①]的可能性——既在全国范围内，也在欧洲层面——是巨大的。需要强调的是，欧盟其他成员国充分共享了相同的商业和监管制度，而且至少有一些国家似乎已经比英国更成功地应对了这些挑战。我们将在第5章和本书的结尾再回到这一核心问题。

① 即对规制在现实生活中有利于生产者的一种经验陈述。规制俘虏理论认为：规制的提供正适应产业对规制的需求，而且规制机构也逐渐被产业所控制。不管规制方案如何设计，规制机构对某个产业的规制实际是被这个产业"俘虏"，其含义是规制提高了产业利润而不是社会福利。——译者注

5 第五个挑战：修复破损的机制

在前四章对问题进行长时间的探讨之后——如果讨论可以解决它们，很早以前它们就得到解决了——一个更深层次的问题潜伏在可见的表面之下，即我们如何去建设和改变我们的城市？我们可以用什么样的机制来改善我们影响经济活动和就业分布的方式，在适当的地方建设足够数量和优质的房屋以满足需求，应对气候变化的挑战，并提供人们工作、学习、生活和娱乐场所之间可持续的连接？在过去的四章中，由于问题日益明显，而且现有的机制运行得不是很好，或在某些情况下根本就难以起作用。

在本书的第二部分，我们将旅行参观欧洲大陆的国家和城市，它们似乎已经用不同的机制产生了更好的结果。但在我们收拾行李之前，重新审视英国模式是有意义的，应追问它为什么已经很明显地不起作用。具体而言，这意味着要努力去了解所有权、金融和土地市场在英国是如何起作用的，为什么除了在一些独立案例中，作为一般实践的规划已经无法将理想变成现实？

如同在一个好的侦探故事里，会存在很多明显的嫌疑人，但真相浮现的是更复杂的东西。

嫌疑人 1 号：房屋所有者

第一次世界大战结束以来的近一个世纪，英国已成为一个稳定的拥有越来越多的业主的国家。这个进程只被中断过两次：第一次中断在第二次世界大战期间和之后的几年，住宅建设停止，厉行节约以供防御基地建设，后来在国家严格控制下恢复了；第二次，自2007 年至 2008 年的金融危机以来，见证了六十年来的首次明显的下降。这个结论是显而易见的，假设英国的置业成瘾已经成为问题的根源——事实上，这个命题值得检验。但是主要困难在于这个趋势已经在富裕的国家普遍流行，几乎包括了所有我们邻近的欧洲国家。

2010 年，27 个欧盟国家中略高于 70.8%的人口住在自有住房里，其中超过 27.9%居住在需要偿还大量贷款或按揭的房子里，同时 42.9%的人住在一个无抵押贷款的家中。剩余的欧盟人口中，17.8%住在市价出租屋，11.4%的人住在减租或免费住宿的房子里。2010 年，每个欧盟成员国家超过一半的人口居住在自有住房里，比例从德国的 53.2%到罗马尼亚的 97.5%。荷兰的 59.5%、瑞典的 68.0% 和丹麦的 52.7%，超过一半的人口居住在需要偿还大量贷款或按揭的自有住房中。

这些数字是有意义的，因为本书第二部分将要涉及的欧洲国家，如瑞典、丹麦和荷兰，在一个与英国非常相似的所有权的模式下已经带来了显著的、高质量的城市发展。诚然，德国约有 3/4 的租户比例，这是一个引人注目并且众所周知的数据，相当于 20 世纪 20 年代的英国。因此与 2008 年金融危机后其他欧盟国家所受到的冲击相比，德国在房地产中的危机要小得多。但是德国模式的背后反映了一个有利于住房出租的不同的税收模式——或更具体地说，是不支持住房所有权，这种模式并没有在欧洲其他地方传承，也不可能被传承。总之，关键的一点是，它不能解释为什么德国和其他与英国一样有较高住房所有权比例的国家（比如荷兰）都有如此高质量的发展。这必须寻求其他的解释。

嫌疑人 2 号：银行家

由于 2007～2008 年的金融危机与银行系统大规模的结构失效相关，而这——尤其是在西班牙、爱尔兰和美国——在很大程度上是不良抵押贷款的结果，所以下一个明显的嫌疑人是银行家。但事实证明不是那么简单。迈克尔·波尔（Michael Ball）教授为英国皇家特许评估师学会（the Royal Institution of Chartered Surveyors）做的全欧洲综合研究表明，尽管在 2007 年金融危机后，房价在许多国家下降了，下降最为严重的英国、瑞典和瑞士最近却又上涨了。建设量表现出更大的变化：西班牙、爱尔兰、希腊和葡萄牙的记录灾难性地下跌，英国、丹麦和荷兰已显示严重收缩，而德国建设量几乎没有下降，瑞士的建设量实际上在扩大。抵押贷款再次显示了一个不同的模式：2010～2011 年间，欧元区大多数国家的记录显著上升，而英国仍然存在极大的限制。然而，整个欧元区按揭贷款在 2007 年金融危机后反弹，但在 2011 年底再次大幅度萎缩（Ball，2012，pp. 11～14）。

结论似乎是银行抵押贷款借出的金额与随之而来的建设和房价波动之间并不仅仅存在着简单的关系。极端的言论表明了一个明显的常识性真理：那些银行借出很多抵押贷款的国家（如西班牙、爱尔兰）房地产业已经崩溃了，而那些银行没有借贷的国家（如德国、瑞士）则没有崩溃。但英国，像以往一样，仍是不合群的。除了一些例外，比如北岩银行（Northern Rock）——一个社会捐资银行（society-turned-bank），在金融危机中受到冲击并不得不接受援助，英国的银行没有从事有风险的抵押贷款，一个相对很低的抵押物回收比例就是明证：2011 年数据为 3.62 万英镑，是四年来新低点。英国的银行在金融危机前的借贷是极其谨慎的，之后更是如此。所以它们在某种程度上可以将这归咎于英国住房交付业绩长期欠佳，而不是后来发生的危机事件。事实上，爱尔兰在 2000～2007 年期间，根据居住人口比例计算，每年暴增的住房完成量是英国的二十多倍，这是一个有益的借鉴：如果我们的银行已经表现得像爱尔兰银行一样，我们可能会做得更糟。[①]

① http：//www.guar-dian.co.uk/money/2012/feb/09/uk-home-repossessions-fall-four-year-low.

嫌疑人 3 号：土地所有者

然而，从长远来看，英国的模式有一个显著的特点（这已经在第 2 章讨论过了）：房价大幅上涨。锡尔伯里（Hilber）和韦尔（Vermeulen）2010 年的研究表明，在 20 世纪 90 年代和 21 世纪早期房地产长期繁荣时，德国和芬兰维持房价相对稳定，英国和西班牙、爱尔兰一样表现出最惊人的房价涨幅。奇怪的是，与这两种情况相比，这些年来英国的建房量更少：我们出现了房地产业的萧条，并没有先前的繁荣。2010 年英国平均房价是 1990 年的四倍，考虑到通货膨胀二十年内翻了一番（Diacon *et al*，2011），伦敦房价上涨速度远远超过英格兰北部，因此，到 2011 年底，同等住房的价格南部是北部的两倍（Rightmove，2011）。但正如我们已经在第 4 章中看到的，这没有引起供应的增加，就像书本上自由市场中应该发生的一样，相反，英国经历了经济学家所谓的“市场失灵（market failure）”的经典实例，由于进入壁垒或者部分开发商的垄断行为，价格上涨并没有导致供应等效的增加。正是这种明显的失效需要密切关注。自 2007 年金融危机以来，它已经恶化了，到 2011 年夏季首次购房者的抵押贷款的比例从通常的 40%下降到只有 20%。

原因似乎在土地供应的失败：随着土地供应的滞后，房价上涨立刻就渗到土地价值中，导致地价上涨。这反过来又迫使建造商们尽可能多地在小单元的棕地上开发，而棕地开发本来就比在城镇和城市边缘区的绿地上开发更加困难；并且可以部分归咎于糟糕的城市设计。

嫌疑人 4 号：建造商

除此之外，英国房地产业的显著特点是大量建造商所起的作用。自从 20 世纪 80 年代地方政府建房没落以来，私人建造商主导了市场，占到这个国家新建住宅市场份额的 90%（Goodier and Pan，2010，表 1）。英国国家房屋建筑委员会（the National House Building Council Register）注册登记的建造商约 1.8 万家，将近 200 家公司每年生产超过 50 套住宅（同上，引自 Barker，2003），不到 50 家建造商在过去 20 年间每年建设住宅超过 500 套（同上，引自

Callcutt，2007）。总的来说，据《私人住宅建设年鉴》（*Private House building Annual*）统计（同上，引自 Wellings，2006），行业前 100 名的建造商对住宅完成量贡献率约为 2/3。2002 年十大建造商建造了 70 205 套：占总数的 38.5%（ Barker，2003，表 1）。这当然意味着就平均而言，每个大建造商贡献的不到总数的 4%。住房产业以前没有，现在也没有出现垄断或者寡头垄断。

这些建造商整体上都非常不愿意承担风险。考卡特评论（The Callcutt Review，同上，引自 Callcutt，2007，pp. 180～181）指出了他们的担忧：

◆ 土地的耗尽。理想情况下开发商需要 18 个月到两年的时间新区的土地才能投入生产，但这很少能够实现。失败将迫使建造商以非常高的价格买“熟地”，或努力在项目中增加开发量，但价格会打折。

◆ 成本超支。日益复杂的建设和开发使建筑成本更难控制。

◆ 未能正确评估市场需求。把错误的产品投入开发会极大地影响销售收入，可能需要大量的折扣来达到销售额。

◆ 不能评估未来市场。房地产市场很难评估，许多经济预测人士会做出错误的预测。

◆ 通用产品故障。单个组件的失败、设计故障或品质低劣的工艺能够且确实经常影响到不止一栋住宅，这意味着潜在的高价整改工作。

这些风险有助于解释为什么住房产业不愿做长期固定的承诺。考卡特评论（同上，引自 Callcutt，2007，p. 181）建议，房价“超过十五年”的平稳增长后，保守的风险规避态度仍然盛行，这可能是有道理的。这座城市仍然认为住房产业的风险相对较高，是因为其固有的不可预测性和使用资本时需要高溢价（同上，para. 4.3，p. 12）。

这可能暗示着这是一个反对竞争的行业。凯特·巴克并没有发现令人信服的证据来证明反竞争行为与大地块的扩建速度相关。但她认为这需要确保地区的扩建速度是社会最优的速度，也是房屋建造商个体最优速度，可以通过激励措施来刺激土地更快地开发。这种激励可能是土地增值税，但在授予建设许可证之后才征收。如，开发商会因为开发地块上未建成的住房而被起诉（Barker，2004，para. 6. 22，p. 109）。

事实上英国房地产业与它的欧洲竞争对手相比，没有出现明显的低效。但显然这是因为它的规模相对较小。英国的建设约占总增加值（UK Gross Value Added，GVA）的 5%，与其主要竞争对手法国、德国和美国的比例相似。但与上述国家相比，英国居住建筑的比例是 26%，而法国、德国和美国超过了 1/3。英国有一个高比例的非住宅建筑产出——56%的建造产出量，而在美国、法国和德国只占 1/3。所有的证据表明英国建设的产出并不比德国低，但与美国存在着很大的生产率差距。法国的位置相对是不确定的，因为一些估计数据表明，英国建设生产力与法国一样；而有些数据又表明，英国的效率低得多，法国的生产力与美国一样（Blake et al，2004）。

嫌疑人 5 号：规划师

问题真的在于规划体系吗？凯特·巴克的评论总结道，“住房产业的潜在限制是土地的供应”（Barker，2003，para. 10，p. 10）。但是她列出了多个影响因素：

◆ 住房产业对风险和土地投机性质的反应导致迅速地扩建大场地的意愿不是很强烈；

◆ 性质日趋复杂的场地（特别是棕地）可能需要重大的修复；

◆ 土地所有权和激励措施推进了土地开发，同时那些所有权分散的地方要集中开发也有困难；

◆ 规划体系和它对土地的影响，包括可用土地的数量和提供必要的基础设施能否使开发可行；

◆ 土地利用在政治上有争议也是事实（同上，para. 10，pp. 10～11）。

巴克认为可能“在现有的住房短缺和住房产业的表现之间有一个更基本的相互作用”：因为土地供应有限，竞争重点往往在于土地收购，而不是满足消费者。住宅建造商的盈利取决于获取有价值的土地，而不是高效率的建设。她建议如下：

可能表明一定程度的监管自满（regulatory complacency）使住房产业进入一个低产出平衡。低产出在短期内似乎适合许多参与者——当地政府、业主和房地产业。唯一不适合的是无家可归的人、首次购房者和那些居住环境欠佳的人。（同上，para. 31，pp. 13～14）

2007年考卡特评论中同样发现很难确定罪魁祸首：

有很多关于土地供应的公开辩论。房地产开发业和其支持者抱怨规划体系释放的土地太少，而且释放过程缓慢并不可预知。而该行业的批评者们声称，开发商未能充分利用可用的土地，实际是在住宅建设中付出最小的努力而从土地价值的通货膨胀中获取利润。(Callcutt，2007，p. 32)

基里·普雷蒂评论（The Killian Pretty Preview，Goodier and Pan，2010；Killian and Pretty，2008）援引了64个主要开发中的独立个案，超过一半在其规划申请过程中遇到严重障碍和延期等实际问题。国家审计局（National Audit Office，NAO，出处同上，引自NAO，2008）回顾了11个地方当局在2006～2007年批准的100个重要住宅申请案例（即开发超过十栋住宅）。2002～2003年有37%的重要住宅规划申请在13周内被批准，2007～2008年提升到67%。所以，批准所需的时间平均超过25周以上。从前期申请讨论到开始建设的整个过程平均是98周。

在巴克尔2004年的报告中，她合理地提出区域和地方层面的规划都需要为发展分配更多的土地。这并不意味着消除所有的土地使用限制；反而应该给予更多的关注，以确保最有价值的土地得到保留。但是，建造商应该有更大的选择权决定在何处开发来增加竞争力。更多的土地供应也将更快、更灵活地回应不断上升的市场需求（Barker，2004，para. 22，p. 6）。

她认为一个更有效的规划体系的特点是：

◆ 响应市场信号的体系；

◆ 决策过程需要充分考虑住房产业发展更广泛的开发成本和收益，包括环境和公共设施的成本；

◆ 为地方层面的开发提供适当的激励机制；

◆ 有明确而及时的机制来提供必要的基础设施和服务，以支持住宅开发并提供可持续发展社区；

◆ 足够的资源来支持有效的决策（同上，para. 2. 4，p. 32）。

2006 年，当她再次受委托研究规划体系时，巴克尔认为："需要进一步采取行动，通过减少延误、解决不必要的复杂性和增加确定性，来提供一个有效的规划体系"，"需要在创建有效的规划框架方面取得进展。"这些结构性问题背后的关注点是，没有明确的地方政府财政激励措施来促进增长。她写道："特别是在土地供应限制可能导致高开发成本的背景下，未能有效地对市场和价格信号做出反应，包括限制供应对土地价格的影响，这些问题需要解决。"（Barker，2006，para. 2，p. 4）。她的主要建议包括：

◆ 通过在地方层面减少政策指导、统一许可制度和改革规划编制来精简政策和流程，以便未来的发展规划文件可以在 18～24 个月内完成，而不是三年或以上。

◆ 更新经济发展规划中的国家政策规划（规划政策指引 4，Planning policy statement 4，PPS4），以确保规划编制和决策中充分考虑开发的效益，起到更明确的应对市场和价格信号的作用。

◆ 引入一个新的处理重大基础设施项目的体系，基于国家战略目标规划和一个独立的规划委员会（Planning Commission）来决策申请。

◆ 在以规划为导向的体系中促进积极的规划文化，这样当规划未确定时，申请可能被批准，除非存在充足的理由去相信环境、社会和经济的成本将超过各自的收益。

◆ 确保超出城镇和城市以外的新开发项目以最可持续的方式进行，鼓励规划机构审查他们的城市绿带边界，采取更积极的方法来确保申请能提升绿带质量。

◆ 支持“城镇中心优先”的政策，但是取消证明开发必要性的要求。

◆ 基于里昂爵士对地方政府作用的调查结果[①]，考虑财政激励措施如何更好地统一，以便地方政府能够分享当地经济增长的收益（同上，关键建议，p. 6）。

① the Lyons Inquiry into Local Government，迈克尔·里昂爵士发表了他关于地方政府未来的角色、功能和地方政府场所塑造的资金的最终报告，即地方政府未来一个共同的志向。他认为，地方政府是今天我们政府体系的重要组成部分。地方政府在场所塑造上发挥的作用（即创造性地使用权力和影响力来促进社区和市民的幸福）对提高满意度是至关重要的。——译者注

具有讽刺意味的是，尽管其基本的思想意识形态存在差异，工党政府在 2006～2007 年和联合政府（the Coalition government）在 2011～2012 年都成功地响应了大部分建议。工党政府成立了一个基础设施规划委员会（an Infrastructure Planning Commission）来处理重大发展建议；联合政府将其降级（但保留了它）成为规划督察机构（the Planning Inspectorate）的一个部门，并要求它直接对部长们负责。联合政府修订的国家规划政策框架（National Planning Policy Framework，NPPF）已经弱化了政策导向，具体化了有利于在规划不确定地区开发的原则，并采用可持续发展的定义来体现经济以及环境方面的考虑。当然，最主要的区别是，联合政府取消了区域规划战略（the Regional Planning Strategies）中对新住宅建设的约束目标。它用本地市场导向的方法代替了战略规划自上而下的方法。

这能起作用吗？时间会告诉我们。当然，不同政治立场的历届政府想要实现的目标，在历史上著名的《1947 年城乡规划法》（1947 Town and Country Planning Act）通过的六十多年来都未实现，那就是：构建一个能让规划和市场相结合的体系，两者是分工合作关系而不是永久的敌对关系。路线是必须释放足够的土地，以确保开发商能开发，而不是让土地所有者（包括开发商）发现囤积土地作为投机收益的途径更具吸引力。同时它必须在任何地方都能起作用，包括这个国家中那些规划体系明显落后其实现能力的压力最大的地方。

即使它在这方面成功了，但还存在另一个问题。规划体系在影响开发质量方面效能低下。由于开发的资金大部分来自私营企业，规划师们除了提出建议和目标外，在开发进程中几乎没有控制权。尽管以前的建筑及环境委员会（the Commission on Architecture Building and the Environment，CABE）等机构给予了大量关于更佳设计的建议，但是一般的建成结果——除了极少数的例外，如北安普敦的 Upton，公共的土地所有者坚持更高的标准——都是很糟糕

的，缺乏社区的公共设施，基础设施延伸过长。这带来了一种恶性循环，由于对设计的批判而引发了对新建筑的抵制（Rudlin and Falk，2009）。

凯特·巴克2004年的评论中给出了一个可能的答案：大多数欧洲国家对地方土地利用规划具有法律约束力。在荷兰这一规划被称为地方分区规划（*Bestemmingsplan*），其覆盖了全部或部分市域范围。在规划通过之前，要举行关于规划中土地分配的法定公众咨询会。随之它对各方都具有法律约束力。开发商提交规划中的土地分配的申请，只要他们遵循规划就能获得建筑许可证；这里没有重要的注意事项。建筑许可证是由技术官员而不是选举产生的政治家管理。如果开发商提交没有被规划分配或覆盖范围内的土地开发申请，该规划可能需要修改，大约需要历时三年左右。

巴克发现，如此有约束力的地方规划最大的优点是，一旦该规划通过，开发原则即建立了，会更快、更明确地取得规划许可。但规划通过的第一阶段要花费更长时间，因为公众咨询需要时间，也不会为了市场或其他事件轻易改变规划。地方分区规划是非常规范的，它规定了特定地块的建设尺寸、设计和房屋使用期，这一规划特征在英国被很多人称赞（Barker，2004，框图2.2，p.45）。但她总结道，它没有得到更多的响应；的确，荷兰住房供应的响应度看上去甚至比英国还低。所以她并不推荐，而是明确赞成给符合地方规划的开发授予规划许可——2012年国家规划政策框架中的一个关键要素（同上，para.2.46，p.45）。

结论：需要一个新的模式

即使那些处在对立面的政治家都可以达成共识，即现有模式需要变革。英国的模式未能实现合适的数量和高质量的发展目标，并且在关键领域内的表现明显地比欧盟国家模式更糟糕。在这些与英国相距不远的欧洲大陆国家，已经成功地研究出了关于土地供应、土地利用规划、基础设施融资、新的住区设计和管理方法。如果我们要发展创新的政策以代替疲软和过时的机制，研究访问这些国家是重要的第一步。

第二部分：学习示范性城市：21 世纪的泛欧旅行

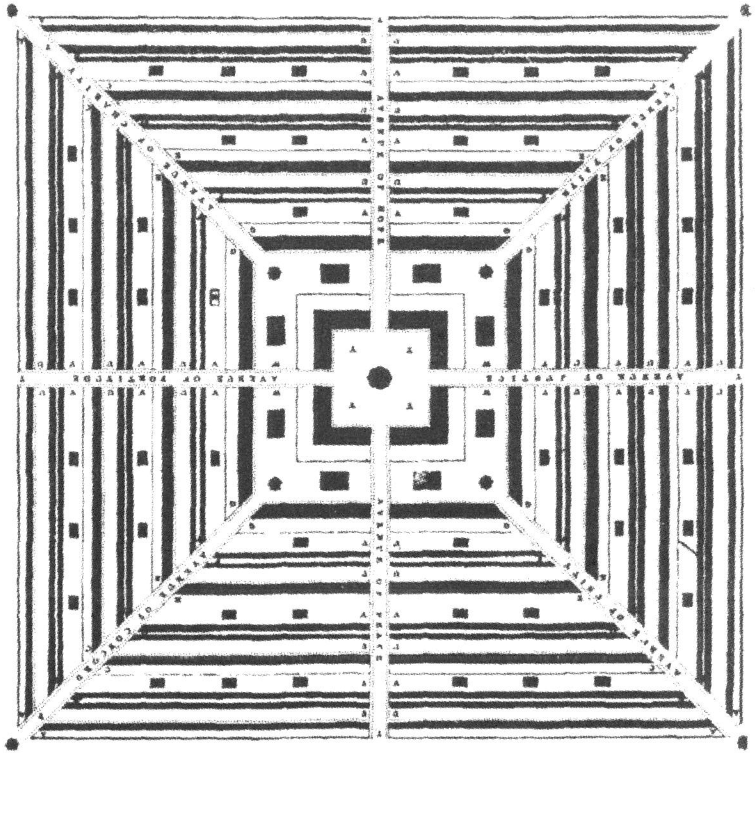

6
第六个挑战：继续旅行

为21世纪泛欧旅行规划一个行程并不容易，因为需要考察的令人钦佩的城市优秀实践案例是如此之多，同时它们又分散于欧洲广阔的地域范围内——从Umea到巴塞罗那，从Bilbao到赫尔辛基。非得选择的话，我们决定按照所有旅游组织者那样的逻辑清晰的方法，根据国家和主题来组织这次旅程。国家和主题结合起来，被证明既简单又实用：没有一个国家能垄断某一领域的所有优秀实践，但部分国家在某些选定的领域的确能提供非常优秀的案例。而且，这些案例在那些特殊领域之外往往也能取得高分，这为城市如何成功管理多维的政策提供了有趣的经验借鉴。

从本书第一章节中英国出现的关键主题开始着手是相对合乎逻辑的，这也使选择的过程更容易了些。

经济增长：德国

在创造成功的经济增长机遇方面，特别是当传统的增长动力步履蹒跚并日渐衰退而需重启经济增长时，德国的城市提供了优秀的范例。首先，近年来德国已成为欧洲经济增长的杰出代表，远远超越大多数竞争对手——而且，引人注目的是，不同于其他发达经济体，德国已成功地维持并扩大了它的制造业基地。其次，虽然德国长期以来面临区域发展不均衡的问题：传统工业基地的衰退甚至倒闭的北方破旧的重工业区鲁尔区和拥有先进的工程公司并能利用最新的科技优势的西南部州巴伐利亚及巴登符腾堡（Baden-Wurttemberg）之间增长发展的不均衡，但是德国仍取得了上述成就。第三，自1990年以来的几十年间，德国面临着一个旧西德（West Germany）和所谓的东部新兰德（New *Länder*）——以前的共产主义——之间更为明显的反差，1990年统一后面临了突如其来的巨大的经济崩溃。在第7章中，将通过考察旧西德和旧东德的一些地区，包括西部的汉堡、鲁尔区和卡塞尔以及东部的柏林和莱比锡，介绍这些地区面临的经济挑战及其应对挑战的新方法。

住房和新社区：荷兰

欧洲城市再次为模范的住房开发提供了许多绝佳的案例，但荷兰拥有他们自己独特的类型，通过长达十年的国家VINEX[①]计划，在位于或毗邻国家主要城市的新规划住区建设近50万幢的新住宅。第8章的旅途将从一个城市的案例开始：阿姆斯特丹码头区的艾瑟尔堡（*IJburg*），并继续延伸到阿尔梅勒——20世纪70年代开垦圩田发展起的新镇，现已成为全国增长最快的城市，经过阿默斯福特（Amersfoort）城旁边的一个新卫星城法特霍斯特（Vathorst），并结束于海牙之外、兰斯塔德中央位置的另一大型卫星城——勇堡（Ypenburg）。

① 《荷兰第四版国家空间战略补充卷1991》，荷兰语：Vierde Nota Ruimtelijke Ordening Extra，缩写为VINEX。——译者注

可持续交通：法国

在欧洲各地，超级公共交通的案例比比皆是，如德国、瑞典、意大利和西班牙。但法国在过去的二十年里占据了领先地位，城市电车系统的发展规模从大城市迅速扩展到许多小地方。由极其充足的税收专项经费资助，这些投资不仅极大地改善了城市中心和郊区之间的可达性，还通过高品质的城市空间营造及其在城市形象建设与城市营销中的使用，把高品质的城市公共交通当作城市更新的触媒。第9章的旅途将从法国遥远的南方增长速度最快的大城市蒙彼

利埃开始，经过最北端的复兴旧工业城市里尔，再到与德国接壤的东部城市斯特拉斯堡。并将从那里跨过莱茵河进行一段考察，参观德国非凡的交通创新：卡尔斯鲁厄（Karlsruhe）的有轨电车-列车（tram-train）[①]——现正被欧洲各地复制并发展。

环境保护：斯堪的纳维亚

同样，在城市可持续发展方面，欧洲提供了许多优秀的案例，瑞典和丹麦是其中最为出色的。在第 10 章，我们将从斯德哥尔摩开始，其内城区的更新项目哈姆湖滨城（*Hammarby Sjöstad*）[②]已成为规划师学习其非凡的总体方法的绝佳“朝圣地”。“哈马比模型（Hammarby Model）”能对液体和固体废物进行回收利用和保存——它也是欧洲最优秀的综合土地利用规划案例之一，特别是其将住房、工作空间、商店、开放空间和交通结合在一个旧工业综合体的线形地带上。在瑞典最南端毗邻丹麦的厄勒（Øresund）地区——引人注目的新桥梁连接马尔默与哥本哈根两地——马尔默的海港西部（*Västra Hamnen*）提供了另一个出色的案例，一个位于市中心边缘的旧工业区的城市更新计划。同时，桥另一端的哥本哈根在一条新地铁线服务的线形地带上，将市中心滨水空间的更新和新城中城的建设结合起来，并采用欧洲一些激进的策略打造了一个自行车出行的首都。

臻于完美的城市：弗莱堡

按逻辑来说，弗莱堡应出现在前四章节的各个章节里：作为个杰出的经济发展案例，德国的“太阳能城”在环境可持续新行业里占据着领先的地位，是国际公认的将环境可持续理念贯彻到城市规划和发展进程的实践案例，也是一个集成高质量公共交通的城市开发典范，并且还是一个将不同类型住宅（市场、合作社、社会住宅）集合在一起实现高质量开发理念的案例。正是因为不能准确地将它放置在任何一个名头下，同时也因为它在所有领域的表现都十分出色，因而值得用专门的一章介绍这个在各个方面都获得卓越成就的城市：为更好的生活奠定基础的美好城市的典范。这就是第 11 章。

现在，我们开始收拾行李。首先，我们将蜿蜒地行走于德国，

① 一种轻轨公共交通系统，由有轨电车运行在城市电车轨道网络和传统列车轨道网络上，结合了有轨电车的灵活性、可达性和列车的高速特征。——译者注

② 瑞典斯德哥尔摩市的一个小区，由工业港区改建的新低碳生态城，除了建筑有太阳能面板的设计，更首创从污水提出沼气，作为家庭煮食燃料与汽车燃料。——译者注

从汉堡到柏林，下至莱比锡，接着回到鲁尔，最后访问卡塞尔。从卡塞尔出发我们将往西北旅行到达荷兰，采用短途游考察兰斯塔德及其周围城市的住房开发。接下来，我们长途跋涉前往法国最南端，先是蒙彼利埃，然后搭乘 TGV[①] 北上里尔，东进斯特拉斯堡，从那里我们将前往卡尔斯鲁厄进行最后的短途旅行。然后，我们将前往旅程最北端的斯德哥尔摩开始我们的斯堪的纳维亚之旅，继续向南到达马尔默及其姊妹城市哥本哈根，之后前往德国西南部的弗莱堡开始又一段漫长的旅程。这将是一个漫长之旅，但也是一个很有启发性的旅途。

① Train à Grande Vitesse 的缩写，指高速列车。——译者注

7 德国高速的经济增长

德国，可以说是一个城市国家。其城市的出现比国家的出现早得多，在某种意义上，这个国家是一个城市的集合体，也是那些历史悠久的小首都地区的集合体（Harrison Churchet 等，1967）。欧洲贸易的复兴始于公元 10 世纪——历史学家曾相信这是无法完全抹去的黑暗时代，城市自然起源于河流的交汇处，这些河流从南往北，从巨大的阿尔卑斯山脉向北海流动。而东西向航线：北海和波罗的海伟大的水上运输线催生了汉萨同盟（Hanseatic）[①]港口城市，如不莱梅、汉堡、吕贝克、罗斯托克和但泽（格但斯克，Gdansk）；在同样伟大的陆路上，在北部平原和中部高地的肥沃沙土地带上出现了各大城市，如科隆、埃森、多特蒙德、汉诺威、布伦瑞克和马格德堡；向西流入莱茵河的支流侵蚀到德国南部的高地，沿途出现了法兰克福、曼海姆（Mannheim）、海德堡、斯图加特和纽伦堡等城市。而且最南端的另一条大河——向东流动的多瑙河及其支流形

① 德国北部城市组建的社会经济同盟，在欧洲中世纪历史上具有举足轻重的影响。17 世纪下半叶，汉萨同盟退出了历史舞台。——译者注

成了其他易于通达的航线，构成了奥格斯堡、乌尔姆和慕尼黑等城市形态的基础。

这些是真正自由的城市，被赋予了贸易特权，并期望它们从周围乡村的封建统治中解放出来。由康拉德（Konrad）和林根（Zähringen）的贝托尔德三世公爵（Duke Bertold Ⅲ）建于1120年的弗莱堡，名字表面的意思是“自由设防城市”，德语的“*burg*”同时翻译为“堡垒”和“行政区”。中世纪末，德国建立了数百个这样的地区，尽管在伴随着改革而来的战争肆虐的年代里它们并不总能保持自治。这些城市成了重要的文化和精神生活中心：1457年，由前奥地利在当地的摄政者建立的弗莱堡阿尔伯特-路德维希大学（Albert-Ludwigs-Universität），是德国最古老的大学之一。1933年，德国地理学家沃尔特·克里斯泰勒（Walter Christaller）[①]发表了著名的研究——南德中心地理论，他的地图记录了这些：城市可划分为七个层次的等级体系，首先是拥有50万人口和350万服务人口（catchment population）的国家城市（*Landstadt*），如慕尼黑、纽伦堡、斯图加特和法兰克福，往下是拥有10万人口和100万区域人口（regional population）的省会城市（*Provinzstadt*），如奥格斯堡、乌尔姆、维尔茨堡和雷根斯堡，再往下是拥有1 000人口和3 000服务人口的小城（*Marktorte*）。八十年后，由于不断增强的流动性扩大了高层级地区的服务范围，这些小城已降级成了村庄，但它们是德国城市体系和诸侯、爵位权力结构异常分散特质的见证。

① 德国著名的经济地理学家，1933年出版了《德国南部的中心地》一书，开创了中心地理论。——译者注

始于17世纪末并于19世纪末达到顶点，德国的原始结构受到了短暂而深刻的干扰。原因是普鲁士的崛起及其1871年开始对统一的德国实行的有效的霸权统治，并最终使高傲的巴伐利亚王国屈服。接下来，柏林这座长期被讥讽为普鲁士军队的“防卫城市”（garrison city）经历了长达四十年的快速崛起期，到20世纪30年代末达到鼎盛期，拥有400万人口，发展成为欧洲最伟大的城市之一。1914年，柏林已成为一个高效紧凑型的新城，拥有统一的五层高的公寓楼，如中产阶级地区Wilmersdorf和Kreuzberg或工薪阶层住区Wedding或Prenzlauer Berg。它还成了欧洲最大的经济重地：电气城邦（*Elektropotis*）。电子巨头西门子公司（Siemens）和德国通用电力公司（Allgemeine Elektrizitts Gesellschaft，AEG）巨

大的现代化工厂主导了柏林城市的发展。但柏林总是有一点奇特的地方：由于其崛起于普鲁士东部领土之外，即使在当时——正如古老的国家颂歌里骄傲的诗句所宣扬的，德国的领土从马斯河（River Maas）一直伸展到梅梅尔河（River Memel，现今俄罗斯的一部分）——柏林仍处于国家西部主要城市群的外围边缘地带。今天，由于德国东部的旧领土割让给了波兰、立陶宛和俄罗斯，柏林的地理位置显得更加偏离德国中心：只要登上城市新中央火车站的郊区慢车，就能在短短一个多小时内抵达波兰边境的城市。

第二次世界大战结束后，德国和柏林长期被分裂成东西两部分，西德成功地恢复了各州围绕中等规模省会城市的旧历史格局。新五州（new *Länder*）[①] 以传统的王国和诸侯国为基础；古老的汉萨同盟城市则成了独立的城邦，拥有“汉萨同盟和自由的城市”（Hanse-und-Freistadt）的骄傲头衔。联邦政府运行于莱茵兰（Rhineland）[②] 小城波恩——德国人也亲切地称之为联邦村（Bundesdorf）。媒体等主要功能分散在不同的省会城市中：德国的三大报纸，《世界报》（*Die Welt*）在汉堡出版，《法兰克福汇报》（*Frantefurter AHgerneine Zeitung*）在法兰克福出版，《南德日报》（*Süddeutsche Zeitung*）在慕尼黑出版。当地的省会城市竞相竭力建设或扩展美术馆和歌剧院，在全国各地打造无与伦比的文化生活。1990年德国统一，首都迁回柏林后（但不是全部政府部门），许多这些功能仍留在了它们原来所在的地区。准确地说，柏林仍保持着自身的独特性——部分原因是，在漫长的分裂年代里，双方竞相发展各自的所有事务。但从根本上看，德国似乎又回到了一个历史模式：一个拥有强大的省会城市和独特的首都的国家。

大多数城市共同具备的另一个重要特点是：很早之前，它们就建立了强大的手工业行会，推动高品质的工艺传统的教学、传播和发展。而当 19 世纪工业革命传到德国时（比英国迟些），贯穿学校的强大的技术教育体系（给年轻人传授有用技能的职业教育体系）进一步强化了这个特点。高等工业学院（*Technische Hochs-chule*）是起源于 19 世纪普鲁士的教育改革的技术大学。在英国则没有完全类似的改革，虽然英国在 19 世纪 60 年代尝试创建一个与大学教育平行的理工教育体系，但由于人文和社会科学的快速分化，这个尝试最终失败了。在德国的工业学院里，科学进步都能很快地转化

① 1990 年 10 月 3 日德国统一，原民主德国变成联邦德国的五个“新联邦州”，简称新五州，它们分别是：勃兰登堡州、梅克伦堡－前波莫瑞州、萨克森州、萨克森－安哈特州、图林根州。——译者注

② 莱茵兰指德国西部莱茵河两岸的土地。——译者注

为产业实践和理论上的创新。而且，在最近的几十年来，它得到了两大科研院所的推动：一个是马克斯-普朗克促进协会（Max-Planck Gesellschaft），致力于高层次的基础科学研究；另一个是弗劳恩霍夫协会（Fraunhofer Society），承担着应用基础研究的使命。马克斯-普朗克促进协会的科研院所约有 80 家，拥有约 14 亿欧元的预算；弗劳恩霍夫协会的研究所约有 60 家，拥有 16.5 亿欧元的预算，还有 1.8 万名科学家和工程师的工资预算，这大大有助于解释德国持续的发展优势和应用制造业领域取得的经济成功。

与英国相比，德国制造业地理是相当独特的。它具有一大例外——鲁尔区，于 1850 年后成为欧洲大陆最大的重工业中心，这些产业没有像英国那样在煤矿集聚地之上发展。以高技术产业为特点的德国经济，从汽车到电子产品再到制造化学物质，都不需要具备煤矿区位，它们在中世纪工艺所在的建成城市发展。这种模式被证明更容易追求持续的技术进步路径，无论是诸如梅塞德斯-奔驰汽车公司（Mercedes-Benz）等工业巨头——它的起源可以追溯到 1886 年，它的创办人分别在曼海姆和斯图加特同时发明了现代汽车——还是成千上万中等规模的家族企业，或者著名的中小型企业，现今德国的经济实力建立在它们之上。

正如一个世纪前这种创新精神在新兴产业如汽车、电器、制药上的体现，如今在 21 世纪新的工业革命上也有所体现，尤其在绿色能源上。德国创造了诸如太阳能电力和废物处理等新兴产业，把可持续发展的理念转化为商机，并在这个过程中开拓了新的像中国这样的出口市场。德国是唯一采取激进措施关闭其核电站的国家，因为它在可更新能源上已建立了领先优势，并通过一系列的国际建筑展（International Building Exhibition，IBA）来实施试点项目。正是依靠德国工业的这种能力，德国重塑了自身，开拓了新的出口市场，从而成为所有长期工业化经济体的学习模范。21 世纪第一个十年，德国经济似乎惊人地重复着 20 世纪 50 年代著名的德国经济奇迹（*Wirtschaftswunder*），当时德国通过战后的工业重建超越了英国等竞争对手。德国南部的高级工程巨头（如奔驰、宝马、奥迪、博世、美诺和西门子等公司）再次成为驱动德国经济的主发动机——更不用说其他专业公司了，如成立于 1975 年的海瑞克公司（Herrenknecht），现拥有 6 000 名员工，忙着为世界各地生产隧道掘进设备，包括在伦敦轨道交通工程（London's Crossrail）[①]中运作的“怪物”。

与此同时，德国城市在交通上取得了显著的成就，升级改善公共交通，提供具有吸引力的替代品取代拥挤不堪的大众私家车。他们带领欧洲其他国家实行城市中心步行化。德国在环保上一直领先于英国，虽然它比英国拥有更高的汽车持有率，但人均汽车使用率却低于英国。德国的“绿色运动”非常活跃，尤其是在保护野生动物方面。

尽管在1990年后的十年，它面临着重新整合前共产主义德意志民主共和国（东德）——占统一联邦共和国30%的土地面积和20%的人口——并入资本主义先进经济社会结构的艰巨任务，但德国仍取得了上述成就。新五州再加上东柏林（后与旧西柏林合并）遭遇了四十年灾难性的投资短缺，且在二战结束后许多大型工业企业（如西门子、通用电力和蔡司等公司）流失到了西部。这些公司留下来的工厂被“铁幕”（Iron Curtain）[②]屏障于全球经济体之外，逐步失去了所有的竞争力。到了20世纪80年代后期，即使是漫不经心的访客也能发现，它们实质上已成为一堆工业遗址，和连接它们的旧铁路和高速公路一样，处于惨淡经营的状态，其生产率还不到西德一半的水平。当柏林墙倒下时，它们在惊人的短时间内倒闭停业。1990年至1993年间，400万工业领域的就业机会流失了一半多。可见，从废墟中重建经济的任务几乎与1945年后西德所取得的成就同样庞大。

这就提出了本章的中心问题。至少从第一次经济奇迹出现开始，德国人近半个世纪都在担心自己的南北分化问题，用他们的词语来说就是“斜坡”：南北梯度（Nord Süd Gefälle）。而根本原因是完全相同的：鲁尔工业区旧的煤炭、钢铁企业和重型工程公司——与英格兰北部庞大的工业带完全类似——开始失业并最终倒闭，而南部的巴伐利亚州和巴登符腾堡州在新兴的先进工程产业基础上开始蓬勃发展。杜伊斯堡（Duisburg）庞大的Meiderich钢铁厂倒闭生锈，直到有人出妙招把它变成一个充当摇滚和歌剧音乐会背景的旅游景点。这是20世纪80年代至90年代间实施的庞大的城市更新计划的一部分——将在下文阐述的埃姆歇公园（Emscher Park）。但即使如此，仍未能成功地替换所有失去的就业岗位。

① 伦敦目前正在进行的一项耗资260亿美元的铁路项目——Crossrail工程，竣工后，会使该市的公共交通系统得到很大改善。Crossrail铁路将把希思罗机场与伦敦东部和中西部地区连接在一起，在60分钟内运送150万名乘客。这条铁路预计将于2017年竣工，它会并入伦敦现有铁路网，其中包括伦敦地铁。——译者注

② 铁幕指的是冷战时期将欧洲分为两个受不同政治影响区域的界线。当时，东欧属于苏联（社会主义）的势力范围，而西欧则属于美国（资本主义）的势力范围。这个词出自英国首相温斯顿·丘吉尔于1946年3月5日在美国密苏里州富尔敦城的威斯敏斯特学院所发表的题为《和平砥柱》的演讲中，史称“铁幕演说”。——译者注

同时，德国四十年来真正的差距并非只在南北之间，还在东西之间：差距由铁丝网、雷区和无形的“铁幕”构成。1990年，东西隔离被打破，德国得以统一，这对旧东德的城市经济影响异常剧烈。在莱比锡和开姆尼茨（Chemnitz）、爱尔福特（Erfurt）和耶拿（Jena），萨克森-图林根（Saxony-Thüringen）工业区——曾经是欧洲先进制造业中心之一——轻易地就发生了内爆：半个世纪以来的被忽视和投资不足导致企业大都关闭。同样的事情还发生在东柏林庞大的电器工厂，国有化的通用电力公司突然发现自己暴露在竞争激烈的资本主义世界的现实中。这就像英格兰北部地区长期痛苦的产业衰退，在几年内集中发生一次灾难事件。

慢慢的，平衡终于艰难地得以恢复。竞争激烈的大众和宝马的新工厂也出现在了萨克森州。耶拿已经恢复了在光学用品行业的传奇声誉。但未来仍有很长的路要走。2012年初，德国经济周刊杂志《*Wirtschaftswoche*》发布了期盼已久的年度报告，是一份咨询公司科隆经济研究所（*Institut der deutschen Wirtschaft Köln*，IW，2011）对德国五十强城市的经济状况调查报告。2011年的调查结果显示，前十名的城市全都位于旧西德，其中，六个在南部地区，鲁尔地区一个也没有，但有一个城市——勒沃库森（Leverkusen，其经济基础是先进的化学）接近前十。排在最后的十个有五个（包括首都柏林）位于旧东德；其他五个都在鲁尔地区。

在英国，人们可能会认为这是长期发展趋势延续的另一个案例。但一些德国观察员十分兴奋，因为另一项测量指数——城市活力——的结果完全不同，甚至是相反的。在十个经济表现明显好转的城市中，七个（包括柏林）位于旧东德，三个位于旧西德，其中卡塞尔是一个有着悠久历史的工业城市，在经历过困难的转型适应期后开始采用高新技术产业进行反击。

咨询顾问提醒人们不要过度解读这些结果。他们认为这些城市的活力指数是不稳定的：这很大程度取决于其初始状态。就像重症监护的病人，如果是处于濒临死亡的状态，那么任何的改善似乎都具有轰动效应。但至少，诸如莱比锡、爱尔福特、哈勒和罗斯托克等德国城市已走上了正确的发展方向。

因此，本章的核心问题是：几十年来，在生产率、增长率以及制造业对经济的贡献上，德国是如何超越英国的？虽然（或许是因为）1945 年后不得不重建大部分的住房和基础设施，然后在 1990 后对东德重复这些实践（Parkinson 等，2004），但在经济总量上，德国的城市仍比英国的城市表现更加优秀，德国是怎样做到这一点的？旧工业区（像旧西德的鲁尔区和旧东德的萨克森）如何成功地改造它们的经济？探讨其根本原因的研究相对较少，本章无法全面填补这方面的空白。那么，我们欧洲之旅的第一阶段将对德国的“东西鸿沟”和“南北斜坡”进行考察，参观精选城市的成功案例，以寻求影响德国经济实力的因素。我们没有选择德国的工业重地（南部的巴伐利亚州和巴登符腾堡州等州），而是选择了问题较多的北部和东部地区，它们经历了空前的物质破坏和去工业化之后，不得不重新构建自身的经济。

行程从伟大的北海港口汉堡开始，它以内港区大规模的城市更新作为经济变革的工具。然后往东到柏林（现在仍是首都）进行大量考察工作，以准确地探求其在新德国的经济版图中的地位。接着向南旅行到莱比锡——昔日东德的主要城市，遭遇过灾难性的去工业化，但 1990 年统一之后成功地进行了回击；下一段旅程提供一个与莱比锡反差强烈的考察地：鲁尔工业区（包括杜伊斯堡、埃森和多特蒙德等城市），特别是其卓越的埃姆歇公园项目——区域尺度上一场声势浩大的物质更新运动，其目的是实现经济转型和环境恢复。然后，我们将南下参观卡塞尔，一个中等规模的工业城市，曾苦于靠近铁幕而被边缘化的位置，但却是 2011 年 IW 调查中德国最具活力的地方。

我们行程最后一个德国城市：大学城弗莱堡，位于德国西南部，毗邻瑞士和法国边境，现已成为可持续发展的一个全球性标志地，因此值得在第二部分的结尾用专门的一个章节来介绍。

汉堡的港口新城：
将大港口转变成充满活力的知识经济型城市

倘若对比恰当的话——差不多，但并不完全恰当——汉堡是德国的利物浦：一个可以追溯到中世纪的城市，其现今的重要性可以归功于 19 世纪大西洋经济的大规模增长，但在 21 世纪，它同样面临着经济变动的巨大挑战。然而，对比从这里开始出现分歧：汉堡拥有欧洲最大且最具雄心的城市更新项目之一。2011 年 IW 的调查中，汉堡在前十强的城市中总体排第九位。汉堡就业规模最大的行业是生命科学（10.4 万），同时它还是德国最大的传媒集中地之一，拥有 6.3 万名从业者；德国《明镜周刊》（*Der Spiegel*）和前二十强杂志中的十五份都出版于汉堡。这里还为民用航空产业提供工程服务；制造业从业者所占比例约 20%，和德国总体的比例大致相当。

对比可以追溯到更悠久的历史中。德国第二大城市拥有一段古老的历史，是一个距离易北河在北海入海口超过 100 千米的贸易港。它环绕阿尔斯特内湖和外湖（Alster，一条当地河流流经这里，并被筑坝提供水力发电）发展起来，中世纪时已相当繁荣，成为汉萨同盟的一名强大成员。但汉堡真正的崛起是在 1871 年德国统一后，它开始成为通往易北河及其支流巨大的盆地的门户，一直延伸到柏林并深入工业州萨克森。因而，到 1900 年，汉堡已是一个比利物浦更为重要的港口。随后，当利物浦班轮运量的地位被南安普敦取代后（后来又让位于空运交通），当英国北部的工业腹地在 20 世纪 20 年代和 30 年代停滞不前时，汉堡正与庞大的德国经济继续保持着同步增长。

这个中世纪的港口在河北岸有许多关闭的码头，而大量的港口正在河南岸发展起来（图 7.1）。

二战后，它的历史地位使它成为德意志联邦共和国内拥有独立州地位的三个城邦之一（与柏林和它的汉萨同胞城市不莱梅一起），在制定自身发展政策方面拥有极高的自主性。

但是，在战争结束四十年后，由于汉堡向东距离铁幕只有 60 千米，其在易北河的内陆贸易受到了阻碍。它在贸易上的地位让给了拥有更好区位的竞争对手鹿特丹和安特卫普（Antwerp），但它成了一个具有休闲氛围的城市，吸引了一个国际艺术社区的入驻：这里成为披头士首登舞台之地，甚至比他们在老家利物浦更早获得认可。随之，在 1990 年统一后，易北河盆地恢复了它的自然流域，汉堡在庞大蓬勃的德国经济中重新恢复了原来的地位，成为欧洲第三大港口（排在鹿特丹和安特卫普之后）和第二大集装箱港口，与欧洲其他地区和德国其他地区有发达的交通连接。无处不在的 ICE[1] 将它与其他大城市连接起来，有效地在国家层面上创造了一个多中心城市区域。1990 年，经历三十年的衰退后，汉堡的城市人口再次增长，到 2010 年达 177 万，且还在不断增长中，这包含了

① 德国高速列车（Inter City Express，简称 ICE）由德国国家铁路公司 Deutsche Bahn 所运营。ICE 是欧洲最先进舒适的高速列车，其国际线路连接瑞士、奥地利和荷兰；国内线路班次频繁，连接德国境内各大城市，如科隆、汉诺威、柏林、慕尼黑和斯图加特。——译者注

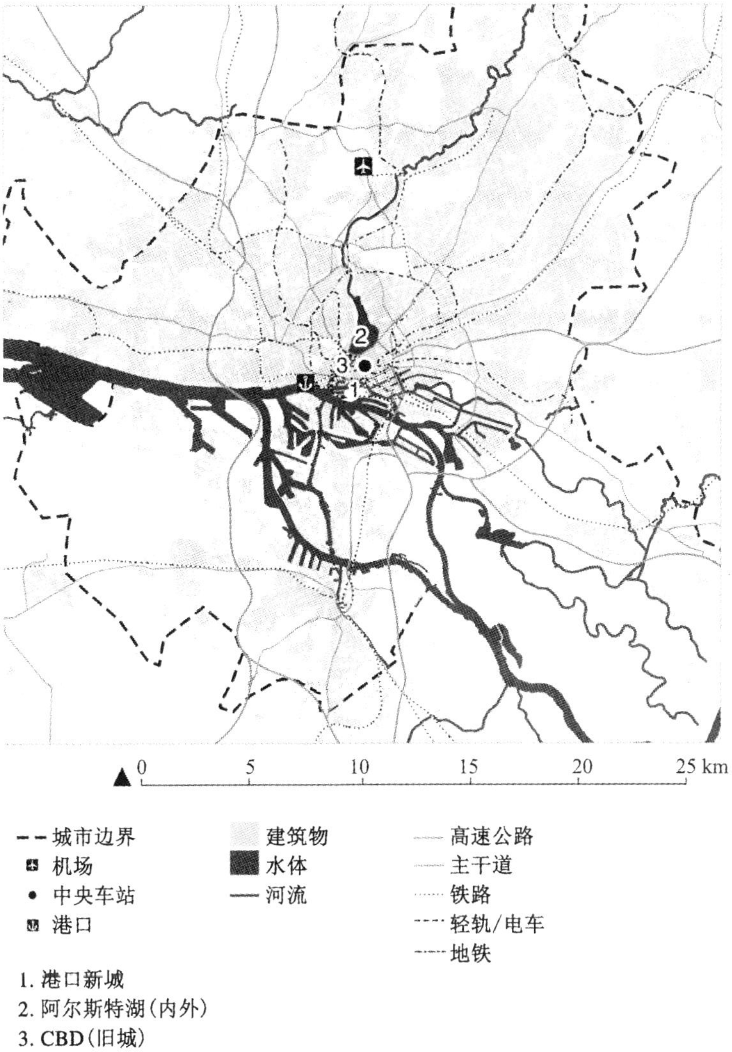

←图 7.1　**汉堡地图。**
这座中世纪的城市，是围绕小阿尔斯特河进入大易北河之前的两个湖泊发展起来的。这个汉萨同盟港口是在河流交汇处发展起来的，现代（特别是集装箱化之后）大部分港口转移到了南岸，这使城市中心周边留下了空闲的滨水空间。

15%的外国人。同时，它的服务人口为 430 万，城市为他们提供了一个购物和文化中心。

历史悠久的市中心被战时的轰炸夷为平地。19 世纪内城码头的仓库——位于城市中心南面——几乎奇迹般地逃脱了战争的破坏（感谢，据说，当地居民把小火轮放在湖上构成城市中心，因而把大部分炸弹引离了真正的港口）。而后在 20 世纪 70 年代和 80 年代，当港口搬到了位于易北河南岸的巨大集装箱港口时，这些内城的港口成了空置之地，并且出于相似的原因，在其他城市，如鹿特丹和英国伦敦也出现了相同的现象。但是，由于它们如此接近重建的市中心和地铁站，经过精心改造的仓库已经被用于各种多元化的临时用途，如地摊交易和铁路模型等。它们自然而然成为焦点，被创意人士改造成创业工作室。

中央商务区已经失去了几乎所有的人口：从 19 世纪下半叶约 17 万的高峰到只剩 1.4 万的永久居民。不到一英里远的港区可以提供答案。港口新城（海港城，HafenCity）项目对旧码头区 157 公顷的范围进行再开发，其中 1/3 是水域。该规划希望扩大市中心不低于 40%的面积，为国际型企业提供高品质的空间，同时吸引人们返回市中心居住。这包括为 1.2 万居民建设一个拥有约 5 500 栋住宅的新居住区，加上办公、零售和文化设施，预计到 2025 年将雇用约四万人。港口新城的构想表面上和许多欧洲城市废弃港区的城市更新计划相同，但深入的分析表明它是很不同的——这是一个 24 小时开放的、充满活力的、拥有众多旅游景点（如邮轮码头、爱乐乐团、几个博物馆、购物店和餐饮店）以及临时活动的内城区：一个被称为“社会城市（social city）”的现代知识经济基地，或是一个吸引所有人居住的地方，同时，相比其他例子——特别是伦敦和利物浦——它自始至终由市议会密切控制着。

故事开始于 1991 年，当时的市长 Henning Voscherau 非官方、秘密地委托了一个内城港口边缘地区的转型研究。市政府已拥有超过一半面积（88 公顷）的土地，并从德国联邦铁路公司（Deutsche Bahn，简称 DB）购买了另外 30 公顷土地。它还悄悄地通过一家 100%市属的公司——现在的汉堡港口及物流公司（HHLA Hafen-und LogistikAG），和一家 100%市属附属机构——现在的汉堡港口新城有限公司（HafenCity Hamburg GmbH），购买这些土地上的废弃建筑物。市政府秘密委托汉堡知名建筑师福尔克温·玛格（Volkwin Marg）教授。他的研究报告发表于 1996 年 12 月，提出了许多管治地区重建的发展原则。

最后，1997 年 5 月，市长对外公布了他的“港口新城构想（Vision Hafen City）”：大约 157 公顷的地区将开发成高档商品集聚的中心市区，混合居住、工作、文化和休闲功能。其关键是在公共法下成立一个专项基金，控制“城市和港口”的资产，同时在 Altenwerder 开发一个新的、最先进的集装箱码头，有效地为港口新城的重建提供资金。

计划随之迅速展开。1999 年 4 月，总体规划草案的竞标启动。10 月，国际评审团宣布一支名为“汉堡规划”的（Hamburgplan）荷兰-德国组合团队获胜。2000 年 2 月 29 日，这个规划得到汉堡参议院的批准。该规划将未来控制开发进程的关键要素确定下来：现有建筑、新建筑和水体之间的紧密联系，建筑物防洪标高，底层空间使用的公共属性，同时建设 10.5 千米长的滨水地带，约 26 公顷的开放公园、广场和长廊，还有一些高度混合的功能——居住、服务企业、文化、休闲、旅游和商业（图 7.2）。由汉堡市城市规划主管 Jorn Walter 颁布的这个计划，杜绝重复 20 世纪大多数城市规划引发的“灾难”，它们沉迷于“单一功能”的规划，导致居住、工作和购物空间的隔离。

←图 7.2　汉堡港口新城正在开发的项目的鸟瞰图。
中世纪的城市中心和其后面的两个阿尔斯特湖。（图片：Fotofrizz，港口新城有限公司提供）

该总体规划为未来二十五年（直到 2025 年）的发展建立了十八阶段的计划。它提出该地区应逐步从西往东、从北往南发展。在这个框架内，由于程序更加简单，其发展速度会比英国快得多。汉堡港口新城有限公司不但提供了规划纲要，还建设了基础设施，包括一个基于燃气的能为每栋建筑供应热水的区域供热系统，以及一个宏伟的公共空间体系。该总体规划规定了六层的公寓楼，可以兼容居住和商业用途，这为适应变化的环境留下了巨大的弹性。这些街区面朝河流，行人可以持续地进入滨水步行带，周边主要道路背后的地下停车场可供停车之用。港口新城建在三种不同的水平面上。为了监测未来洪水和潜在的海平面上升，许多地区建在高于旧码头五米的街道水平面上。原始码头水平面上保留了 10.5 千米长的滨水长廊。同时，在浮船上设置额外的开放空间，成为整体公共空间的一部分（Turner，2011）。

在这种固定模式下，公司为该私人开发制定了一套严格的程序。任何一个预期的开发商必须经过竞标，不但要考虑资金，还要考虑其开发计划的质量和创意。他们必须阐明自己的发展纲要，与指定的建筑师一起实施建筑竞标，向该公司递交计划，接着进入获取本地规划许可的传统程序中。然后，汉堡港口新城有限公司根据自身设定的一系列可持续发展标准评判开发计划的相关方面，包括能源效能、对公共服务的效益，健康和舒适性、功能混合性、建筑维护的难度和效率。居住用地采用固定的投标价格发放广告，非居住用地则卖给那些愿意拥有该地块至少 50％面积的公司，双方最终签订合同的流程需要 18 个月，既确保充分的质量，同时也避免投机行为。

该总体规划为不同收入群体推行不同的用途，并规定了总体的密度、土地利用和效能需求。但除了这些之外，它还鼓励多样性。即便在单一的城市街区，开发商和功能也是混合的，有意避免统一的模式。其中，一个街区包括有绿色和平组织在德国的总部办事处、私人公寓和一间设计工作室。另一个街区包括有一所小学、一栋公寓楼以及负责学校头二十五年维护的开发商。港口新城同时还是新开发模式——联合建设模式（joint building venture）——的见证者。这里包含一家合作社，未来居民能购买土地并设计和建造自己的建筑，同时，港口新城正着力推动这一进程。联合建设模式往往能采用远低于市场的价格创造出高质量的居住空间。

住宅公寓非常宽敞，租金十分经济实惠：汉堡平均每人拥有 30 平方米的生活空间，大约只需伦敦码头类似地区一半的价格。Dalmannkai 附近的新公寓约有 45％用于出租，有补贴的公寓单元租金在 5.80 欧元/m^2 到 8.00 欧元/m^2 之间，住房合作社的单元租金在 9.50 欧元/m² 到 13.5 欧元/m² 之间，市场租赁的单元价格在 12 欧元/m² 到 18 欧元/m²。这些租金价格差异反映了消除开发中的一些风险（或利润率）所节约的金额。私人公寓的销售价格不等，所谓的联合建设模式的公寓单元大约为 2 850 欧元/m²，开发商管理的单元在 3 500 欧元/m² 到 4 500 欧元/m² 之间，豪华单元在 6 000 欧元/m² 到 8 000 欧元/m² 之间，其他的如顶层公寓则超过 10 000 欧元/m²。这些价格几乎没有受到 2007 年的大崩盘及其余波的影响。

到 2011 年，1/5 的地区已被再开发（图 7.3）。建成的西部邻里社区——Am Sandtorkai/Dalmannkai，Sandtorpark/Grasbrook 和 Brooktorkai/Ericous——入住了 1 700 名居民，拥有 300 多家商店和

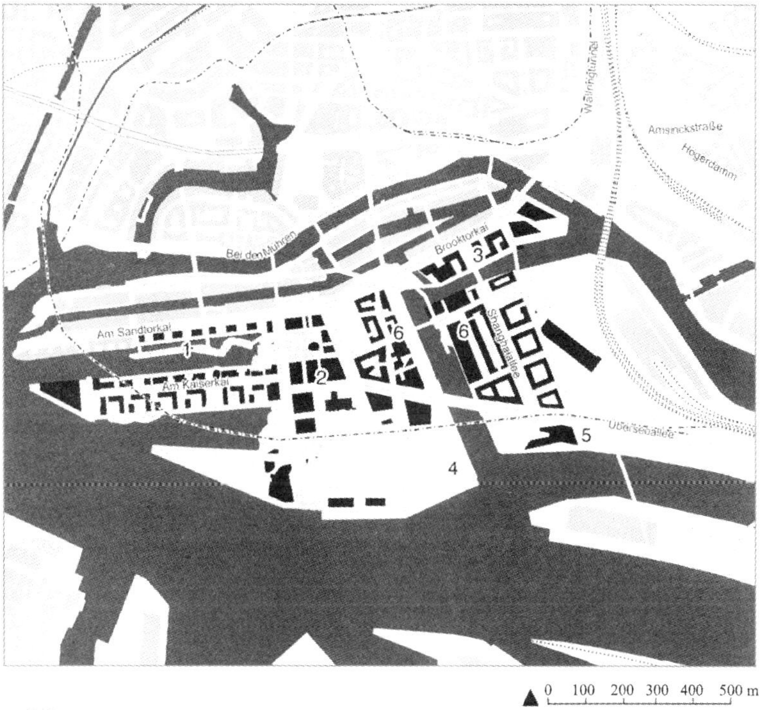

←图 7.3 汉堡港口新城规划。
平面图表明了 2011 年的开发状态，完成了约 1/5。

建筑物
水体
开放空间
道路
铁路
轻轨/电车
地铁

1. Sandtorkai/Dalmannkai,
2. Sandtorpark/Grasbrook
3. Brooktorkai/Ericous
4. Uberseequartier
5. Elbtorquaterier
6. Madeburger港口

→图 7.4 汉堡港口新城的 Dalmannkai。
港口新城已完成项目的视图，中度混合利用的开发项目沿着滨水区精心布局，紧密集聚。（图片：ELBE&FLUT，港口新城有限公司提供）

→图 7.5 汉堡港口新城的 Brooktorkai。
该项目早期阶段完成的另一个代表性视图，展示了富有想象力的滨水区利用。（图片：Thomas Hample/ELBE & FLUT，港口新城有限公司提供）

8 400 名工人（图 7.4 和 7.5）。已有 47 个项目完工，另外 35 个项目正在动工建设或处于规划阶段。两个各占总面积 1/4 的主要的专业化地区已成形，Uberseequartier——2012 年 11 月底开放，毗邻新地铁站，占地 13.7 公顷的商业中心。其次是 Elbtorquaterier——未来的知识区，包括 2008 年开放的位于一个历史仓库的汉堡国际海事博物馆（International Maritime Museum Hamburg），以及计划于 2013 年夏天开放的港口新城大学（建成环境和都市区发展大学，HCU，the University of the Build Environment and Metropolitan

Development)。在马格德堡港口的周围，整个步道长廊和广场已将港口新城和900米外的旧城市中心连接起来（图7.6）。到2015年，一半的开发计划将全部完成。

←图7.6 汉堡港口新城的马格德堡港口。

沿着运河的支流开发，巧妙地将市中心周边的旧仓库建筑合并，并将其复原后用于新的用途。

项目中有一个地方引发了公众的争议。港口新城有限公司采取了吸引富人和国际投资者的政策，这容易被批评为通过城市绅士化进行城市更新，但公司认为这是合理的，因为较贫穷的人早已在这个城市其他地方得以安居，并且该政策能使开发所需的融资变得更加容易。许多街区都是私人或合作社拥有的，从当地或州银行获得融资得以开发，随后都陆续被租了出去，德国体系大多是这样操作的。

对新居民的一项研究发现，他们的年龄多样，包括以职业为重心的夫妻和单身群体，有在学校开放之前就已搬入的家庭，还有50岁以上的空巢老人和退休人士。他们被滨水区位和靠近城市中心的令人兴奋的环境所吸引（Menzl，2010）。人口的混合居住，再加上大量用于出租的合作建房和私人住房，有助于在一个比较短的时间内营造社区感。

与新的混合居住密切相关，部分开发是专门针对数字或媒体公司的，包括各种规模的企业，以确保发展不那么容易遭受毁灭。主要的争议在于，创意工作者和创意活动应该起什么样的作用。艺术家们抗议，一旦某个地区发展起飞后，他们就会被较高的租金排挤出去。在一次静坐抗议后，该市决定不把一批历史建筑卖给外国投资者。但事实上，虽然总体规划有利于临时性的文化和艺术活动，但现今新的办公场所对创意企业来说仍然太贵了。

港口新城带来的主要的积极的启示是，在由市政府主导的城市里，公共和私营部门应如何通力合作。因为开发机构是由市政府全资拥有的，它不必根据竞争或价格的高低来决定地块的选择。相反，它能够推荐一位自认为合适的开发商，或者建议在选择时优先考虑质量而非价格。

主要的问题是，这里是否会成为“富人的贫民窟”（rich man's ghetto），集中大量富裕的养老金领取者。为了避免这种情况，汉堡港口新城有限公司的执行主席 Jurgen Bruns-Berentelg 认为关键是实行文化和社会机构的混合——将美术馆、博物馆、大学和商业、住宅建筑混合在一起。富人的阁楼坐落在低收入邻居公寓的隔壁。学校对外开放，养老院也是。同时，结合通信策略吸引人们在发展中适度混合居住。该公司聘请了一位社会学家马库斯·门茨尔（Marcus Menzl）与居民保持联络。早在 2008 年时，他就发现包括 40 个孩子在内的 600 个居民的居住地严重缺少幼儿园和游乐场。游乐场排在父母愿望清单的首位。因此，该公司建立了一个临时性的以后可以移动的游乐场。它还同意共同资助建设一个室内游乐场，剩余一半的资金由父母们支付（Sechaer，2010）。

早期的研究已经表明居民对他们的邻里社区具有强烈的认同感。门茨尔认为：“这种情感联系通常只有假以时日才会产生。但他们似乎很快就对港口新城产生了认同，并愿意支持它的发展理念。你不能建立一种睦邻友好的感觉……但我认为建筑可以促进某些特定的进程并阻碍其他进程（同上）。”因此，早期征兆是好的，但关于港口新城的最终定论，显然还需数年时间。这里的核心问题首先是再开发能否成功实现其目标，第二，这一成功是否会威胁到处于核心中的平衡的社会融合。为了发现问题是如何在更大的城市画卷上呈现的，我们下一步将前往柏林。

柏林：谨慎地和创造性地规划更新

比较永远无法绝对精确。柏林在 1989 年后，正如历史学家卡莱尔·哥伦布（Claire Colomb）所说的那样，在“历史的突然加速”期，城市可能发生的所有事件几乎一次性地发生了（Claire Colomb，2012，p. 72）：“从冲突和分裂的城市转变成一个统一的城市；转变成一个国家的首都，这表明了国家层面的认同；从社会主义向资本主义城市转变；从工业城市向后工业或后福特主义（Post-Fordist）[①]大都市转变（同上，p. 7）。”过去十年发生在其他地区的进程——全球化，欧洲一体化，经济结构变化，服务和知识经济转型，不断上升的失业率和福利支出，本地政府转型和公共开支削减带来的压力——同时冲击着城市（同上，p. 72）。但是，除了二战后半个世纪的特殊历史外，今天的柏林面临着许多和英国前工业大都市（如大曼彻斯特）类似的问题，用静态的人口收入维持不断增长的城市服务需求。

① 指以满足个性化需求为目的，以信息和通信技术为基础，生产过程和劳动关系都具有灵活性（弹性）的生产模式。——译者注

从遥远的普鲁士要塞城市迅速崛起成为欧洲最强大国家的首都和工业重地之后，1945 年，柏林遭遇了突如其来的政治和经济崩溃。五年内遭受 363 次空袭后，这座城市变成了废墟。25 万栋建筑物中有 1/5 被摧毁，1/4 的工业生产能力也被摧毁。人口从 430 万下降到 280 万（同上，p. 51）。德国和柏林都被四大战胜国（美国、苏联、英国和法国）所瓜分，首都转移到波恩，西柏林被遗弃成为苏联东德境内的一块孤立之地。大公司如 AEG 和西门子搬到了法兰克福和慕尼黑。剩下的公司面临低水平的技术创新和私人投资不足。西柏林成了共产主义德意志民主共和国（GDR）中部的一个孤立之地，依靠西德联邦预算的大量补助金支持，这些补助金占据了该市财政预算的一半（同上，p. 52）。

该市 19 世纪独具特色的砖石构造的五层公寓楼在轰炸中幸免于难，并且得以重建，这使得柏林保留了 19 世纪规划的城市的不朽风格：拥有华丽的大建筑，宽敞的林荫大道和开阔的公共空间。屹立于 1961 年到 1989 年间的柏林墙不但造成了城市的割裂，还创造了一个贯穿城市中心的无人之地。它创造了两个平行的城市，拥有两个中心——西柏林的库达姆大街（Kurfürstendamm），东柏林的亚历山大广场（Alexanderplatz），博物馆和其他公共建筑也有两个。所有这些都是未来重要的遗产。

1989 年，当柏林墙倒下、德国统一（德语称为 *die Wende*，即转向之意）后，柏林重新被定位为统一德国的首都。柏林市长和参

议院的第一要务是整合这个城市的两部分，包括分割的交通系统和柏林墙拆除后留下的位于城市中心的大片空地（图 7.7）。曾经找不到租户的东部新五州，得到地区辅助法（Fördergebietgetetz）税收减免政策的帮助（1997 年之前高达 50%），“柏林成为西部咨询公司、开发商和投资者的天堂”（同上，p. 91）。1990 到 2000 年间，柏林建成了大约 700 万平方米的办公空间，其中 100 万平方米供联邦政府使用。在旧西德和旧东德之间，一个全新的城市中心建立在废弃的“中立区”波茨坦广场之上，在分割的城市中发展起来的中心地区得到了改善（图 7.8）。它比伦敦金融区金丝雀码头还要大，并迅速成为新柏林的标志：当代最伟大的建筑营销计划（同上，p. 150，引自 Watson，2006，p. 100）。

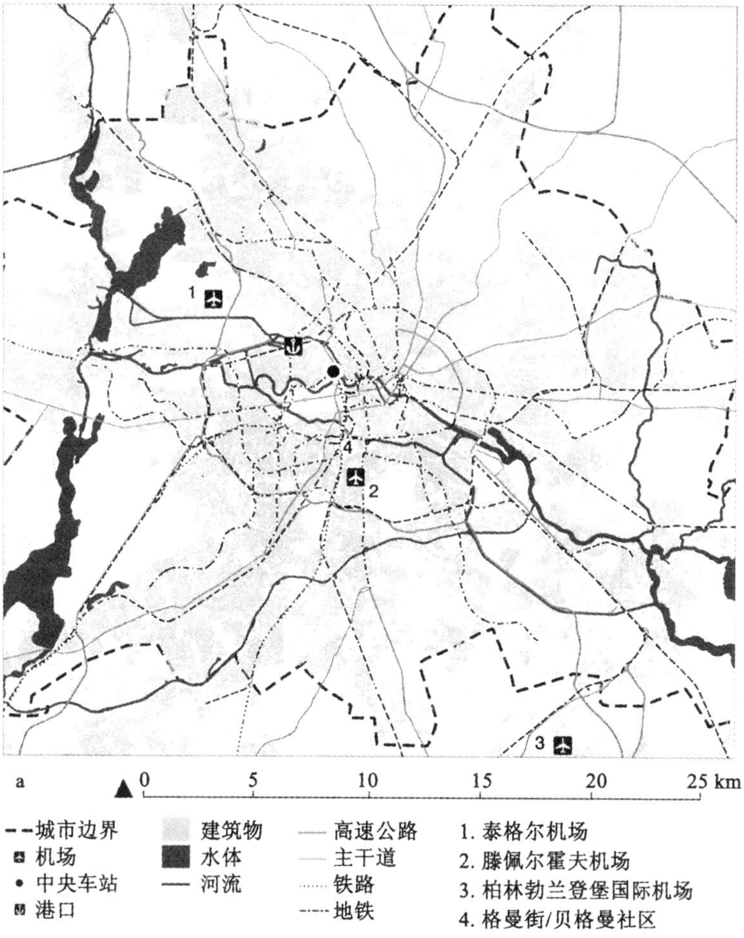

→图 7.7　a 和 b 柏林地图。德国首都，虽然失去了 1939 年高峰时期人口的 1/4，它仍然是一个十分紧凑的拥有 19 世纪建筑风格的城市。位于泰格尔（Tegel）的西柏林机场、位于舍讷费尔德（Schönefeld）的东柏林替代机场——柏林勃兰登堡国际机场（Berlin Brandenburg International，BBI，将于 2014 年之后开放）都离城市中心不远。自柏林 1989～1990 年统一后，大部分城市更新的重要场所（将在下图阐述）都是位于或接近旧城中心——柏林米特（Mitte）城区，见图 7.7b。

b

--城市边界
机场
中央车站
港口
建筑物
水体
河流
高速公路
主干道
铁路
地铁

1. 波茨坦广场
2. 亚历山大广场
3. 库达姆大街
4. 提尔公园
5. 柏林中央火车站
6. 布兰登堡门
7. 菩提树下大街
8. 博物馆岛
9. 科维茨广场/科维茨邻里
10. 普伦茨劳贝格
11. 克罗伊茨贝格
12. 施潘道地区
13. 哈克庭院(Hackesche Höfe)
14. 弗里德里希斯海因
15. 纽科林
16. 塔赫勒斯(Tacheles)
17. 米特
18. 弗里德里希(Friedrichstrasse)

项目最初由私有投资商戴姆勒（Daimler）和索尼（Sony）及其他公司共同发起，但其后由柏林合作伙伴（*Partner für Berlin*）接管。首都营销策划有限公司（Gesellschaft für Hauptstadtmarketing GmbH）创立于1994年，在私营部门的帮助下实施首都城市营销，波茨坦广场在官方营销活动中被视为新柏林的象征（同上，pp.105，118～119，150）。它服务于两大目标：首先，构建旧柏林在时间和地理上的连续性；其次，重新塑造柏林作为欧洲乃至全球

→图 7.8 柏林波茨坦广场。这个庞大的工程在德国统一十年后完成，是为了重建 1939 年前柏林的历史中心而设计的，但它被证明对商业功能回归首都的预测过度乐观。

大都市的形象。当地营销人员描述他们满意的目标顾客群体为：西装革履的中青年专业人士，游客和时髦装扮的创意都市人士。很多柏林人把开发视为企业利益的出卖，投资者表现出的极低忠诚度证实了他们的疑虑：2007 年，戴姆勒把资产卖给了法兰克福一家管理集团；2008 年，索尼将它的中心卖给摩根史坦利投资公司（同上，pp. 150，158，166～167）。

提尔公园（Tiergarten）——在柏林相当于伦敦皇家公园——北部不远处，这个宏伟的规划建议在政府附近的地块建设一个全新的中央火车站，并于 2006 年按时完工，开通了与莱比锡城和德累斯顿（Dresden）连通的快车，成了“城市名片”，为沿线重大发展奠定了基础。花费 50 亿欧元新建的国际机场——柏林勃兰登堡国际机场，受到工程故障和延期开放的困扰，但终将重新调整柏林在欧洲航空版图上的位置。

但是伟大的建筑还不足以为大城市创造一个成功的新核心：虽然有过半的政府部门和 1.2 万个工作岗位迁入，但其余的仍留在了波恩。私营公司的员工拒绝搬迁（有一个说法是在弗莱堡失业也比在柏林工作好！）。许多辅助服务、大使馆和媒体公司搬往了柏林，但许多期待的大公司总部仍然远离它。柏林拥有德国 8 200 万人口中的 350 万，在国家中已无法发挥曾经那样巨大的影响力。它要成为一个全球城市的梦想破灭了。

同时，20 世纪七八十年代，西柏林已开始了去工业化进程。1989 年到 1998 年间，制造业工作机会由 40 万锐减至 13 万（同上，p. 83，引自 Kratke，2000，p. 7）。1991 到 2009 年间，从事生产的工人比重（包括建筑业）从 20.6%降至 15.1%，而服务业就业比重从 71.8%上升至 80.5%。但是，服务业就业的增长无法补偿制造业就业的损失。同时，整个 20 世纪 90 年代和 21 世纪初，其失业率都处于稳定上升的态势。柏林在增长速率上落后于其他新五州地区，并且面临更高的失业率，拥有一个并不值得羡慕的欧洲首都头衔，人均 GDP 却低于国家平均水平。柏林的人口还远未达到当初预测的 500 万，但在 20 世纪 90 年代的后几年却开始面临人口衰退问题（同上，pp. 83，113）。

很快，令人担忧的零售和办公空间过剩问题凸显了。最初急速增长的写字楼租金回落到了 1993 年的水平，到 1995 年，租金回落到了 1990 年的水平（同上，pp. 91，115）。1998 年空置的办公空间估计有 150 万平米（同上，p. 115，引自 Kratke and Borst，2000）。虽然波茨坦广场已建成，但其他规划如亚历山大广场的再开发（图 7.9）和城市郊区大规模的新居住区被搁置了（同上，p. 115）。

←图 7.9 柏林亚历山大广场。
东柏林或二战后共产主义城市的历史核心，重建于 20 世纪 60 年代，拥有不朽的丰碑主义（monumentalist）风格，以著名的无线电发射塔（电视塔）为主，作为从西德方向看过来的视线焦点。它的重建规划始于 20 世纪 90 年代，早期辉煌的愿望未能实现后被搁置了。（照片：Taxiarchos228，2012）

1994 年，柏林所有的补助金停发，这意味着土地预算减少了 1/3，并导致 20 世纪 90 年代末出现的财政危机（同上，p. 84）。丧失了特殊的补助后，柏林被纳入联邦共和国通用的财政再分配体系，导致 1993 年至 1995 年间柏林迅速损失了 30%的收入。受衰退的 GDP、加剧的福利负担以及对投资者的税收抵免因素的影响，城市的债务从 1991 年的 100 亿欧元增长到 2001 年的 400 亿欧元，甚至 2004 年的 550 亿欧元（同上，p. 223）。“经济快速增长的消失、密集的经济结构调整、统一的德国首都的象征性新角色以及这座曾经分裂的城市对新的集体认同的探求，都在呼吁一种全新的城市形象定位和地方营销活动。”（同上，p. 73）2002 年，新市长 Klaus Wowereit 宣布削减大量的公共支出：2005 年的人均公共支出水平仅为 1995 年的 89%，公共行政管理部门的雇员从 1991 年的 20.7 万减少到 2001 年的 14.5 万乃至 2006 年的 11.4 万（同上，p. 205，引自 SenFin，2007）。2010 年，柏林的债务达到了 600 亿欧元，城市 200 亿的财政预算中的 12%用于偿还其利息（同上，p. 226）。

20 世纪 90 年代的官方营销形象和经济现实之间的不匹配，促使 Wowereit 在施政中持续追求新“柏林商标”。2005 年，一份呈交给柏林参议院的重要报告总结道，柏林应优先发展旅游业和文化产业。柏林因而遵循其他许多城市采用的方法，探索理查德·佛罗里达（Richard Florida）称为创意阶层（the creative class）[①] 的答案。它充分利用“贫穷，但性感”（*Arm*，*aber sexy*）的标签——这个辉煌的口号由 Wowereit 在 2003 年的采访中首次使用，然后频繁地出现（同上，p. 259）。2009 年，由 Wowereit 启动的引人注目的新战略——“成就柏林”（Be Berlin），试图将柏林人带回吸引他们的营销进程中，并使他们为城市的种族多样性而自豪。（同上，pp. 260，262）。

在实施新战略的过程中，柏林拥有两大优势。第一，24 小时营运的便利公共交通、丰富的文化供给、宽敞的开放空间和创意空间赋予了这座城市独具特色的生活品质。这座城市 30%的土地被公园覆盖，巨大的中央提尔公园使这座城市成为享受天伦之乐的地方，这里有露天的咖啡馆、动物园和滨水步道。在勃兰登堡门的东边，宏伟的菩提树下大街（Unter den Linden）和相邻的博物馆岛（Museumsinsel，1999 年被联合国教科文组织列为世界遗产）组成了杰出的文化建筑群，它们几乎没有受到战争的破坏。在统一的城市内，柏林的东西轴线拥有无与伦比的博物馆和文化设施，吸引了巨大的公共和私人投资。

第二，由于 1945 年后快速建设了大量的新住房，柏林为宜居城市建设提供了许多绝佳的案例。许多公寓楼围绕庭院而建，并以游乐设施为重点。柏林人重视他们的“社区”（*Kieze*），紧凑的居

① 理查德·佛罗里达（Richard Florida）是世界著名的创意经济学家，曾出版畅销书《创意阶层的崛起》（*The Rise of the Creative Class*）。——译者注

住地可以在步行距离之内提供人们所需的一切东西。这些"都市村庄"往往邻近大广场或者充满活力的街道，如位于科维茨广场（Kollwitzplatz）周边的普伦茨劳贝格的科维茨社区，位于格曼街（Bergmannstrasse）周边的克罗伊茨贝格的伯格曼社区，或位于亚历山大广场和弗里德里希大街（Friedrichstraβe）之间的米特中部地区的施潘道地区（Spandauer Vorstadt）。逐渐密集和频繁的现代填充式开发，加上一些重要建筑如哈克庭院的修复，高品质公共空间的营造，使这里成为极受游客和当地人欢迎的繁华和高档之地。

为了开发出这种质量，城市规划师接受了"批判性改造"的概念。这是一个由建筑师约瑟夫·保罗·克勒科尔斯（Josef Paul Kleihues）提出的概念，也是 1984 年至 1987 年的柏林国际建筑展览的部分内容，其中包括保护并积极修复历史城市的布局和肌理——后来成为当代内城再开发的指导性原则（同上，p. 210）。在柏林，这意味着在 19 世纪末与魏玛共和国（Weimar Republic）[①] 末期间形成的建筑形式，以小尺度地块结构、明确的混合利用的城市街区、清晰易辨的道路、适中的高度和同质的建筑材料为特征（同上）。它很容易成为开发商主导的城市绅士化的工具，但它并没有引起很多人的反对（同上，p. 215）。

这很可能是由于人口结构变化所致。在 20 世纪 90 年代，1989 年后大约有一半的柏林人离开了这座城市，大约相同数量的新人取代了他们的位置，以年轻人为主；自 1989 年以来，有 170 万新居民搬进了这座城市，与所提供的选择和非正式的信息相比，这些居民以及涌入城市的游客较少受到官方的地方营销的影响（同上，p. 309）。"工作和生活空间的可支付性，以及源自上世纪七八十年代的宽容和自由文化加剧了这一现象，同时也由于早期的文化工作者、艺术家和非主流文化网络（如电子音乐场景）的集聚所致。"（同上，p. 232）

在 Wowereit 市长的大力倡导下，1993 年到 2010 年间，柏林每年的游客数量从 300 万增长到 900 万。这期间，除一日游游客外，过夜游客数从 700 万增长到接近 2 100 万。到 2010 年，所有游客数量总共有 1.3 亿。这意味着 21 世纪头十年，柏林平均每天就有 50 万的游客和一日游游客，这使柏林成了仅次于巴黎和伦敦的欧洲第

① 是形容 1919 年至 1933 年期间统治德国的共和政体之历史名词。由于共和国的宪法（一般称之为《魏玛宪法》）是在魏玛召开的国民议会上通过的，因此这个共和政府被称为魏玛共和国。——译者注

三大旅游城市（同上，p. 234）。2009 年，旅游业产生了 90 亿欧元的净营业额和 23 万个就业岗位（同上）。交换生数量的上升，加上灵活多样的工作方式，导致游客和居民之间的边界模糊化："临时城市居民"（同上，p. 246）。这种情况主要发生在内城东侧的新的本地集群中，包括施普雷银行（Spree banks）、2001 年搬迁的环球唱片公司（Universal Music）欧洲总部和 2004 年搬迁的 MTV 欧洲总部；普伦茨劳贝格的时装设计师，米特的美术馆，弗里德里希的产品设计，克罗伊茨贝格的唱片公司（同上，pp. 236，240）。这些地区——特别是普伦茨劳贝格（图 7. 10）——在旅游地图上，展现了一种新的旅游模式："新城市旅游（new urban tourism）""后旅游（post tourism）""个性化旅游(alternative tourism）"或者"不走寻常路的旅游（tourism off the beaten track)"。(同上，p. 246，引自 Maitland，2007 and Maitland，Newman，2009）同时，廉价航空促进了旅行，据一本杂志统计，柏林每个周末都有一万个廉价航空观光者。(同上，p. 246)

→图 7. 10　**埃伯斯瓦尔德街地铁站，普伦茨劳贝格。**
内城廉价公寓区的核心，在共产党统治时期失去活力，但现在成了新城专业人士的首选居住地。（图片：Abaris 德文维基百科）

这些"时尚社区（funky neighbourhoods）"的物业费远低于伦敦或斯堪的纳维亚的城市，对柏林"创意经济"的腾飞起到了至关重要的作用。直至 2007 年，"创意经济"占据了城市 20%的就业岗位（其中，市中心有 1 200 家企业，内城区有 4 500 家企业）。21 世纪早期的互联网繁荣结束得很突然，但随着"硅巷"(Silicon Alley，由纽约时报贴的标签）成百上千的国际合资创业公司的蓬勃发展，这个产业的发展势头很快得以恢复。国家和国际的创业投资者和催化者将他们的希望寄托在柏林下一个“大事件”上。引自 2010 年 11 月 16 日《时代》杂志题为“时尚柏林，欧洲的酷派首都”（Hip Berlin，Europe's Capital of Cool）的报告（同上，p. 239）。

柏林因此成了与洛杉矶、纽约、巴黎、伦敦、慕尼黑和阿姆斯特丹处于同一水平的“阿尔法级的世界媒体城市（alpha media world city）”[①]。（同上，p. 232，引自 Kratke，2003；Kratke and Taylor，2004）值得注意的是，柏林在全球“战略经济中心”体系中的位置和在“克拉特凯（Kratke）全球媒体城市体系”中的位置存在显著的差别（同上，p. 232）。尽管柏林在传统意义上的经济表现不好，但它成了文化创新的温床。

战略似乎已经奏效了。柏林仿佛转了个弯：虽然它在 2011 年的城市表现五十强排行榜中仅仅排在第四十七位（IW 2011），但它在增长动力方面上升到了第九的位置，同时，2005 至 2009 年间，它的 GDP 增长了 17%。失业率下降到 12%，达到十五年来的最低水平，尽管这仍是国际平均水平的两倍。低房价驱动创意经济的增长，改善了城市的形象，并创造了一个庞大的城市旅游产业。

但是所有这些还不足以实现这座城市的“野心”。交通节点周边大量的发展规划仅仅是吸引大公司回报的开始。城市仍然面临促进社会融合、克服两极分化和实现东西一体化等关键性问题。大部分新住房将目标定位于高端消费群体。“略带讽刺的是，旅游营销的强化和地方营销的拓展，并向新的象征性前沿领域迈进，都是由所谓的左翼政府实施的。”（Colomb，2012，p. 265）但真正具有讽刺意味的是，不断增长的知识密集型和创意产业（21 世头十年经济发展的重点）同样受到公共开支削减的威胁（同上，pp. 265～266）。

这座城市激进的形象和较低的生活成本吸引了许多来自德国其他地区的年轻人，这些学生和实习生留下来成了新的精英分子（同上，p. 284；同上，p. 191，引自 esselmann，2011）。他们特别关注内城快速铁路环（S-Bahnring）内的社区，尤其是东部的普伦茨劳贝格和米特区以及克罗伊茨贝格和弗里德里希部分地区。但是再开发产生的压力——上涨的租金和城市更新给小企业和低收入家庭带来的问题——引发了一些消极反应。21 世纪初，弗里德里希、克罗伊茨贝格和新克尔恩（Neukölln）区等街道受到所谓的左翼联盟组

① GaWC 的名册确认了世界级城市的三个级别及数个副级别，由高到低顺序为 Alpha 级（下设四个副级别：Alpha ++、Alpha +、Alpha 和 Alpha −）、Beta 级（下设三个副级别：Beta +、Beta 和 Beta −）、Gamma 级（下设三个副级别：Gamma +、Gamma 和 Gamma −），另外还有“高度自足”和“自足”两个级别，意即此等城市能够提供程度足够的服务，无需明显地依赖其他全球城市。——译者注

织的极端汽车焚烧事件影响，他们抗议这些地区对原住居民的野蛮驱逐。（同上，p. 291）

> 最近，一个在 SO36 举办的会议商讨用非暴力方式阻止“不需要”的居民。一名社会学家欧文·里德曼（Erwin Riedmann）建议采用“丑化策略”——“穿着破烂的背心四处走动，用利德尔超市（Lidl Store）袋子装着食物摆在阳台上显得你好像没有冰箱一样”。这个建议引来了嘲笑，但它却是被采纳的策略。一家“anti-schiki micki”的网站（esregpetk-aviar. de，网址字面的意思指“它是下雨鱼子酱”）提出如何创造一个对新来者没有吸引力的社区：不要修复破碎的窗户；把外国地名放在门铃上，并安装卫星天线（同上，p. 292，引自 Connolly 2010，未标明页码）。

上涨的租金持续威胁到城市的创造性根基，并被激烈的斗争所加剧：2012 年初对塔克勒斯工厂（Tacheles factory，20 世纪 90 年代被一大批拒绝搬离的艺术殖民者非法占用）的收复和再开发（图 7. 11）。2012 年初，媒体开始报道一个新的现象：城市内许多占据着废旧廉租空间的俱乐部面临挑战。德语词汇增加了一个新的名词：*Clubsterben*，俱乐部之死。

→图 7. 11　**塔克勒斯大楼。**之前是百货公司，位于弗里德里希大街北部尽头一个重要的位置，于 1990 年被艺术家占用并成为一个著名的非主流文化之家，但 2011～2012 年被再开发的业主收复，象征柏林“贫穷，但性感”时代的终结。

经过努力，柏林成功地创造了一个新的形象，但矛盾的是，它也“成功”地产生了新的问题。这些问题反而是前东德许多城市所希望体验的——正如莱比锡的案例所呈现的那样。

莱比锡：萎缩城市的经济增长

莱比锡位于柏林西南方向 190 千米处，2010 年拥有 52.3 万人口，是东德第二大城市。莱比锡的最早记录是公元 1015 年，自公元 1165 年以后成为一个城市，位于欧洲主要贸易线的交汇点，并且很快就成为拥有欧洲最古老交易会的商业中心。这里还有公元 1409 年成立的欧洲第二古老的大学（Power 等，2010，p. 107）。它是欧洲主要的文化中心之一，还是巴赫（Bach）和歌德（Goethe）的故乡。早在 1481 年它就形成了一个庞大的出版产业，而这仅仅是在古腾堡（Gutenberg）发明活字印刷术三十年后的事。直到 18 世纪末，该城市著名的图形季度（Graphisches Viertel）地区发展成了一个真正的马歇尔工业区，拥有大量存在竞争和互补关系的联系紧密的区际和国际贸易市场。1938 年，它成为 300 个图书出版商和 500 间联合公司的所在地，还拥有相当于美国国会图书馆的德国图书馆（Bathelt and Boggs，2003，p. 281）。

从 1871 年德国统一到第一次世界大战期间，莱比锡成为一座重要的制造业城市，专门从事纺织品、金属加工以及出版。1870 年到 1900 年间，它的人口增长了四倍多，从 1871 年的 10.7 万到 1900 年的 45.6 万（Power 等，2010，p. 108）。两次世界大战期间（1918～1939），新的电子、化学、采矿和能源工业推动了莱比锡的持续发展，20 世纪 30 年代达到了人口最高峰，到 1939 年已拥有 75 万名居民——成为德国第四大城市。

莱比锡在第二次世界大战期间遭受的破坏比德国其他大城市要小。它的城市结构以紧凑的公寓房屋为主，并保持得十分完整。但 1949 年，德国分裂成两个国家并引发了重大的政治、社会和经济破坏。基于传统工业部门的社会主义综合性企业（*Kombinate*）恢复了工业生产。但社会主义德意志民主共和国将大部分的功能集中在东柏林，这导致莱比锡的重要性逐渐下降。“铁幕”中断了莱比锡传统的商业联系，仅剩国际交易年会——承担东欧集团工业产品的展览职能——继续维持与西方的薄弱联系。虽然重建了出版之城，但是它只能融入国际社会主义的劳动分工中，与西方的交流则十分微弱，它的地位被慕尼黑、西柏林、汉堡、斯图加特、法兰克福和科隆的出版商所取代。莱比锡主要的机构——图书交换(Börsenverein)、图书展览（Buchmesse）和德国国家图书馆(Deutsche Bibliothele）——法兰克福同样也复制了一份。莱比锡的劳动力对西方商业实践缺乏了解，操作设备老化。因此，要把它整合进大规模的西德经济之中，产业设备严重不足。1989 年，当人们带头进行和平示威并导致铁幕和社会主义政权解体时，莱比锡的城市人口几乎下降了 1/3，只剩下 53 万人。(同上，pp. 108～110)

统一之后，一个令人愉快的信念认为：东德能快速地赶上西德。为了实现这个目标，大量的转移支付产生了：2003 年的补助金相当于新五州经济产出总量的 1/3。在建设浪潮的推动下，莱比锡像柏林一样成了一座“繁荣之城”。北部郊区建成了一个新的商品交易综合体；规划将城市发展成具有引领地位的区域性银行和金融中心（Heinker，2004，引自 Power 等，2010，pp. 115，120）。大量投资推动了城市中心的复兴，许多历史建筑得以修复，包括新旧市政厅、教堂、商铺和莱比锡典型的具有历史意义的购物商场。20 世纪 90 年代末，城市中心恢复了大量的人气和信心，反映在一系列的零售、较小规模的办公开发以及现代化的火车站——德国最大的火车站——里面有一个大型购物中心，是德国第一个这样的项目(图 7. 12)。(Power 等，2010，p. 120)

表 7. 1

区位	项　目	部门	时期	投资 ×10^6欧元
城市	技术性基础设施（燃气、电力、水）	技术基础设施	1993～1994	1 000
	主要的火车站（现代化、购物中心）	交通基础设施零售	1996～1998	280
	美术博物馆	博物馆、艺术	2000～2004	73
	城市隧道	交通基础设施	2003～2010	572
	大学校园（现代化）	高等教育	2004～2009	150

续 表

区位	项　目	部门	时期	投资 ×10^6 欧元
城市边缘	新莱比锡展览会	贸易战略 商业	1993～1995	150
	莱比锡机场（现代化和扩张）	交通 基础设施	1993～2000	2 060
	莱比锡货运物流处理中心（CVZ）	交通 基础设施	1993～1994	50
	医学科学中心	卫生服务	1992～1996	1 500
	企业区再开发	商业/工业园	1993～1996	1 200
	系列媒体相关项目（媒体城、印刷城等）	媒体、出版	1993～2003	1 150

注释：虽然大部分项目都由公共财政投资，但许多项目也获得私人部门的投资。
来源：Power 等，2010，根据 Stadt LeipZig（2006a），Nuissl and Rink（2003）

但很快就发现，科尔[①]总理 1990 年对东德所作的承诺——“绽放的风景”（blossoming landscapes）——无法迅速地实现。莱比锡的去工业化特别严重：800 家公司被转手，300 家迅速倒闭。从 1989 到 1996 年仅仅七年的时间内，九万个制造业岗位消失，下降了 90%。制造业就业占劳动力的比重从 1991 年的 27%下降到 2004 年的 11%。服务部门扩张了，但无法抵消上述损失。虽然很多工人被赋予慷慨的社会服务一揽子和提前退休计划，但失业率仍逐渐上升，20 世纪 90 年代末达到了 20%——大体上比德国总体水平还高，2005 年甚至比东德水平还高。德国统一后的十年内，莱比锡丧失了几乎 20%的人口，约十万名居民。1998 年，其人口达到了历史新低，仅剩 43.7 万（Power 等，2010，pp. 111～113）。

在这期间，莱比锡同时经历了收缩和增长的奇特组合。存量住房日益破败，衰退的内城公寓楼、城市外圈层统一压抑的工业区配套住宅，加上被抑制的、潜在地对住房所有权的需求，可以预知的结果是，一股建设浪潮即将到来：在新郊区建造五万个家园、无数的商业园区和大型的购物中心。它们将建在大都市外围缺乏严格规划控制的地方——两名德国观察家将此描述为“狂热的东部郊区化”（Power 等，2010，p. 113，引自 Nuissl and Rink，2003）。与之形成鲜明对照的是，在城市内部，人口减少导致对居住空间的需求

① 赫尔穆特·科尔（Helmut Kohl，1930 年 4 月 3 日～ ），德国基督教民主联盟的著名政治家，1982～1998 年连任四届德国总理，为战后德国在任时间最长的政府总理。——译者注

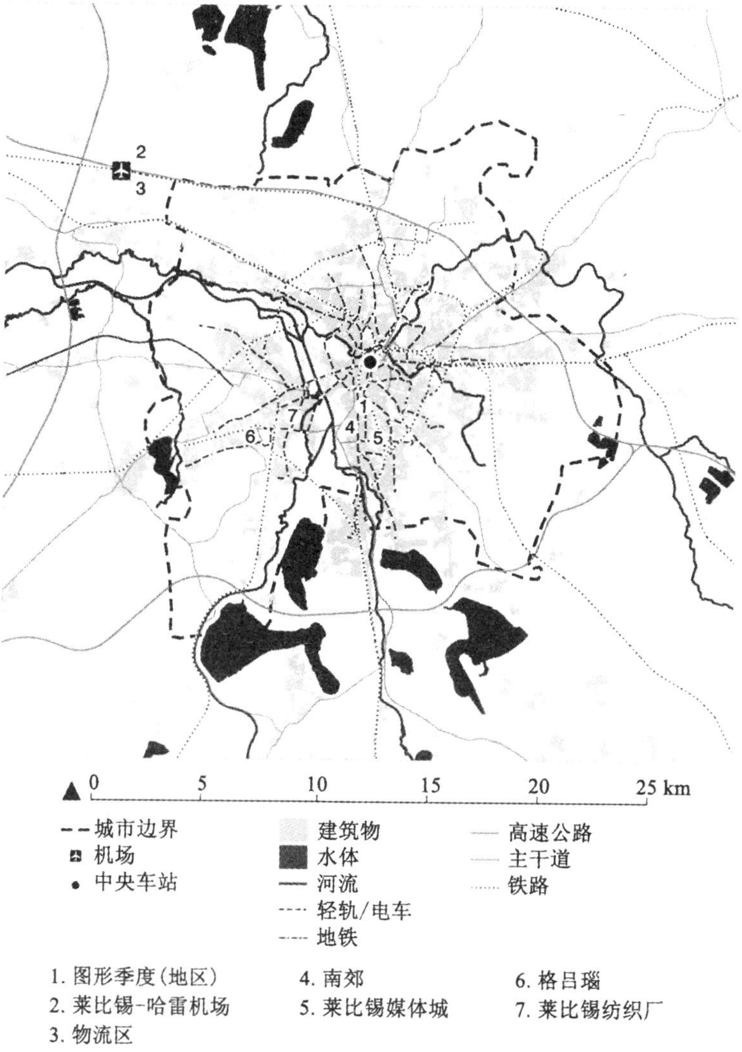

→图 7.12 **莱比锡地图。**
这座伟大的中世纪的贸易之城是德国出版产业的故乡以及重要的文化中心，被社会主义统治了四十年。在媒体中心建设的帮助下，内城南面很快恢复了之前优雅的市容；但大部分东部地区仍持续处于萧条的状态，因为开发项目都选址在没有规划限制的城市外围地区。

急剧下降，对城市基础设施的重视度逐渐加大，投机买卖和房产权的混乱延误了现有房屋地区的投资。到 2000 年，6.25 万个住房单元中有 20%是空置的。1990 年，估计 25.8 万个住房单元中有 3/4 需要翻修（Power 等，2010，p. 114，引自 Stadt Leipzig，2005）。1918 年前的住房中居住了 60%的人口，而从 20 世纪 90 年代中期开始，城市外围大型的社会主义房地产（Stadt Leipzig，2007）居住了稍高于 30%的人口，其中半数（7.5 万）位于东德第二大的板式住宅房地产——Grünau（图 7.13）。

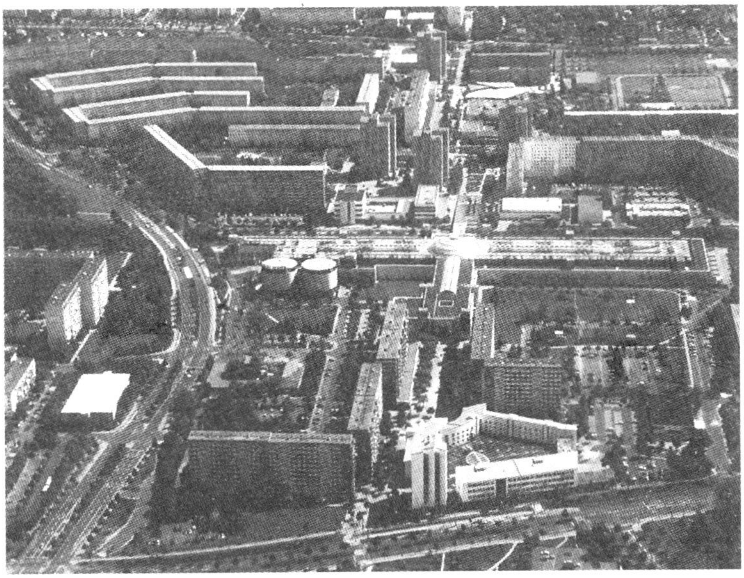

←图 7.13 **莱比锡 Grünau**
巨大的社会主义时代建设的板式预制（Plattenbau）公寓综合体，正处于选择性拆除和恢复中。（图片：Martin Geisler，德语维基百科，2008）

城市和私人投资者迅速行动。20 世纪 90 年代末，1918 年前的旧住房中有 3/4 被翻新。城市南面——城市传统的著名的资产阶级地区——老化的公寓楼也已被重新修葺，用来满足从西德来的新一波移民（在莱比锡从事复兴的媒体行业的工作）的住房需求（图 7.14）。但是，市中心东部老工业区内的街区却仍旧破烂不堪。

←图 7.14 **莱比锡城市更新。**
内城区老化的廉价公寓街区正在恢复它们之前的风采。（图片：Macro Bontje 提供）

总的来说，莱比锡因此成了东德空置房（总量约有 100 万）现象中的一个缩影，面临着“萎缩城市”的严重问题。这个问题的核心在于规模过大（且废弃）的公共基础设施（有轨电车线路，下水道）即使很少人用却仍需要维护。同时，人口下降和公司倒闭导致地方税收规模萎缩。依赖社会福利生活的家庭数量日益增长，给紧张的城市预算施加了更大的压力。这些财政压力使城市没有过多的弹性去面对自身的问题，无法设计更长远的更新政策（Power 等，2010，p. 115）。

经济增长：集群战略

1998～2005 年担任该市市长的沃尔夫冈・蒂芬泽（Wolfgang Tiefensee）——后来升至联邦政府交通、建设和城市发展部长——创造了“两极城市”（bipolar city）这个词。意识到补助和公共资助不会持久，他将城市的经济发展转向基于集群（cluster）方式的战略——它由大学学者提出，随后被城市经济发展部门和区域公司的大型游说团队“德国中部的经济倡议”（Wirtschaftsinitiative Mitteldeutschland）采纳。他们指定了五大集群：汽车制造和零件；媒体、IT 和通讯技术；保健、生物和医学技术；能源和环境技术和一个包括商品交易会、金融服务和物流的集群组。努力吸引德国大公司和国际公司进驻，并取得了相当大的成就（同上，pp. 121～122）。

汽车：宝马和保时捷都决定在莱比锡建设新的工厂并生产新的模型车，包括供应线——这个部门为区域创造了约 6 000 个新的就业机会。莱比锡在投标竞争中击败了其他 250 个国内外城市，吸引了宝马的投资。这一成功被认为是至关重要的，主要得益于投资激励一揽子计划，包括现金激励、低息贷款以及州和国家层面的公共担保。它雇佣了 5 000 名工人，每天可生产 650 辆汽车投入到成千上万辆的汽车市场中。由伊拉克-英格兰著名的建筑师扎哈・哈迪德（Zaha Hadid）设计的新宝马大楼提升了这座城市在设计世界的创意新形象。

表 7.2

区位	公司	经济部门（项目）	建设时期	投资 $\times 10^6$ 欧元	新的就业
城市边缘	客万乐邮购（Quelle）	物流、邮购和仓储	1992～1995	500	最高 2 500
	保时捷（Porsche）	汽车制造	2000 ～ 2002/09	130（+120）	400
	宝马（BMW）	汽车制造	2002～2005	1 400	现状：3 000 规划：5 500
	敦豪速递（DHL）	物流、邮政服务、交通运输	2006～2008	300	现状：3 000 规划：7 000
	亚马逊（Amazon）	物流、邮购、仓储	2006～2008	90	300
	提斯乐园（Belantis）	休闲娱乐（主题公园）	2001～2008	580	40
城市中心	德国电信（DeutscheTele-kom）	通信（办公建筑、技术设备）	1992～1995	580	
	嘉仕达（Karstadt）	零售（百货公司）	1993～2000	～100	
	不同的房地产开发商	办公、零售（交易会塔的修葺）	2003～2005	～60	

注释：虽然很大部分项目是由私人部门筹资，但许多项目也得到公共部门的资助。

来源：Power 等，2010，根据 Stadt LeipZig（2006a）and Nuissl and Rink（2003）。

物流：第一家在莱比锡投资的大企业是邮购公司客万乐。最近，敦豪速递和亚马逊也跟随而来。它们都打算将其欧洲配送中心设在莱比锡或其周边地区（如敦豪速递）。甚至早在 2010 年之前，当敦豪速递增加了大约4 000 多个工作岗位时，物流部门就创造了大约 5 000 个以低技能为主的工作岗位。不断扩张的物流部门也许和历史上莱比锡的贸易中心地位有关。随着欧盟的扩张，莱比锡现在正处于欧洲交通运输网络的中心。同时，这一成功与交通基础设施投入的大量投资密不可分，尤其是机场，其夜间对货物运输的操作不受航班限制。20 世纪 90 年代中期，公共部门在机场旁边投资建设一个货物处理中心，这将是该发展方向的另一战略性投资。

文化：两个杰出的方案帮助莱比锡恢复了德国首屈一指的文化城市地位：内城南面的媒体新城（New Media City）以及内城西部普拉格维茨（Plögwitz）的莱比锡纺织厂（*Leipziger Baumwoll-spinnerei*）的再开发。这两个故事是如此的独特。

新媒体集群：位于内城最南端（南郊）的莱比锡媒体城是一个人造的政治植入体，与城市的图书出版业毫无关联。统一之后，本地的政治家、城市官员和一些图书出版商看到了夺回这座城市之前的出版中心的机会。但是他们彻底失败了：中央机构留在了法兰克福，出版商仍停留在他们原来的地方。20 世纪 90 年代末，吸引了大量再开发资金却毫无活力的图形季度地区仅有少量的图书出版商。但随后，莱比锡内城南部边缘 4 000 米外临近旧露天市场的地方，集聚了越来越多的基于电视/电影制作的新媒体产业，以及围绕区域公共广播服务德国中部广播电台（*Mitteldeutschen Rundfunks*，MDR）发展起的新数字媒体产业。这些新的集群——1998 年已有 700 家公司和 8 000 个永久性雇员，还不包括数以千计的特约顾问，现在大约有 3.3 万名——他们既不嵌入图书出版的传统产业结构和机构设置中，也不位于传统的工业区内。

莱比锡没有任何的电子媒体基础，在其中也从未发挥过重要的作用。德意志民主共和国的电视和电影部门主要集中在东柏林和旁边的波茨坦，一些区域性的活动位于德累斯顿，仅有一个小小的工作室位于莱比锡。在莱比锡建立德国中部广播电台，部分原因是莱比锡位于德国东南部中心的天然区位。2000 年，萨克森州的媒体代表 Michael Sagurna 在一次访谈中透露，这个决定是三个州地区（萨克森、萨克森-安哈特和图林根州）的一个政治妥协（Bathelt and Boggs，2003，pp. 283～284）。

这里和传统的出版业有一丝薄弱的联系：大学和技术学校，如视觉艺术学院（College for Graphic Arts and Book Design，平面艺术和书籍设计学院），最初隶属于图书出版业，现增加了新媒体产业工人专业技能培训的计划（同上，p. 284）。但这个新的集群不代表既有产业的革新，它没有嵌入到当地的历史结构和传统的社会关系之中。

反而，莱比锡的新媒体产业基本上是靠为 MDR 服务的本土新兴公司和分支机构发展起来的。这不是任何伟大规划的结果，而是

MDR 的一个策略所致——将功能剥离分散到独立的子公司中，并将其他功能转包给本地供应商和服务商，目的是为电视和电影制作建立一个本地的供应和支撑网络，并降低费用。这些公司得益于本地化的能力，如特殊制度结构的发展、区域性的顾客基础、本地的劳动力市场关系和独特的地方认同。另外，这个集群正在产生一系列的创意活动，如图形、设计、互联网服务、市场营销、公共关系、电影院和音乐，这些都和 MDR 没有太大的联系。

出生于本地或在这里学习和工作多年的人，以及超越纯粹的经济目的对莱比锡具有依恋感的人，他们创建的新公司在莱比锡境内占有绝对的优势（同上，p. 285）。从事电视和电影行业的 GDR 前雇员对那些为西德工作的人持怀疑态度，他们更喜欢和在工作中认识的人一起建立自己的公司。他们得到西德的电视和电影公司的加盟，这些公司在莱比锡建立分支或者重新布局他们的部分活动以便从 MDR 获得合同并为其提供服务。在某些例子中，MDR 有意要求其他区域的专业电影团队、技术员、剪辑师、记者、通讯社和其他媒体专业人员到莱比锡建立他们的分支机构并给他们提供未来合约。这些“移植”起到了重要的作用，把一些专业技能和经验带到了莱比锡。

1884 年建立的莱比锡纺织厂是欧洲大陆最大的纺织厂，整个工业镇里拥有 4 000 名工人和超过 20 家的工厂，还有工人住宅、幼儿园和一个休闲区。但 2000 年最后的生产线关闭了。来自科隆的主人（1993 年购买了这里）开始为他的工业综合体寻找新买家。这里大约 10 公顷的土地上拥有 20 栋建筑和九万平方米的可利用空间，仅有 6 000 平方米租给了 60 个租客——30 个租客是艺术家，其他的租给了工匠、工程师、一家定制生产自行车的车间以及一家美术馆。2001 年 7 月，由三个理想主义的企业家组成的团队——一个来自慕尼黑，一个来自柏林，还有一个来自莱比锡——接受了挑战并买下了这里。他们相信这里拥有巨大的发展潜力。银行拒绝为他们提供资金，所以他们只能依靠自己。由于建设质量十分出色，因而只需很少的投资便能将这些空间以较低的价格租给创意群体，而且运营成本还很低。

在基金会（Federkiel Foundation）的帮助下，他们将最大的建筑——14 号大楼——改造成一个非盈利性的当代艺术中心，允许他们集中在其他大楼。他们吸引了一个专业的电脑经销商“Zur 48”。“新莱比锡学校”的声誉逐渐鹊起：第一届纺织艺术家作品展——WERKSCHAU——于2004年在工厂120周年纪念日举办。很快，这个团队吸引了一系列的美术馆进驻：2005年5月，当他们正式开放的时候，莱比锡出现在全球艺术旅游地图上。2007年2月，莱比锡纺织厂被英国《卫报》（*The Guardian*）称之为“全球最热的地方”（图7.15）。

→图7.15 **莱比锡纺织厂。**这个庞大的19世纪工业综合体曾经是欧洲最大的纺织厂，正逐渐被富有想象力的社会企业家变成一个艺术中心和旅游观光地。

在莱比锡城、萨克森自由州和联邦共和国的资助下，团队将这个综合体精心再开发为既是工作空间、又是对公众具有强烈吸引力的场所。在“从棉花到文化”的口号下，超过一半的可利用空间租给了十家美术馆，一个公共的艺术中心，约100个艺术家、餐厅时尚设计师、建筑师、印刷工，一家金行，一个陶瓷厂，一个电影俱乐部，一个瓷器作坊和一间艺术供应仓库[1]。

① http://www.spinnerei.de/from_cotton_to_culture_2.html.

集群战略的结果

集群战略产生了混合的效果。三个集群——汽车制造、物流和媒体-IT-通讯技术集群（拥有3.3万名雇员）——展示了惊人的增长速度。前两个得益于交通基础设施的重大改善。第三个集群大部分依赖于MDR广播站。但是其他集群相对而言没有太大的发展（Power *et al.*，2010，p. 126）。20世纪90年代中期整合的制造业的就业数量有了轻微的上升。但制造业的劳动力比重仅为11%，明显低于德国其他城市的水平；2005到2010年间，得益于新公司的发展，制造业就业比重上升到16%。2004年前，莱比锡的失业率持续上升，几乎达到25%。随着德国总体经济增长，它逐渐降到了11%，成为德国这方面的代表性城市。但是许多工作岗位由来自周边城市的求职者获得。安全性低、临时的和低收入的就业数大幅上升，导致“穷忙族”（working poor）阶层的出现。同时，长期失业的比例仍然很高（同上，p. 128）。

大学的角色：虽然大学没有明确出现在集群战略中，但它已对莱比锡的经济复苏起到了重要的作用。莱比锡大学——曾是安吉拉·默克尔的母校——在区域研究、生物医学和智能材料领域成就斐然。得益于市中心的复苏进程，2009年该校600周年校庆日当天，位于市中心的新校区开放了。一些高利润的研究中心（如亥姆霍兹环境研究中心、布朗克和弗兰恩霍夫学院）促进了城市向知识经济转型。税收的变化推动了莱比锡大学生数量的增长（现在共有约三万学生），巩固了区域性高等教育院校的领先地位，并吸引了相当多的“80后”人群。（同上，pp. 124～125）。

住房：选择性萎缩

与经济战略平行，蒂芬泽市长在行政管理上对住房采取了大胆的决策。2000年的战略性发展规划（The Strategic Development Plan 2000）建立了两大优先权：到2010年，拆除7%的边缘地区早期系统建设的住宅，在“对抗郊区（fight against suburbia）”的口号下升级内城区。在1918年之前建设的住房中，居民数从1998年的26万上升至2005年的30万，同时，空置率从2000年的20%（6.25万个住宅单元）下降到14%（4.5万个住宅单元）。这一政策受到一些人的批评，他们认为这个政策过度关注房地产市场运作的恢复，且有些房屋的拆除是不必要的，特别是城市东部再开发工程（德语：*Stadtumbau Ost*，英语：Urban Redevelopment East）。

在已更新的城南地区（Südvorstadt）巨大的需求驱动下，莱比锡西部地区迅速得到恢复。但东部地区仍然呈现较高的剥夺水平：福利依赖、失业、低收入、低教育水平、单亲家庭等全都反映在高度的政治失望中。当地还有很高的住房空置率（32%）以及一个缺乏吸引力的公共空间。另一方面，流入的移民一定程度上弥补了这个地区持续的人口流失。现在主要的问题是在城市外围的居住区：十年间，仅是内 Grünau 就失去了 37%的人口，从 1996 年的 7.6 万下降到 2005 年的 4.8 万，严重威胁到社区的可持续发展。

1998 年，莱比锡只有 43.7 万的低谷人口，2012 年，莱比锡的人口再次增长到 53.3 万。这其中部分是由于统计假象所致，自 1999 年起，城市合并了周边郊区的几个市（Power *et al.*，2010，O. Weigel，采访）。但更重要的是，与西欧其他大都市区相反，莱比锡的郊区人口数量呈现相反的下降态势，而中心城市的人口数量则在上升。莱比锡成功吸引了更年轻的家庭。迁入该市的人群大都介于 18 到 30 岁（Power *et al.*，2010，pp. 124～125，引自 Stadt Leipzig，2007）。这一定程度上反映了城市更新的成功，它创造了富有吸引力且价格合理的内城居住选择，月租金（排除热门地段）平均约为 4 欧元/m^2，即使在黄金地段也很少高于 6 欧元/m^2。

基于“共识决策和跨领域政治领导”的“莱比锡模型”正在展示它的成果。在安妮·鲍尔（Anne Power）和她的同事编写的《凤凰城市》（Phoenix Cities，Power 等，2010）一书中，其研究发现，莱比锡的人口增长速度是所有后工业城镇中最快的，这证明了二线城市在多方整合后也能东山再起。但是机缘巧合和富有想象力的创业家的冒险起到了至关重要的作用，正如莱比锡纺织厂的案例所呈现的那样。

杜伊斯堡与多特蒙德：利用景观升级后工业城市

1871～1914 年，德国惊人的工业增长是根植于鲁尔区的煤炭、钢铁和重型机械工业领域。这是一个延绵 80 千米的城镇带，从德国西北部的莱茵河段向东延伸，也是该国人口最稠密的北莱茵-威斯特伐利亚（North Rhine-Westphalia）地区。这个巨大的多中心城市群容纳了 540 万人口，拥有 53 个独立地方政府，包括 11 座城市和四个县，但是缺少单一的区域首府和区域行政中心（Kunzmann，2010，p. 2）。所有这些只是更大的莱茵河-鲁尔（Rhine-Ruhr）地区的一部分，它包含了几个大城市如杜塞尔多夫和科隆，在超过 7 000 多平方千米的土地上居住了约 1 200 万人，是欧洲最大的单一工业城市区域。

中世纪的时候这里就成了一条重要的东西贸易线路——Hellweg，随后在德国中央高地和北欧大平原之间的狭窄地带上的轻质和肥沃的土壤上崛起了中世纪的集镇，如Duisburg、Mulheim、Essen、Bochum和多特蒙德等。这条中世纪的线路就是今天的B1/A40[①]。然后，人们开始沿着狭窄的鲁尔山谷向这些城市南部开采煤炭，鲁尔区的名字由此得来。但这有点用词不当：19世纪末，随着煤炭开采进一步深入富煤层，工业化和城市化加速向北部平原宽阔的埃姆歇河流域挺进，产生了一批新城市，它们实际上是矿区和工业村：Oberhausen、Bottrop、Gelsenkirchen、Herne和Castrop-Rauxel。随着工业化的加速，当人口稠密的北部日益出现退化的景观、巨大的棕色地带和低品质的城市时，鲁尔山谷慢慢转变成了一个风景优美、邻里和谐的宜人居住区。埃姆歇河和它的许多小支流有条不紊地转化成开放的废物处理系统。

① 即鲁尔区交通大动脉B1/A40号高速公路，是鲁尔区最古老的一条连接东西部的高速公路，从杜伊斯堡到多特蒙德，长达60千米，每天通行车辆达10万车次以上，高峰时段车速约二三十千米/小时，被戏称为世界上最长的停车场。——译者注

1960年以后该地区遭受了急剧逆转的命运。1956年，煤矿有141个矿坑和47万名矿工；到2006年仅剩下六个矿坑和2.8万名矿工。工业就业比重从1970年的58%下降到2006年的28%，同时，服务业就业比重从40%飙升至70%，但无法弥补制造业的损失。该地区的人口从1950年的510万增加到1960年的620万，接着降至了2006年的530万（同上，p.1）。同时，由于1990年后国家优先建设新五州地区，对该地区的结构性问题的关注度下降了。

尽管如此，鲁尔区仍然是一个非常强大的经济区。德国前五十名的大公司中有十三家位于这里。钢铁生产、化工工业和大型发电站，现在又新增了轻金属制造、汽车生产、电子产业和健康产业。研究机构和公司数量增加；该地区的大学生数量从1956年的1 500名增加到2006年的15.2万名，实现了百倍的增长；当地大学正在创造与私人部门的科学联系网络。欧洲40%的人口居住在这个半径500千米的地域范围内，鲁尔区是欧洲重要的物流中心。

埃姆歇公园规划

经济和人口基数的收缩导致公共预算长期不足。当地政府的结构进一步加剧了这种状况。相互紧邻的53个地方政府面临的挑战是如何打破基于局部利益的政策，有效地提供更多的服务，增强竞争力。一个开创性的计划提议建立统一的规划机构——SVR-鲁尔

煤田规划协会（*Siedlungsverband Ruhrkohlenbezirk*）——建立于1920年，但在20世纪70年代因受到内城对手的竞争而减弱；其继任者鲁尔市政公司（*Kommunalverband Ruhrgebiet*）并没有同样的权力。

1988年5月，该地区的经济危机促使北莱茵威斯特法伦州政府国土部（the Nordrhein Westfalen Land govemment Ministry）为促进城市开发而推行一项重大的创新措施：国际建筑展规划。目的是转变鲁尔区的部分景观，该规划为期十多年，覆盖800平方千米、17个市和220万居民，这相当于鲁尔大都市区1/5的面积及其40%的人口。IBA埃姆歇公园规划于1989年准时启动——讽刺的是，这正是柏林墙倒下的几个月之前。国际建筑展是德国的旧传统，1901年第一次举办，城市为寻求建筑和规划问题的创意解决方案，邀请国际顶级建筑师来为公众解答。1952到1957年间，西柏林在Hansaviertel（一个现代建筑大师作品的庆典）上开发了一套可以同时重建几个社区的新机制（Seltm ann，2007，p. 2）。但是1979到1987年间，西柏林的另一个IBA展览对规划提出批判，拒绝现代主义的城市更新，赞成“谨慎的城市更新”和尊重传统城市形态特质的“批判性重建”。但采纳IBA的理念对整个地区进行更新是一次惊人的创新。

为了引导这个进程，政府建立了一个州立私人机构（同上，p. 3）。在卡尔·甘塞尔（Karl Ganser）的领导下，位于盖尔森基兴（Gelsenkirchen）的IBA埃姆歇公园有限公司（IBA Emscher Park CmbH）将协调这个为期十年的规划，将本地政府、国家和欧洲的资金（共26亿欧元资金）和大约120个项目的专家联合起来。从西部的杜伊斯堡到东部的Hamm和Bergkamen，从水道的梳理到建设新房、商务园区和研究中心（Almaas，1999）。但是明确的现实是公司没有自己的资金：它所有的项目都通过区域、国家和欧洲的补贴方案，利用现有的私人和公共资金。同时，它对本地开发商和市也没有直接的影响：该项目是个别公共机构或私营公司的责任。由公司引导这个进程，发动讨论和竞标，调节流程并为项目寻求公共资金。IBA的职员可以向本地政府建议项目，或者市政府可将其规划项目中的一个申请成为IBA项目，激励的措施是，国土部会为IBA项目提供资金和行政优先权。要接受一个项目，IBA必须确定其总体目标达到了一定的质量水平，包括社会、美学和生态标准，这些都被打印在一个合同中。这产生了一个互惠的结果：由于方案本质上是基于共识的，不同城市的管理部门发现，他们不得不打破各自的地理边界，将不同的活动连接起来。大多数项目是基于国际竞标的；许多需要跨学科团队的建筑师、工程师或艺术家（Seltmann，2007，p. 3）。

埃姆歇公园共同构想的核心是五个关键部分，代表了一次极不寻常的创新组合。第一个部分是园中园——埃姆歇景观公园（图7.16），这里保留了320平方千米的禁止开发用地——占整个埃姆歇公园40%的面积，采用非几何式的复杂布局，是一个镶嵌在城市内部的大型公园。通过借鉴鲁尔煤田规划协会七十年历史遗留下的经验，总体规划确定了七大区域绿地，由城市间工作组进行规划和

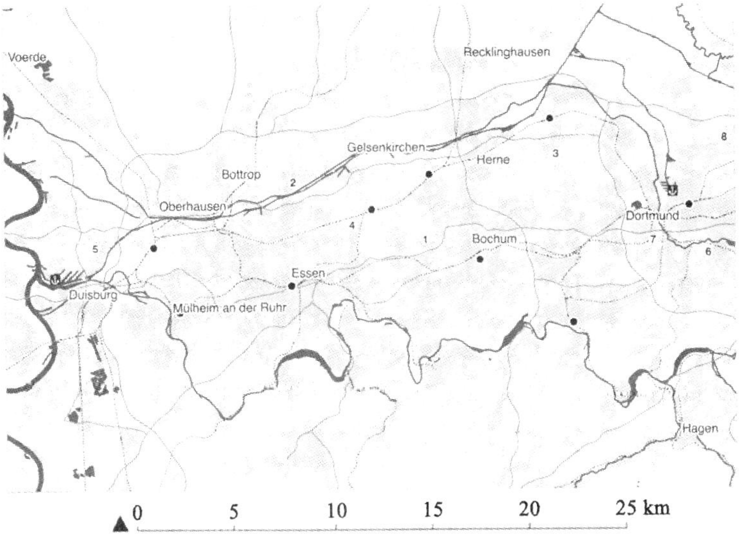

←图 7.16 **鲁尔区和埃姆歇景观公园。**
这个在1989年到1999年间进行的、巨大的城市更新项目，含有120个子项目，从西部的杜伊斯堡到东部的哈姆和贝格卡门，从水道的梳理到建设新房、商务园区和研究中心。

维护。这里有效地形成了“开放乡村背景下的城镇”布局模式，这是一个历史悠久的“处方”——在鲁尔煤田规划协会刚成立时，雷蒙德·昂温（Raymond Unwin）[①]就为伦敦提出过类似规划。但该计划还远不止一个英式绿化带：它还是一个布局严谨的休憩区，拥有行人引导标志和景观优美的自行车道。其中，许多本地项目由各地单独出资建设——从小型花园到煤矿旧废石堆上的公共艺术项目，再到100公顷的棕色地带的复垦。由12家博物馆组成的400千米巡演活动，每年吸引了2.5到三万人次。该地也被用作酒吧、餐厅、艺术工作室，或者晚会和特别活动的举办场地。在“从铁路到小路”主题的推动下，这里建成了一条230千米长的自行车道，拥有200多辆可供出租的自行车。

① 英国著名的工程师、建筑师和城市规划师，在改善工人住房方面成就较大，他认为“拥挤的生活一文不值”，提倡人口稀疏的花园式的城郊社区。——译者注

第二个紧密相关的部分是埃姆歇河流域整个生态系统的全面重构。70千米长的埃姆歇河及其250千米的支流共同收集了超过200万的居民和上千家公司产生的废水，有效地构成了以混凝土衬砌的开放式排水系统。但是，直到煤矿关闭时，地面下沉的风险意味着它不可能把所有这些废物都转移到地下的污水系统。埃姆歇公园项目的中心目标是用地下管道取代地上的排水明沟，拆除混凝土河堤使雨水可以渗透流淌，建设当地的污水处理厂。这些不会在一夜之内完成，需要二三十年时间，在IBA项目结束很久以后才能完成。该项任务承包给了埃姆歇合作社（*Emschergenossenschaft*），这是一家由城市和大型民营企业合资的合作社，它将负责所有家庭和公司的污水收集和处理工作（同上，p. 3）。

上述两大部分都是集中于绿色公园背景下的策略，第三个关键的部分则是关注城市已开发地区的整治。它们将不再被视为危险的禁地，而将成为新投资者的机遇。开发土地成本低的、IBA重点地区，这些地区大都距离城市中心很近，通过整合绿地和新的基础设施，将它们与附近的城市开发项目联系起来，创造具有吸引力的商务园区并产生5 000个新的就业机会（同上，p. 4）。

在这些地区内实施的第四个关键部分是整个IBA项目中成效最显著的是——起码对于该地成千上万的游客是如此——旧工厂的重新利用。IBA的一个核心观点认为这些建筑具有潜在的价值，因为它们是地区历史的一部分，居民和城市对它具有认同感，如果创造性思维得以施展的话，这里将为新的功能用途提供无数的机遇（同

上）。两个著名的例子将会说明这一点。

埃森（Essen）：关税同盟矿区（Zeche Zollverein）。1932 年开放，由建筑师弗里茨·思楚普（Fritz Schupp）和马丁·科瑞米（Martin Kremmer）设计，是欧洲最大最现代化的矿区。1986 年关闭时，这里还有 1.5 万名矿工。雷姆·库哈斯（Rem Koolhaas）编制的总体规划将其 100 万平方米的空间改造成一个含有游客中心和会议场所的综合体；由诺曼·福斯特（Norman Foster）设计的北莱茵威斯特法伦州设计中心和设计博物馆建在之前的锅炉房里；由雷姆·库哈斯设计的鲁尔博物馆建在原洗煤区内。这是创意产业的工作坊，是一座拥有办公室、工作室、公寓和广场的创意村。这里的“三 Z 未来中心（Triple Z Future Centre）”有发展现代舞的北莱茵威斯特法伦中心、创意产业的工作室、办公室和作坊，这里还有改造成艺术和娱乐空间的焦化厂以及一个拥有 40 公顷先锋林和工业属性的公园（图 7.17）。2001 年，作为重工业在欧洲发展的一个代表性的例子，它被认定为联合国教科文组织的世界遗产地（Kunzmann，2010，p.6）。

←图 7.17　埃森，关税同盟矿区。
正在从早前的煤矿转型为一个巨大的文化和旅游目的地。

杜伊斯堡景观公园（*Landschaftspark Duisburg*）。1985 年关闭的庞大的 Meiderich 钢厂。一个燃炉被拆除，另一个出售给了印度。1989 年，杜伊斯堡市决定开发它；接下来一年是景观设计师之间的投标竞争。这里于 1994 年开业，如今已是一个成功的公共公园，拥有一个攀岩训练区、一个全景平台、一个音乐厅、一个露天剧场、一个迪斯科舞厅、一个位于先前煤气槽位置的潜水救援员的训练场和壮观的露天活动（同上，p. 8)。(图 7.18)

→图 7.18 **杜伊斯堡景观公园。**
巨大的 Meiderich 钢铁工业综合体已被保留成一个重要的旅游目的地，包括巨大的名人演唱会：富有想象力的城市更新的经典范例。（图片：Carschten，2010)

第五个也是最后一个关键部分是住房。IBA 建设了大约 7 500 套新公寓，全都建在棕色地带上。该项目将大范围的历史悠久的工人住宅区翻新成全新的住宅区。许多带有实验性质——低能耗建筑、雨水再利用、新材料的利用，并把居民纳入规划和施工的过程中（Seltmann，2007，p. 4)。

IBA 的遗产

当 1999 年 IBA 关闭之时，公共和私人组织继续协同工作以促进其进一步发展。由鲁尔市政协会负责埃姆歇景观公园的管理，由埃姆歇合作社负责埃姆歇的生态系统的管理（同上，p. 6)。2007 年，一个由三个县和 35 个城市组成，覆盖 480 万人口的区域集团宣布了一项共同战略——“鲁尔概念”（Concept Ruhr)，以继承 IBA 的工作，推动城市和区域的可持续发展。该战略包含不少于 274 个独立项目，获得了约 16 亿欧元的公共资金和 44 亿欧元的私人资金。遵循 IBA 的模式，它们全都符合区域发展的战略方针，并将由地方当局实施。(同上，pp. 8，10)

IBA 关闭十多年后，它的一名主要建筑师克劳斯（Klaus Kunzmann）总结了它的部分主要成就。该区域独特的工业遗产正被保存和重新利用。曾经的问题正转变为区域性的资产。该地区的形象发生了变化，一个新的身份认同正在形成。巨大的景观公园——一个 25 年的项目——正在进行中。埃姆歇的再自然化逐渐发生了，并创造了成功的经济区位。私人开发商被吸引到旧工业结构的复兴进程中。创意和服务行业的就业机会大量出现。建筑和环境的高标准占上了上风。因其开展的创造性更新以及将棕色地带恢复成可销售资产的专业活动，IBA成了全球著名的模型。

也许，这个后续战略最突出的成就是多特蒙德的凤凰西科技园（Technology Park Phoenix-West），距离城市中心南部约5 000米，靠近Horde的地区中心（图7.19）。这里拥有150年的钢铁生产历史（结束于1998年）。该市基于埃姆歇公园的原则进行再开发：在110公顷的范围内，再开发规划除了保留40公顷土地以作商业用途外，其余大部分用于"科技园"，致力于发展科技产业、实验室、办公室和新兴公司。旨在吸引微米和纳米技术、生产工艺、软件开发和其他IT产业和相关服务，并以原型开发为重点。公园的其余部分将成为埃姆歇景观公园以及新一代公园的一部分，包括建在废弃场地上的珍稀物种栖息地。工业遗迹构成了独特的地标，并为观赏多特蒙德及其周边地区的景色提供了壮观的视野。2015年，这里将全面向外开放，在埃姆歇公园规划开展的1/4个世纪后，这里将以一种特别的方式成为成功的典范。

←图7.19 多特蒙德的凤凰西科技园。
该市第二个科技园，致力于发展未来科技产业、科研实验室、办公室和新兴公司，以原型开发为重点——所有都体现在埃姆歇景观公园的主要扩展部分。

多特蒙德：大学革新经济

许多方面均表明，多特蒙德——位于鲁尔区的最东边——是该区域的问题和成就的一个缩影。2010年，这个城市拥有58.04万的居民，也是鲁尔区最大的城市，德国第七大城市（Kunzmann and Tata，2003，p.6）。它的历史根源可以追溯到13世纪，当时这座城市是汉萨同盟的成员之一。19世纪后半叶，这座城市在煤炭、钢铁和啤酒产业的基础上得以快速发展（同上）。但第二次世界大战后不久，这些基础产业走向了衰落。就业数量从1960年的八万个萎缩到1997年的9 200个，而服务部门获得了发展，现已占总就业数的75%，但仍无法弥补制造业的损失（同上，p. 9）。

但随后，大学拯救了这里。多特蒙德大学（*Universität Dortmund*）建立于1968年，算是德国一所新建的大学。1971年又建设了多特蒙德高等专业学院（应用科学大学，*Fachhochschule Dortmund*）。两所大学都着重发展自然科学和科技，如新材料、计算智能、通讯、统计、物流、显微结构和环境技术。多特蒙德拥有3.45万名大学生，是德国最大的大学集中区。但它不是一个典型的学生城市，如明斯特（Münster）、弗莱堡或哥廷根（Göttingen），这些规模小很多的城市更多地受到学生数量的影响（同上，p. 12）。

在多特蒙德密集且广泛的“研究景观”中，同样重要的是它拥有超过二十多家公共研究机构，包括一家马克斯-普朗克协会、两家弗劳恩霍夫协会和两家戈特弗里德·威廉·莱布尼茨科学协会（*Wissenschaftsgemeinschaft Gottfried Wilhelm Leibniz*）。它们集中在三个主要的区位：多特蒙德大学、内城区的科技公园区——这两个区位的研究机构主要关注科技和自然科学领域的问题，第三个是过去Dortmund-Eving的一个旧煤矿中心石部长（*Zentrum Minister Stein*），主要研究社会和职业问题（同上，pp. 16～17）。

20世纪80年代，多特蒙德大学曾设想过建设一个类似硅谷的科技园，并很快就实现了。科技园（*TechnologiePark*）和技术中心（*TechnoIogieZentrum*）是其中的一部分，也是许多新产业和公司的所在地。它们位于城市外的多特蒙德大学旁边。自1985年建立后，该科技园迅速发展成为德国该类型地区中最成功的一个。企业与大学及其研究机构紧密相邻，是创造强大联系、并促进知识在科学和产业之间转化的主要因素。大约230家公司建在35公顷的土地上，拥有超过8 500名高教育水平的员工，这些公司受益于这种紧密联系。多特蒙德的经济结构已经形成多样的服务部门、强大的中小企业基础和科技导向的商务，称多特蒙德为“学习型城市”并不为过。

卡塞尔：一所大学激活了一座城市

多特蒙德不是德国唯一一个由20世纪70年代的新古典大学帮助其实现经济转型的城市。卡塞尔（图7.20）是一个拥有20万人口的城市，位于法兰克福以北150千米处，搭乘ICE需要一个多小时。在IW 2011年的排行榜中，它是德国最有活力的城市经济体，这个消息登上了国家头条（IW，2011）。这个头衔不是指国家表现最佳的城市（首先可以预测慕尼黑是属于这个范畴的城市），而是指2005年到2010年间进步最大的城市。其采用的评判标准有：失业率的下降、受教育水平的提高、本地企业的发展和区域基础设施及文化事业机构的水平。相关的对比就像英国出现的那样：平时表现最出色的伦敦没能获得这个最有活力经济奖，反而是由唐卡斯特（Doncaster）或特伦特河畔的斯托克城（Stoke）这样的城市获奖。所以卡塞尔为英国许多城市提供了一个有趣的模型，这些城市先是失去了它们的市中心，然后陷入了迟钝的再开发，并经历了去工业化，而现在正面临着应该推进什么样的城市更新的问题。

当地的政客大力宣扬卡塞尔成功的荣誉。但是，正如以往一样，城市和区域积极发展背后的关键因素是复杂的，并且往往是长期过程的一部分。卡塞尔大学的赫尔穆特·霍萨普费尔（Helmut Holzapfel）在一个重要的分析中总结了卡塞尔获得显著成就的原因（Holzapfel，2012）。

赫尔穆特解释，到20世纪60年代，卡塞尔已经滑落到德国和欧洲的边缘地位。“铁幕”分割了欧洲，它位于德意志联邦共和国（仅指西德）的边界，向东距离共产主义德意志民主共和国只有50千米。任何合适的交通连接在这个地区都很难存在：仅有少量的边界道路通往德意志民主共和国，但全都受到严密的控制，无法容纳任何真正的交通流。因此，这座城市的经济发展陷入了停顿。

最重要的是，第二次世界大战期间，作为主要的工业目标，卡塞尔几乎被英国皇家空军（RAF）摧毁殆尽。（由于他们极其具有幽默感，他们以“轰炸将军哈里斯［Bomber Harris］”命名位于重建的市中心内的一间酒吧。）20世纪50年代，该市根据战后最优秀的建筑和城市总体规划原则，采用现代主义的手法和全新的城市街

→图 7.20　卡塞尔地图。
这座德国中部的城市，从 19 世纪的一座繁华的小城市转变成一个工业中心，后来经历了严重的战争破坏，但在鼓励重大创新（包括新的区域轨道系统）的大学推动下再次得以转型。

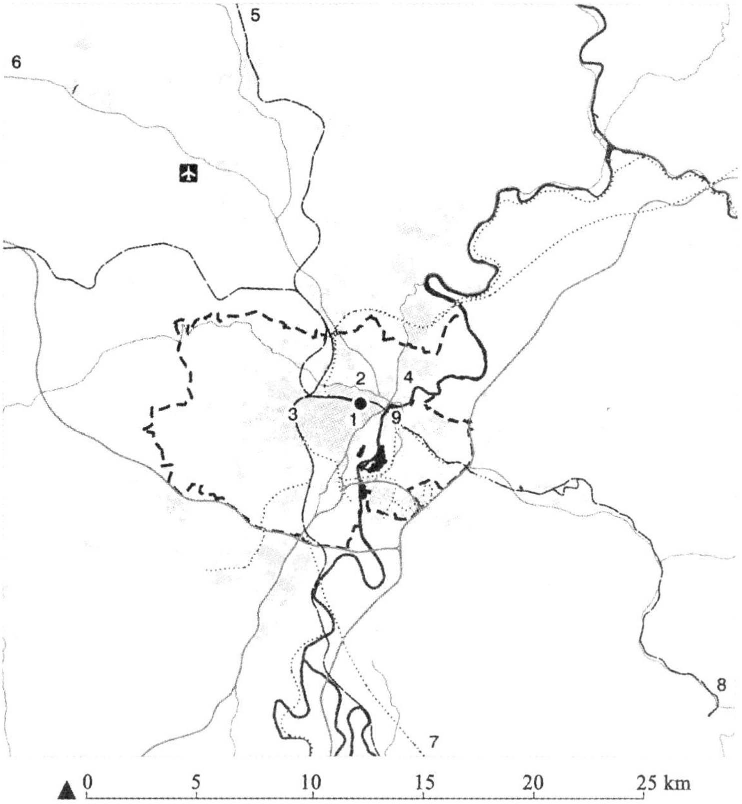

道规划进行重建，这使得一个历史悠久的城市消失了。这也恰恰违背了的 21 世纪早期的城市可持续发展原则。

但后来却产生了一个相反的结果：1970 年，该市做出了一项重大决定，建立一所新大学，即所谓的综合性大学（*Gesamthochschule*）。这在当时的德国是一个新的概念，集中发展基于实践的新型跨学科项目，这将使学生和教师能直接接触到政治热点问题。1974 年开设第一节课后不久，学生和教师热烈拥护当时最新的环保运动思想。知名环保人士——瑞士社会学家和经济学家卢修斯·

布克哈特（Lucius Burckhardt）和奥地利-美国作家及哲学家伊万·伊里奇（Ivan Illich）——执教于该校；1975 年至 1980 年曾担任大学校长的德国自然科学家恩斯特-乌尔里希·冯·魏茨泽克（Emst-Ulrich von Weizsäcker）也投入到了这场运动中。他们致力于解决建立在城市上的利益冲突，如他们开始组织反对核电和新的高速公路项目。赫尔穆特认为，这是对法国理论家亨利·列斐伏尔（Henri Lefebvre）的构想——借鉴于米歇尔·福柯（Michel Foucault）的思想——的完美演绎：城市变化正出现“异位”（*heterotopia*），对现有秩序的一种替代或反抗的现实。

交通政策是主要的例子。20 世纪 60 年代，城市各种电车轨道被关闭；1971 年迎来更大的关闭浪潮。1977 年，当地针对可以关闭哪些额外部分的电车网络展开了频繁的争论。一份由工会成员、公民和大学发表的联合倡议强烈反对这个计划，并提出了一个激进的反对建议，呼吁扩张电车系统。从 1980 年开始，它获得了越来越多的支持。新市长 Hans Eichel（于 1975～1991 年担任该市市长，后来担任德国联邦财务部长）在有关扩张电车系统方面比前任市长更加开放，并获得了绿党（1981 年后成为市议会一股显著力量）的支持。

大学的交通专家则提出了一个激进的建议：使用德国国家铁路现有的铁路系统——德国联邦铁路公司——将电车系统与外围地区的周边城镇连接起来。1983 年，德国南部的城市卡尔斯鲁厄——将在本书第 9 章的考察中进行分析——启动了一个研究项目，开发一个和上述相同的模型：在周边城市 Bretten 的铁路线（1992 年建成的）上运行电车。1990 年，当地大学的一名副校长 Rainer Meyfahrt 教授转到当地的电车公司 KVG 工作，并最终成为它的总经理。他请托马斯·拉贝穆勒（Thomas Rabenmüller，大学毕业后进入法兰克福的交通规划局工作）返回卡塞尔，为当地编制一个全新的区域交通组织规划。1995 年，北黑森州交通管理局（*Nord-hessische Verlzehrsverbdrzd*，简称 NVV）成立，托马斯·拉贝穆勒成了第一任局长。

电车系统逐步得到扩大，方便乘客的新电车被购进，并采用现代形式的市场营销吸引了越来越多的客户使用该系统。卡塞尔使用低地板（low-floor）对卡尔斯鲁厄的有轨电车—列车系统进行了改良，以方便残疾人士进出。一些电车甚至配备了柴油发动机（双价操作），可以在那些没有架空线路提供电力的铁路线上运行。2001年，在铁路线上运行电车的行动开启；2006年，第一个“区域电车”（*Regiotram*）在更加广大的地区展开服务。2007年8月，卡塞尔中央火车站的隧道创建了城市有轨电车网和铁路系统之间的新连接，使得来自周边地区的旅客无需换乘即可前往位于市中心的目的地（图7.21a和b）。

→图7.21　a和b。**卡塞尔：区域电车的始发站和终点站。**于2007年全面推广的区域性有轨电车-列车系统，将来自城市中心的电车通过铁路线带到周边的小镇和乡村，并将它们连接成一个完整的城市地区。

卡塞尔的交通政策革命最初是支持者基于社会和生态的原因倡导的；经济上的成功并不是它的核心目标。但赫尔穆特发问：新的交通基础设施对该市登上德国最具活力的城市有没有贡献？这个答案可以肯定：毫无疑问，“区域电车”和卡塞尔当地的电车系统的扩张已经对城市的经济发展产生了重大影响。首先，约20%的新电车是在卡塞尔地区制造的，这里成了德国铁路制造业的一个中心。铁路系统的扩张承包给区域内的建筑施工企业。新的网络推动了卡塞尔都会中心的贸易和商业的发展以及大学和周边地区的连接。如果没有电车系统的扩张能力，两万名学生和 2 800 名大学员工不太容易到达城市中心的大学目的地。“区域电车”已被证明能提升周边地区的房屋和公寓价值。并且，区域整体可达性的全面提高已对当地不断增加的经济成就产生了积极的影响（Sintropher，2011）。

创新往往是对立或冲突的产物。赫尔穆特总结的卡塞尔大学改革的相关历史概况显示，电车系统不是唯一的例子。由大学研究支持和推动的有机农业起源于对农业产业化的批判；今天，它已被证明是引人注目的经济成就。德国对核电的批判导致了卡塞尔地区对太阳能的投资和发展，这反过来又推动了太阳能发电系统的电子元件的生产制造，现在这已成为卡塞尔一个重要的产业。由前大学员工成立的艾思玛太阳能技术股份公司（SMA Solar Technology）[①] 拥有约 5 000 名员工。此外，该大学在为区域提供训练有素的就业者方面拥有更大的影响力。因此，它对地区整体的良性发展发挥了重要的作用。

① 成立于 1981 年，是全球领先的专业光伏逆变器生产供应商，其产品应用遍及全球，总部位于德国的 Niestetal（属于卡塞尔市）。——译者注

大学思想对激进的城市更新理念的发展起到了重要的作用，它能塑造整个城市的形态。1979～1987 年柏林国际建筑展上首次应用的“批判性重建”思想（2001 年得到柏林市长的拥护）认为，规划不应拘泥于标志性建筑的建设，而应吸纳多样的开发商和建筑师，探索恢复街道、空间和人口密度的历史模式，并努力促进社会融合。这个概念迅速对卡塞尔产生了巨大的影响，大学的一些关键人物——尤其是规划教授卡尔·弗里德黑尔姆·菲舍尔（Karl Friedhelm Fischer）——参与了一个大型地区的再开发工作，它位于市中心的 Fulda 河的对面，被称为低的新城（*Unterneustadt*）。这个地区归市政府所有，被战争摧毁之后一直是大型停车场。1992 年，大学、市议会和住房协会共同启动了“重建新城”的进程，试图恢复它被战争破坏之前的面貌。

这种手法背后是一个有趣的哲学，卡尔·菲舍尔认为这是与盎格鲁-撒克逊思维模式相反的“日耳曼”模式的基础，这在里瑟菲尔德（Rieselfeld）或图宾根的新弗莱堡社区（另一所大学城）也出现过（Fischer，2011）。这些依赖于具有法律约束力的土地利用规

划（*Bebauungspläne*），它制定基本原则，且在规划体系内建筑师可以自由地表达自己的观点。从此，规划师和建筑师之间出现了公认的职责界限，规划师负责城市，建筑师关注建筑物。市自治权得到了国家宪法的保障，城市对自身的发展方向可以施加相当大的影响。土地利用规划明确了混合的土地利用模式，并规定了不同的建筑类型和密度范围。然后，地块被细分并打包推向市场，在竞标的基础上，最后到达能够响应市场需求和雇用了不同的建筑师的小建造商手上。由此产生了范围约 2.8 公顷、可容纳近 4 000 名居民的街道网络（图 7.22）。

→图 7.22 **卡塞尔新城。** 紧邻城市中心的功能混合的城市河畔居住区，是本地大学提出的规划思想指导建设的结果，许多大学教授居住于此。（图：Dietmar Walberg，2008）

卡塞尔的经验已证明，这种哲学对经济增长具有重要的影响。首先，将大学和一个重建的居住区布局在内城区，意味着更多的消费能力和高密度的建筑将集中在市中心。这里不仅有高质量的公共交通系统，还有更多可供选择的优质商店和餐馆。第二，街区由专业公司拥有并负责管理。第三，该体系通过学徒制的培训方式，每年培养了相当于英国五倍数量的支持建设进程的小公司，鼓励将现代化的建设和生产方法推广到城市开发进程中。

大学改革最初激进的社会目标仍未实现，例如哲学家伊万・伊里奇要求世界的财富应该采用完全不同的方式进行分配。但是今天的大学更加接近德国社会的主流。卡塞尔的成功可以在多大范围内推广，这种成功在多大程度上是可持续的，我们是否应该根据经济之外的其他标准来衡量成功，这些不单是卡塞尔，也是整个欧洲乃至所有发达国家需要探讨的问题。

结论

这些多样的案例中呈现了八大有助于解释德国经济成功的因素：

1. 市政府主导。市政府而非开发商主导德国城市的发展。公共福祉而非土地价值形成了发展的结果。税收首先用于城市，然后部分上缴地区和国家政府。由城市而非私人发展商制定发展规划。柏林是首都，但它不像伦敦主宰英国那样主宰德国。德国的城市结构起源于19世纪的独立王国和城邦联盟，因而基本上是多中心的，这从夜晚的卫星图片可以很容易看出。德国伟大的城市早已有许多资本的标志，如银行、歌剧院和大学，他们无需参照国家中央政府，就能竞相把它们的中心变得更具吸引力。他们经营了许多公用事业，这使得市政府能更容易地投资可持续的基础设施。

2. 高度连接的城市。德国如同法国一样，过去几十年在交通基础设施上的投资要比英国多得多，目的在于将其多中心的城市网络连接起来。早期的高速公路系统——讽刺的是，它是基于军事侵略目的而建的——可以轻松地运输载有货物的大型商用车，这使德国公司获得了先发优势。高速铁路网络连接了所有重要的城市，同时，现代郊区铁路和电车系统将高质量的市中心连同他们的郊区及周边的镇和村连接了起来，把城市转变成了城市区域，把高度可达的紧凑型城市组合起来。先进的交通和能源基础设施不仅为德国制造商提供了强大的国内市场，同时还有利于出口服务。德国联邦铁路公司接管英国部分火车的经营是十分重要的一事，而相反的还没有发生。

3. 知识经济。自1807年起，德国就有了全民教育的承诺。早期传统中德国就拥有雄厚的技术大学和政府资助的独立研究机构，并极度推崇支撑企业和城市成功的应用知识。这些伟大的研究机构能更有效地将创新转化成产品，而英国科学园的研究人员和企业家往往在不同的世界里工作。大量技术学校和学徒构成的密集系统为培养高素质工人奠定了更广泛的基础。他们在大量的家族企业中工作，这些家族企业组成的中小型企业专门从事先进科技制造业，构成了德国经济的支柱。

4. 工程卓越。几个世纪以来，英国的发展主要依赖于它的帝国，这为它的产品提供了安全的货源和客源。而德国的发展基于煤和铁，因而不得不依靠先进的工程。德国政府支持应用创新。产业的持续创新（如汽车和电机）使德国产业形成了基于质量而不是价格的竞争优势。这既不新鲜也不例外。据说，阿尔伯特亲王（Prince Albert）在1851年推动了博览会的举办，因为那时他已经注意到英国制造商开始落后于他们的德国同行，并且这种差距在很多行业里存在。

5. 区域金融。因为银行业不是集中在一个城市的，所以便捷的融资能推动创新和领导力的扩散。虽然德国75%的银行业活动由综合银行（与英国类似）构成，但剩下25%是由提供有限特定服务（大部分是商业服务）的专业银行构成。由于德国的区域银行与当地企业的成功密切相关，因而德国的银行业比英国的更加分散，较少合并和收购行为。但他们的表现也不是完美无瑕的，国家干预来得相对比较晚，导致他们得收紧贷款。但是，从长远来看，他们比英国的银行更愿意且有能力帮助产业发展。

6. 城市尊严。尽管第二次世界大战后，德国的城市规划师犯了和英国同样的错误——用混凝土环形路将城市包围。但是德国的城市很快就调转了方向，将整个城市中心步行化，并采用实施成本低得多的实效性方法。“批判性重建”进程在被遗弃的地区重新创造了建筑和街道，如柏林和卡塞尔。城市中心在购物、文化和休闲方面仍保留着较大的吸引力。

7. 创新的氛围。德国城市在迅速灵活地应对不断变化的需求方面处于最前列。无论是汉堡和弗莱堡的生态扩展，还是柏林和莱比锡的房地产更新，鲁尔区工业遗址向纪念公园的转变，抑或卡塞尔的双轨电车，所有的城市都在努力提高公民的经济收入和福祉水平。规划系统鼓励了创新，因为它非常明确应该在哪里做什么，但在设计和利用上又十分灵活。从鲁尔区相邻的市政当局之间的协作案例可以看出，这里面还有一种更伟大的合作精神。

8. 智慧的空间规划。这些城市在面临重大的经济变化时，通过智慧的方法，应用新产业的空间集群知识予以回应，如莱比锡和多特蒙德。国家层面的智慧规划也加强了这种特征，如《可更新能源法 2000》(*Erneuerbare Energien Cesetz*)通过设立馈网电价补贴政策[1]推动了太阳能产业的发展。2011 年，德国 20%的电力来自可再生能源，70%的电力得到馈网电价补贴[2]。

① 馈网电价补贴（其英文术语是 Feed-In Tariff，FIT，Standard Offer Contract）是一项旨在加速推进可再生能源广泛应用的政策机制。政府与使用可再生能源发电的个人或公司签订一份 20 年的长期合约，期间发电者每向公共电网输送一度电，除了获得原本的电价以外，还可以赚取若干补贴。——译者注。

② See http：//en. wikipedia. org/wiki/Feed _ in _ tariff.

8 荷兰郊区的可持续发展之路

在欧洲范围内开展的可持续城市发展最佳实践调查中，有好几个理由——尽管竞争激烈——将荷兰列为第一名。一个人口数量大约只有英国1/4、陆地面积相当于英国1/6的国家，是如何在短时间内取得城市高质量发展的显著成就的？

先从以下几点开始说明原因，而本章下文都会对此进行详细解释。第一，在超过半个世纪的时间里，荷兰人不断发展和完善一套联系紧密的规划系统，有效地和系统地推进了从国家空间战略的形成到地方规划的实施；第二，荷兰虽然取得了这样的成就，但是传承下来的次国家层面的（sub-national）规划系统与此并不是十分契合，这点却是荷兰以外鲜为人知的事实。荷兰有三个层级：国家级

(national)、省级（provincial）和市级（municipal）。国家政府通过制定国家空间发展规划确定总体政策架构：远期目标、总体战略。荷兰于1958年编制第一份国家空间发展规划，随后大约每十年修订一次，但主要的规划执行权掌握在415个市级政府手中（截至2012年），范围大到阿姆斯特丹、鹿特丹等主要城市，小到数以百计的乡村单元。在两级之间，12个省政府需要确保各地方发展举措之间的协调性，并保证地方发展与国家政策方向的一致性。这个组织结构形成于1848年，基本由19世纪著名的荷兰政治家约翰·鲁道夫·托尔贝克（Johan Rudolf Thorbecke，1798～1872）独自创建。至今，它被人们誉为"托尔贝克体系（House of Thorbecke）"。

荷兰传统的规划体系几乎成为国家的标志，但是它与21世纪的城市现实不适应。这一问题在兰斯塔德地区体现得最为明显，它是荷兰西部中心区的多中心城市复合地区，拥有600万人口，将近40%的荷兰人居住于此。兰斯塔德地区具有独特的形态，由分散的城市组成一条长约180千米、接近于马蹄形的城市带，包括阿姆斯特丹（78.4万人）、鹿特丹港市（61.2万人）和海牙（49.8万人）三个大城市，乌德勒支(Utrecht,31.3万人)、阿尔梅勒（19.1万人)、哈勒姆（14.9万人)、多德雷赫特（Dordrecht，11.9万人）和莱顿（Leiden，11.8万人）五个重要城市。城市之间都设置有绿化区与相邻城市隔离，尽管有些地方的绿化隔离区很薄弱，尤其在马蹄形的西部地区。所有的城市都围绕中心区域的开放空间分布。中心的开放空间在区域规划里被小心谨慎地保护下来，并被英国规划师杰拉德·布尔克（Gerald Burke）昵称为"都市绿心"。行政区划上，该地区分属115个市和四个省，包括南荷兰省的全部，北荷兰省的绝大部分，乌德勒支（省）和新围垦设立的弗列弗兰（Flevoland）省。因此，该地区并不适用于三级结构。

意料之中的是，早已有人呼吁建立兰斯塔德地区成熟的大都市机构，但是荷兰的"托尔贝克"体系反对所有的改革。虽然如此，但有些地区已开始进行城市合并和省内合作的尝试。其中一种是兰斯塔德大区（*Regio Randstad*）。这个主张可以追溯到20世纪90年代，它建议兰斯塔德地区的四个省、四个最大城市和它们各自的城市区域联合行动，就兰斯塔德大区的共同利益与国家协商，但结果不是十分奏效。另外一种是三角洲大都市联合会（*Verening Delta-*

metropool）、一个智囊团和利益团体，持续推进兰斯塔德地区的大都市区化发展。还有很多其他方法，大多是非正规的安排，仅涉及这个巨型城市区域中的一小部分，并没有达到兰斯塔德大都市机构的高度。

尽管有如此多的困难，也许是荷兰人将“能做就必须做”（can-do，must-do）的态度（毫无疑问是长期面临海洋入侵威胁的结果）和实战的能力融合在一起，在关键问题上能够克服争端，达成共识。荷兰人有惊人的能力，在短时间内实现从战略规划到高效且高质量的规划实施上。最有力的相关证明便是《荷兰第四次国家空间战略补充卷 1991》，荷兰语：*Vierde Nota Ruimtelijke Ordening Extra*，缩写为 VINEX[①]。

① 它之后是 2001 年的第五次战略报告（Fifth Strategy Report of 2001），虽被议会否决，但是后续的报告被简称为《2014 年空间发展报告》（*the report on space of 2004*）。

荷兰第四次国家空间发展战略和国家十年住房规划

大约在 1990 年，荷兰和英国都意识到它们面临住房危机。英国对这个问题存在着无休止的争论：在撒切尔时代的末期，自由企业评论家认为国家的部长们没有履行“让建造商自由建设”的承诺。政府委托调查者 Gerald Eve 进行了调查，最终得出结论：如果要真正有效地做事情，那几乎整个规划系统需要被推翻。政府否决了这个提议，虽然随后的政府由约翰·梅杰所领导，并在意识形态上从过度的“高度撒切尔主义”（high Thatcherism）[②] 中撤退了。

显然，荷兰人的做法有所不同。从 20 世纪 50 年代后期到现在，荷兰政府的住房、空间规划与环境部（Department of Housing, Planning and Environment）——荷兰语简称 VROM（*Volkshuisvesting*，*Ruintelijke Ordening en Milieu*）[③]——每十年发布一份报告，描绘未来十年的发展构想——实际上就是国家空间发展战略。在这个以空间规划质量而著名的国家，VINEX（国家空间发展战略）是 VROM（住房、空间规划和环境部）制定的诸多报告中最具影响力一份，因为它提倡了一项庞大的在现有城市附近开发新住宅的国家计划。这些地区都不可避免地被叫做 VINEX 地区。

因此 VINEX 成了国家十年住房规划的基础，从 1996 到 2005 年间运转了十年并最终得以完成，这与英国 2003 年的可持续社区

② 撒切尔主义即指撒切尔夫人上台后在保守党内出现的一股占统治地位的“新右派”势力的意识形态，是当代西方“新自由主义”与“保守主义”的混血儿。它一方面坚持新自由主义的自由市场经济理论，另一方面却又主张新保守主义的文化右翼纲领政策。——译者注

③ 从 2010 年起，住房、空间规划与环境部（VROM）成为“超大部门”（Super Ministry）基础环设施与环境部（Infrastructure and Environment，I&M）的一部分。

规划（UK 2003 Sustainable Communities Plan，ODPM[①]，2003）不是简单的相似关系。荷兰的 VINEX 出自于右翼中央集权政府（像英国撒切尔和梅杰政权一样），它坚定地遵循了自由市场规律，但也有独特的荷兰风格。因此，公共部门以地方政府的形式进行领导：中央政府提供资金来净化土地和提高可达性，但是其他方面则需要自己筹资。虽然报告本身已建议几个最大的城市应该在哪里进行开发，但项目的实施还需要征得 VROM、省级政府和地方政府的同意。这样做的目的很简单，即为了在短时间内建立大量的住房。这种做法被证明是非常成功的，已产生了多达 45.5 万套新建住宅，其中包括了 90 个建在郊区或城市扩展计划中的 28.5 万套（占总数的 62%）所谓的 VINEX 住房单元，剩下的建立在城市边界地区、旷野地区和其他形式的城市填充地区。总体上荷兰住宅数增加了 7.6%。

但住房总量还不够：住宅应该建在正确的地方，即应该接近现有的城市，以便最小可能地侵占高价值绿地，尤其是兰斯塔德地区的"绿心"，同时还需要最大程度地减少到达城市的时间和最大化地安全使用公共交通、步行和自行车。报告指出了四条主要的原则：

◆ 通过产生大量的潜在客户需求来巩固现有的购物中心和设施；

◆ 减少人们大规模逃离大城市的可能；

◆ 通过集中开发现有的大中城市，来保护公共开敞空间；

◆ 在住房、就业和服务中提供更多的使用公共交通、步行、自行车的机会，从而减少小汽车的需求；需要通过投资和规划让这些因素更紧密地联系到一起，以实现上述目标。

更微妙的是，规划旨在吸引高收入家庭到新区来，腾出城市中的住房给低收入者，但同时也在 VINEX 区域提供一部分的廉租房。中央政府在与地方政府的协商中指出，在住房开发中最多提供 30% 的社会住宅，但是许多地方政府希望正好达到这个上限数字。

在这 90 个地区中，有 25 个主要的 VINEX 项目，它们散布在全国各地，但在兰斯塔德地区存在明显的优势，就像在法特霍斯

① ODPM 即 Office of Deputy Prime Minister 的简称，指英国副首相办公室。——译者注

特和阿默斯福特旁边的纽兰德（Nieuwland），大部分以城市蔓延的形式靠近它们的母城边缘。荷兰人并不把这样的区域称为有消极暗示的“郊区”（suburban），而是“市郊”（*buitenwijk*）。迅速打动参观者的是，这些住宅开发项目巧妙地嵌入到现有的通常非常复杂的发展模式和开敞空间中。不管是在阿姆斯特丹的艾瑟尔堡地区旧港口棕地开发中，或是在法特霍斯特城市边缘区的新扩张项目中，又或是在海牙附近勇堡的半独立卫星城里，它们都邻近主要城市的中心，并有良好的公共交通联系——通常只要半个小时或更少的旅程时间。

阿姆斯特丹：新的栖息岛和新的可持续的 CBD

因为它创新的政策，VINEX 在全世界的规划师中十分有名，其中所有的就业中心都被划分为三种类型（图 8.1）。A 类中心在城市的中心地区，位于周边公共交通有极好的可达性的地方，小汽车进入受到限制并且也应该进一步限制，它们应该重点布局密集的服务业就业岗位。B 类中心位于城市边缘，虽未享有那么优越的交通

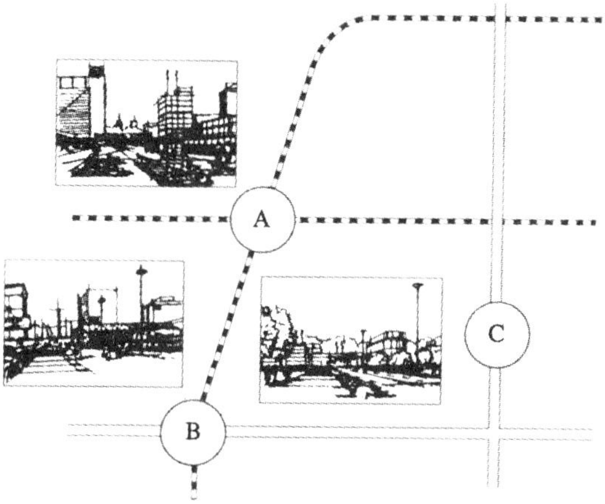

→图 8.1　荷兰 ABC 政策，来自 1991 年国家空间发展战略报告。

中心思想：A 中心，拥有高质量公共交通条件的城市中心；B 中心，具有良好公共交通和高速公路可达性的边缘城市（edge-city）；C 中心，实际上是临近高速公路交会点的物流中心。但是在阿姆斯特丹，因为商业开发的原因，B 中心比 A 中心发展得好。

条件，但通过铁路和电车也有足够的可达性，小汽车通过放射或者环型高速公路有良好的进入性，它们适合布局那些需要更多空间的设施，比如展览和会议中心或者体育馆。C 类中心需要很多空间来进行诸如物流之类的活动，但不需要很多从业人员，它们应该被允许和鼓励建在临近高速公路交会处、远离轨道线路的地方。

从理论上讲，这三种类型的划分是合理的，但是在阿姆斯特丹（图 8.2a 和 8.2b）却被证明是有问题的。19 世纪火车站北部的港口地区，现在由于集装箱化而废弃，城市规划师想对该地区进行再开发，在以前旧仓库所在的岛上建设一个主要的商住混合区。这里很容易到达火车站，是典型的 A 类中心。但是，令人意外的是，开发商对这一地区并不感兴趣。他们更青睐于另一个区位，它与阿姆

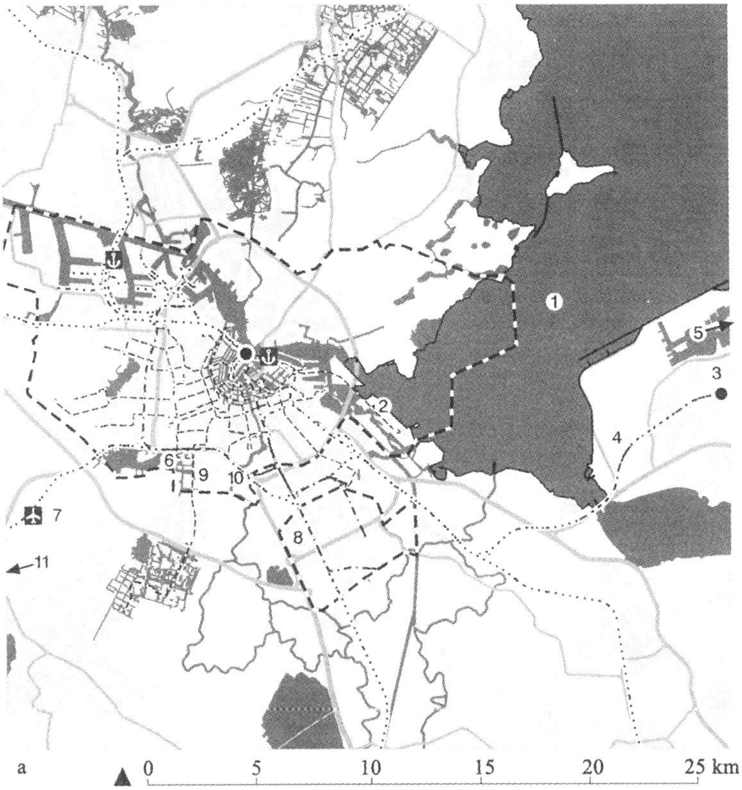

←图 8.2　阿姆斯特丹地图，a和 b。

a 这个城市历史中心以旧港口区到北部的中央车站为界，最初被建议为发展商业的 A 类中心，但是 b：B 类的阿姆斯特丹南阿克西斯区（Zuidas）更受开发商和商业投资的青睐，所以旧港口地区成为高质量的内城住宅更新区。同样的情况在阿尔梅勒也出现了，它是 20 世纪 70 年代围海开垦建设的新城，被预言在 21 世纪 30 年代将成为荷兰第五大城市。

- 城市边界
- 机场
- 中心火车站
- 港口
- 建筑
- 水体
- 河流
- 高速公路
- 主干道
- 铁路
- 轻轨/电车
- 地铁

1. 艾瑟尔湖（Ijsselmeer）
2. 艾瑟尔堡
3. 阿尔梅勒中心
4. 阿尔梅勒港口
5. 外阿尔梅勒
6. 南阿克西斯区（南部轴线South Axis）
7. 史基浦机场（Schiphol airport）
8. 比尔梅火车站（Bijlmer Arena Station）
9. 阿姆斯特丹南站（Zuid Station）
10. 阿姆斯特丹RAI地铁站（Amsterdam RAI Station）
11. 霍夫多普站（Hoofddorp Station）

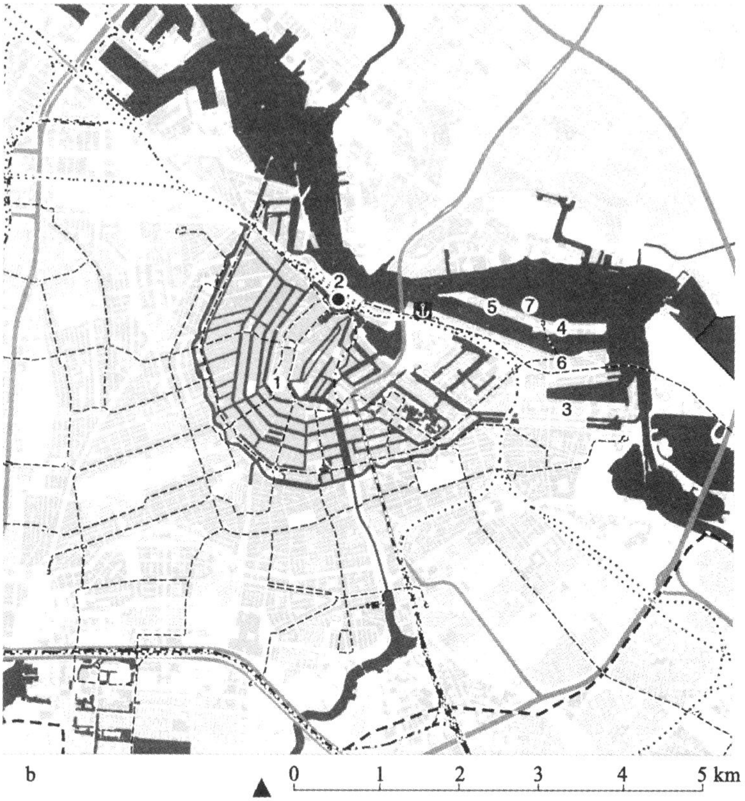

- - 城市边界　　建筑　　高速公路
机场　　水体　　主干道
中心火车站　　河流　　铁路
港口　　轻轨/电车
地铁

1. 历史中心
2. 中央火车站(Centraal Station)
3. 海堡(Zeeburg)
4. KNSM岛(KNSM Island)
5. 加哇岛(Java Island)
6. 斯波伦堡(Sporenburg)
7. 艾瑟尔湖河岸(IJ-Oevers)

斯特丹南站相邻，接近史基浦机场，并在 1993 年开通的新轨道线（Zuidtak）和穿过阿姆斯特丹南面的一条新高速公路的中间条带上，这条高速公路直接连接了史基浦机场和荷兰东部地区。

这个地区的第一次发展可以追溯到 1961 年，那时阿姆斯特丹 RAI 展览中心从城市中心搬到国家高速公路系统末端的边缘地区。它开始稳步地发展成为世界上最大的展览和会议中心之一，随后在 1985 年成为世界贸易中心（World Trade Centre）。20 世纪 90 年代中期，由于具备无与伦比的高速公路、铁路、城市电车和地铁线路的连接，该地区表现为传统的B类中心特征，荷兰的规划师最终也接受了这个事实。他们革命性地提出10千米长的线型新CBD的理念，南阿克西斯区（南部轴线）沿着环高速公路从机场穿过南站后到达比尔梅的铁路，南站位于阿姆斯特丹的东部，最初于1971年开始运营并在2007年完全重建，服务于阿姆斯特丹竞技场（Amsterdam Arena）——阿贾克斯足球俱乐部之家。这一地区以非凡的速度发展，实际上已成为阿姆斯特丹主要的中央商务区，留下旧的城市中心用来服务于城市庞大的旅游贸易，并通过大量减少物质开发的压力——在20世纪60年代和70年代很明显——来协助旅游贸易（图8.3a和b）。荷兰人也许是非常有实践经验的规划者，但他们也是求真务实的：对商业有利的即是对荷兰有利的。

因此，那些勤勉的朝圣者去学习荷兰规划实践，逻辑上需要顺次了解已稳定取得高度成功的两个相关策略：位于中央火车站北部的艾瑟尔湖岸线（IJ岸线）的主要住宅区改造，以及位于城市南部的南阿克西斯区的新商务中心。

艾瑟尔湖岸线（IJ Oevers）地区由阿姆斯特丹东部港区的四个人工半岛组成，在1874年到1927年相当长的一段时间内，是为了停泊驶往前荷兰东西印度群岛、美洲和非洲的大型客货船只（就像伦敦的码头一样）而建设。但是，正如伦敦和其他很多城市一样，二次世界大战之后由于乘客出行选择了飞机而不是轮船，一般混装货物被集装箱和散货运输所取代，并且开放了阿姆斯特丹的西部新港区，码头开始衰落。1975年，东港区被市政府指定用于住宅开发，规划为大约1.8万人的高密度住宅区。依据“紧凑城市”的路径，高密度的开发方案是可行的，并考虑了土地开发所需的巨大投资（包括新的基础设施，如桥梁、道路和公共交通）。1986年，新的市议会主政，焦点从社会住宅转向市场开发：市议会想以刺激私人住宅和豪华的租凭住房市场来吸引高收入人群进入该地区，同时新的政策变成了混合产权住宅。

高建筑标准、有吸引力的城市环境以及重新利用和振兴现有港口来保护地区历史，都十分重要。1989年，东港区的规划完成，制定了8 000套新住宅的概念框架。重要的政府拨款使开发满足了特定的密度、住房混合和项目需求。1992年，Borneo-Sporenburg岛的开

→图 8.3a 和 b，阿姆斯特丹南站。
a 现在该地区的鸟瞰图。（照片：来自 Irvin Van Hemert Luchtfotografie）。b 根据“码头”模型，该站周边未来开发模型。（来源：南阿克西斯区码头 projector ganisatie）

发正被规划的时候，住宅密度的要求是每公顷 100 户，70% 为自有住房，并希望为家庭提供地面层入口来平衡早期阶段。为了保持高密度并坚持低层的目标，建筑规划师阿德里安·高伊策（Adriaan Geuze）用屋顶平台和小型天井取代了普通的花园。

阿姆斯特丹规划局（the Amsterdam Planning Authority）批准了关于街道布局和密度的总体规划之后，公众可以获得独立地块。业主委托他们自己的建筑师来设计各自的房子，因此产生了 60 个独特的有着不同的屋顶高度、滨河立面景观和室内布局的住宅（全部满足相关的建筑控制要求和总体规划）。住宅必须是耐用的和可持续的，例如，限制停车场位并鼓励屋顶花园。可以说，这部分实现了高建筑标准，因为荷兰似乎在建筑和城市设计上比英国表现出更大的兴趣（图 8.4、8.5 和 8.6）。

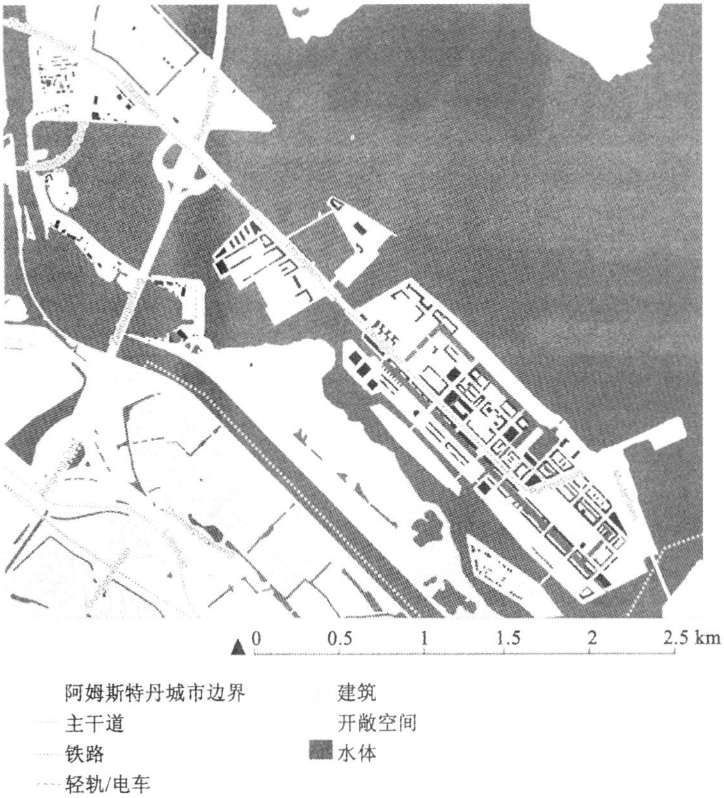

←图 8.4　艾瑟尔堡平面图。
阿姆斯特丹前港区的最终开发阶段。

←图 8.5　艾瑟尔堡。
这个引人注目的岛正处于再开发的初始阶段。（照片：来自荷兰 Debot，2005）

→图 8.6　艾瑟尔堡。
吸引人的滨水区的中等高度、中等密度的住宅开发。（照片：来自 Marion Golsteijn，2012）

长期以来，荷兰在公共交通、自行车、城市开发土地利用的整合上，是最先进的欧洲国家之一，但在过去十年间它已变得越来越复杂。以下三个方面都特别值得注意：

1. 通过火车站的层级结构来实现不同方式（步行、自行车、巴士和电车、地铁、慢车、城际列车、高速列车和飞机）的一体化。

2. 重新规划火车站，使其具有种类繁多的零售店和多种多样的其他服务设施。

3. 在车站周边规划大规模的城市开发区，包括为提供新的就业和服务而进行的城市再开发以及新的居住区。

位于城市南面的南阿克西斯区成功的发展战略，即是充分利用了所有交通方式（包括汽车、火车、飞机）非凡的可达性，五个车站强有力地证明了这点：阿姆斯特丹比尔梅竞技场站——一个由尼古拉斯·格雷姆肖（Nicholas Grimshaw）设计的新车站（2007年），是位于邻近20世纪60年代有问题的Bijimermeer住房项目的一个主要城市更新点，有一个新的竞技场和后台服务办公室；阿姆斯特丹RAI站，靠近RAI展览中心；南阿姆斯特丹站，现在雄心勃勃的建议是将铁路作为高密集商业办公室开发的基础，使其成为城市高效的CBD（图 8.3）；史基浦机场，有世界上最高效综合的航空和铁路换乘体系；霍夫多普，位于新的高速铁路南线起点的另一边，是机场的后勤和相关服务的地方。

阿尔梅勒：阿尔梅勒港口和自建社区

阿尔梅勒是一个在VINEX地区围海建造而成的大型新城，面朝艾瑟尔湖内陆，距阿姆斯特丹的东北部25千米。自1976年出现第一幢房屋起，至2011年人口已增加至19.1万，与其姐妹城市、英国的米尔顿凯恩斯的人口相近；预期在2030年将拥有35万居民，成为荷兰第五大城市。沿着通往阿姆斯特丹的铁路线发展，阿尔梅勒在20世纪80年代末期作为围海建造居住区的一部分，其社区的自建住宅愈益多样化，生态标准也可圈可点（图 8.7a和b）。

20世纪90年代，许多荷兰人开始对自建住宅感兴趣，它们的建设及实施都更加环保和可持续发展。因此，他们成立了自己的组织，其中的一个与阿尔梅勒市政府磋商，在一片土地上兴建60至65幢房屋。这个想法是由工党议员兼前荷兰议员 Adri Duivesteijn 提出的，他认为这可在房价高昂得令人难以接受的时候让市民拥有房屋。政府起草了总体规划，将阿尔梅勒与艾瑟尔湖迷人的海岸连接起来，但省去了设计控制。重要的是，由于这片围海开垦的土地上要建大量的住房，城市的基础建设需要由市政府投入。个人以及一些案例中的团体，同意基于土地面积的大小购买地块。他们聘请建筑师或直接采用已获批准的房屋设计（花费不超过17万欧元），并通常雇用小型建筑承包商。

开发住宅时，逾半的居民不能承担房屋将来或许不能在自由市场出售掉的财政风险。因此他们与为阿尔梅勒政府提供可支付住房的注册社会房东（Registered Social Landlord）合作开发。这些注册社会房东承担了投资风险，并负责与建造商和其他技术领域磋商。住房团体就绿色技术提出建议（比如绿化屋顶、太阳能板、雨水蓄水池等）。通过嵌入保暖器，墙身能更好地隔热，这样能更有效率并可减少供暖费用。注册社会房东发现这种合作方式有助于发展应用于未来住宅开发的新技术。

有趣的是，如同社区归属感、区位一样，生态标准也吸引了很

→图 8.7a 和 b。
阿尔梅勒。位于外阿尔梅勒(Almere Buiten)，典型的滨水独栋住宅。(来源：TCPA)

多人。自第一批居民迁入开始，他们可以自行分隔和设计他们的住宅（比如厨房和浴室）。学校距离小区只有 400 米的步行或自行车路程——这很重要，因为大多数荷兰儿童都会回家吃午餐。荷兰文化与英国文化的另一个区别是，荷兰人倾向每天到较小的商铺购物，然后把商品放在自行车的车尾篮内载回家，而不像英国人每周或每两周进行一次大型购物。

国际金融危机导致了荷兰住房建设的减少，促使了市政府通过为居民提供一个自行委任建造商及兴建住房的服务平台来对原有的实验进行大规模的扩展。阿尔梅勒港口是最后一个要开发的城市，它已经建了2 000套住房；另外有5 000套在建，最终会提供1.4万套住房。现在，该地区仍然能每周出售三至五套住房，已经占该城市在2011住房开发总数的1/3，尽管建成住宅总数已从每年3 000套降至1 200套。房产价格是按照可比性及竞争性地块的水平决定的，同时土地价格是按照住宅最终价格的20%至30%的比例曲线来决定的。社会住宅的土地价格为每套三万欧元，而房产出售价格则被限定为17.5万欧元，可见土地价格少于总出售价的20%，但在二十五年内不得改变社会住宅的性质。

因邻近阿姆斯特丹而被其光芒完全掩盖的这个新城，因为创造了一个如此独特的地方，为阿尔梅勒塑造了积极的宣传形象，吸引了不少更高水平的移民。各种创新设计也增强了阿尔梅勒的名气，比如由儿童为同名电视节目设计的富有想象力的苹果中心（*Het Klokhuis*）是阿尔梅勒的地标建筑。另外一个优秀的设计也体现在由荷兰杰出的建筑师雷姆·库哈斯重新设计的城市购物中心上，他将住房置于倾斜的街道之上，有俯瞰湖泊的剧院以及远眺新航道的令人激动的住宅。现代与传统的设计相结合，削弱了所有建筑都是新建的感觉，同时也吸引了更多不同的人。

为了使市民在可支付的水平内获得更多空间并建构他们理想的居所，这些新住宅的建设成本很低。这在一定程度上源于高水平的隔热技术，并且每个家庭都连接了来自阿姆斯特丹一座发电厂废热的区域供热系统的热电。此外，区域供热系统也大量使用来自市内的太阳能发电站，它包括一个拥有大量太阳能收集器的“太阳岛”。

住宅附近不能泊车，因此其他新住区内没有过境交通。汽车可以运送大型货物到家门，但不能长时间停泊。住区中有老有少，而且居民习惯只用矮篱分隔与邻居相连的后花园，这可以促进邻里社区的互动。住房团体维护公共区（像“超级看护人”），并正计划在住区中心开发一个社区活动中心。这些布署都极大地提升了小区的形象及吸引力。

阿默斯福特：法特霍斯特和品牌社区

法特霍斯特距离阿尔梅勒40分钟路程，位于阿默斯福特的东南部，刚好在兰斯塔德的范围之外的两条高速公路的交会处，是一座拥有14.7万居民的城市。法特霍斯特是阿默斯福特的第三个新城区——另外两个为纽兰德及卡腾布鲁克（Kattenbroek），它位于城市北部大约560公顷的VINEX地区（图8.8）。

→图8.8　**阿默斯福特地图。**新的VINEX开发中，法特霍斯特和纽兰德被规划为城市扩展区，并通过高质量的公交系统与中心城市有很好的连接。

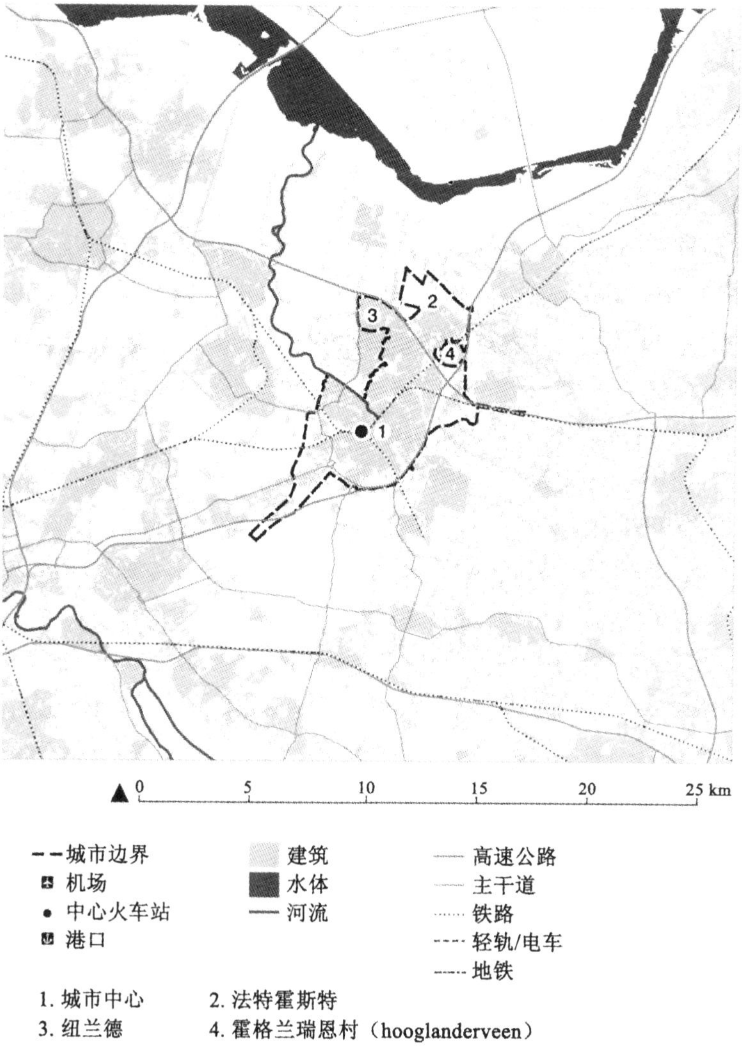

它实际上是一个连续的卫星城，宣传口号是“与众不同”。它将在 2018 年落成，该地区将容纳七个极具特色的居住区，总计三万居民和 1.1 万套住房，还有一个商务园区、一座购物中心、一个地铁站和许多其他的公共设施，所有的这些都处在一个可持续的、生态友好型的环境中。基础设施及小区设施现正与住宅同时兴建，并将在住户迁入时开放，一些临时性建筑则用作商铺、银行及其他设施（图 8.9）。这项开发还将包括五到六所小学、一所中学、一所农业学院、十个足球场、十个网球场、一座滑板公园、一个游泳池、两家卫生保健中心、一座图书馆、一座戏院、五家饭馆，以及

←图 8.9　法特霍斯特平面图。
提前建成的火车站通过公交支线直接连到了居住区。

提供可同时居住与工作的单元以吸引骨科及牙科医生等职业。预期一座新的工业园及商业园可创造 5 000 个工作岗位，而铺有光纤的每座新住宅将会使在家工作更加方便。

市政府最早提出此项开发，并确定了项目的位置。联合开发公司（荷兰语：*Ontwikkelingsbedrijf Vathorst*，OBV）由股东之一的市议会及五家公司组成的财团（另一个股东）合资成立，财团拥有这里的土地，并因以往的出色工作受到城市的推崇。OBV 向荷兰市政银行（Dutch Municipal Bank）及地方政府融资机构（Local Government Funding Agency）、荷兰公共银行（Bank Nederlandsche Gemeenten，BNG）借贷 2.5 亿欧元，利率为相对较低的 5%，还款期为 15 年，并将以土地出售的收益来偿还贷款。区内住宅由房产开发商及代理机构以常规方式出售或出租。社会住宅则由阿默斯福特市政府开发。

该区雇用了高柏伙伴（Kuiper Compagnons）及 West 8 两家规划公司，所以，在开发区内随处可见多变的建筑风格（比如传统风格的建筑外形与带屋顶平台的现代建筑风格的对比）、不同的建筑密度、相异的景观及结构。同时，阿默斯福特市率先倡导的原则现在已经应用到全荷兰：为避免出现社会的两极分化，从社会价值角度看，应该有一个完全平衡的住房比例，每一个社区应有 500 个单元。每 500 套住房要有一个混合比例，必须有 30%的住房价格是市民可接受的或是有补贴的，同时 60%的住房必须是社会租赁。

居住区的平均密度为每公顷 44 套，最低密度为外围地区的每公顷 35 套，密度最高的为每公顷 100 套，是位于法特霍斯特火车站旁的公寓塔楼。距每栋住宅平均 400 米（最多 600 米）的步行距离内有公共汽车站，同时每个社区边缘都有公路环绕。法特霍斯特的住房有多样化的空间标准：小型房屋的建筑面积为 80 平方米，大型房屋的建筑面积为 200 平方米（图 8.10a－d）。

总体规划极力鼓励以自行车代步来推动自行车成为汽车以外的具有吸引力的选择。现时，法特霍斯特环行路至市中心，小汽车进入是受到限制的。荷兰政府通过荷兰铁路（Dutch Railways）保证提供一座“标准”的火车站和通道。OBV 增加了投资总额来完善火车站，建设它来应对未来的服务人口。在开发的前三至四年，

←图 8.10a－b **法特霍斯特。**
展示滨水特色的代表性景观。

OBV 也补贴当地的公共汽车服务，现在公交公司已经处于自给自足的状态。

整个总体规划提出，区内除了环绕着现有霍格兰瑞恩村的绿地之外，还将有 40%的绿地。总体规划为每个居住区都打造了独特的品牌，比如根据靠近运河的位置，并且有不同的建筑风格。最终，它非常适合步行者，同时骑自行车的人也有优先权。

狭窄的道路及减速带等交通缓行措施减慢了居住区内的车速。自行车道较宽，两边栽种了植物，用来分隔道路和少量公共设施，有助于减少杂乱的景观并释放出更多空间。这些安排及其他设计特色都促使居民和游客善待环境，增进社区互动。

尽管总体规划的目的是在主要铁路线上建设新火车站，但大多数新迁入的居民依然驾车上班并接送孩子上学。尽管人们更多地使用自行车，但有时仍会出现交通拥堵（部分原因是该地点以两条高速路为界）。与英国类似，这反映了荷兰家庭父母双方普遍外出工作和时间紧迫的实际情况。

OBV 公司及阿默斯福特市政府成立了一个仍在进行的艺术项目“不一样的世界”（Vario Mundo），并鼓励公众参与，此公益信托有助于将人们联系到一起以建立新的住区身份。阿默斯福特市政府支付大部分发展资金，因法特霍斯特开发后地价上升，OBV 公司只资助了少部分资金。大量公共艺术项目在开发区内举办（每年 22 项），居民通过在小区内或专门的网站上投票来选择艺术项目或提出建议。每个阶段的发展皆有艺术家参与，并联合新居民通过艺术创造来增强归属感及所有权意识。

瓦尔霍斯特（Valhorst）地区使用了大量区域供热及热电联产（CHP）系统。在一个有 700 套住房的社区内，每一栋楼房都安装了地源热泵装置。法特霍斯特的住房能源效能系数比全国平均数高 10%。市内也执行了不少其他的能源效能措施，而且个体开发商可自行决定如何选用太阳板、热电联产及隔热装置等低碳科技。

市政府致力于建立一个生态的、休闲潜力高的水系统，这是该区空间规划和设计不可缺少的一部分。天然水系构成了设计的基础，并嵌入到总体规划中。住宅沿着栈桥有小船停泊的航道建设。在法特霍斯特，人们说：“让水成为朋友而非敌人（Make water your friend not your enemy.）。”在霍格兰瑞恩村西部将此前的一处垃圾场地改建为由洁净渗流水供应的水景——德彭，并能提供游泳、航船和钓鱼的设施。水景与另一个供水系统之间由一个大型沙垅（sand ridge）分隔。黑特林特是沙垅上面的一个住宅区，将提供大量不同规模、不同朝向的住宅和建筑，并将保留现有的农业建筑。围绕着霍格兰瑞恩村、德彭和黑特林特的德费尔登将成为沿着现有的运河和树木繁茂的河堤建设的住宅区。

荷兰德和威集团（DHV Group）是一家水资源咨询及工程服务供应公司，描述了法特霍斯特总体规划中八个不同的地区水资源设定的目标：在绿色及自然区域，供水系统必须是高质量和优质设计的，再造河流及湖泊的自然特色；而工业区的设计更多是从功能角度出发。预计65%的房屋可看到水上景色或将坐落在滨水区。

勇堡：交通和开发一体化

在VINEX开发中，一些最密集的小地块已经出现在西接海牙、南靠代尔夫特和鹿特丹、东临莱茵河畔小城市阿尔芬（Alphen aan den Rijn）的区域内（图8.11）。这是个有些争议的区域，因为它是兰斯塔德绿心的一部分，历史上曾是密集的温室农业地区（在荷兰称为园艺，*Tuinbouw*）。但是，荷兰规划师巧妙地将大量的紧凑式新住宅区以小型新城的形式开发为现有城市的扩展区，并通过新的公共交通线路连接——这是荷兰把交通和土地利用规划一体化的经典例证。

荷兰规划师把“铁路-有轨电车”系统（见第9章）往前推进了几步。第一，他们已经拓展了这一概念：将旧的铁路线和几个电车轨道组合成一个单一的地铁加有轨电车系统（metro-plus-tram system），即兰斯塔德铁路（*RandsadRail*）。第二，他们在主要城市内外的关键换乘点建设街道电车[①]来整合这个新的系统。第三，他们利用所得到的综合系统作为一系列VINEX项目开发的基础。

① 街道电车是直接在公共道路（或街道）上行驶的电车。——译者注

起点到达了最终系统的三个末端。第一，在海牙，平行于海岸行驶的两条电车轨道沿着街道在城市的西部郊区会合后穿过城市中心。第二，一个相当独立的电车网络在小城市祖特尔梅尔（Zoetermeer）运营，约15千米长。第三，一个曾经是（现在仍然是）地下的地铁系统服务于港口城市鹿特丹，伊拉斯谟线中的一条通过内

→图 8.11　**海牙-代尔夫特-鹿特丹地图。**

VINEX 开发中，勇堡是作为海牙的城市扩展区，通过兰斯塔德“铁路-有轨电车”系统的 15 线连接到海牙，19 线连接到代尔夫特和鹿特丹。

- - 海牙城市边界
机场
中心火车站
港口

建筑
水体
河流

高速公路
主干道
铁路
列车式有轨电车
轻轨/电车
电车15&19线
地铁

1. 海牙	7. Laan van NOL火车站
2. 代尔夫特	8. 莱德斯亨芬火车站(Leidschenveen Station)
3. 鹿特丹	9. 15线
4. 莱茵河畔阿尔芬	10. 19线
5. 海牙中央火车站	11. 祖特尔梅尔
6. 鹿特丹中央火车站	12. 兰斯塔德铁路(伊拉斯谟线，Erasmus Line)

港——是十多年来的城市更新集聚区——连接了南部郊区后进入城市中心区和中央火车站。最后，连接这些元素的是一个位于海牙和鹿特丹之间的旧铁路线，比环形主干道更加方便，环形主干道平行于海岸，穿过代尔夫特大学城，终点站在鹿特丹北部郊区车站，但这不是一个大多数乘客想去的地方。

规划师的解决方案在 2006～2011 年间得到实施，方案将这些分散的元素用特别巧妙的方式结合在一起。首先，在海牙会合的那两条有轨电车线路被埋在城市中心区下 3 000 米长的隧道里，由雷姆·库哈斯工作室设计，在进入中央火车站和从高架桥驶出前的重要地点设置了站点。其次，现有的从海牙中心火车站（Den Haag Centraal）到鹿特丹霍夫波莱恩（Rotterdam Hofplein）的重轨线改成地铁，通过 2011 年建成的新城市隧道延长线直接连接到鹿特丹中央火车站。第三，距中央火车站很短的距离内，这两条线路在兰恩范恩火车站（Laan van NOl）和莱德斯亨芬火车站合并成一条轻轨线路。勇堡的新火车站位于从海牙到乌特勒支的国家铁路线上，在 2009 年末通过一条相切的新电车轨道 19 线连接到莱德斯亨芬的兰斯塔德铁路，这条线路旨在将在高速发展地区的开发区与海牙东部连接起来（图 8.12）。随后，五个站继续向前驶去后又分行，有轨电车向左转，向东驶向旧的祖特尔梅尔轨道；地铁继续向南直行，穿过空旷的乡村到达鹿特丹；最后，2011 年，一条新的城市地下隧道将它们与中央火车站连接起来，通向现有的南行地铁线。

←图 8.12　**莱德斯亨芬。** 兰斯塔德铁路-电车和 19 线电车交汇处，通往勇堡中心。（照片：来自 Voogd075，2010）

勇堡是 VINEX 项目中一个很好的例子。在海牙边缘的一些毫无特色的前荷兰空军基地上，地方政府率先在开发中委任建筑规划师弗里茨·派姆博姆（Frits Paimboom）制订总体规划（图 8.13）。小镇被分为五个不同的“主题区域”或社区，每个都是有其独特之处的 2 000 户左右的社区，总共 1.2 万户（约三万居民）：一种是传统的城市别墅，另一种住宅则是能让人怀旧的公寓大楼，而其他则是现代的实验性建筑。整个开发中，利用土堤坝使其免受两边繁忙的高速公路带来的噪音影响（图 8.14）。在总共的八十个团队中，通过有限竞争，选出了不少于十五个的不同的开发商/建筑师团队来建设不同的社区。当地规划师强调，选择是基于质量考虑而不是

→图 8.13　**勇堡平面图。**
紧凑的城市形态是基于两个交叉的有轨电车线路。

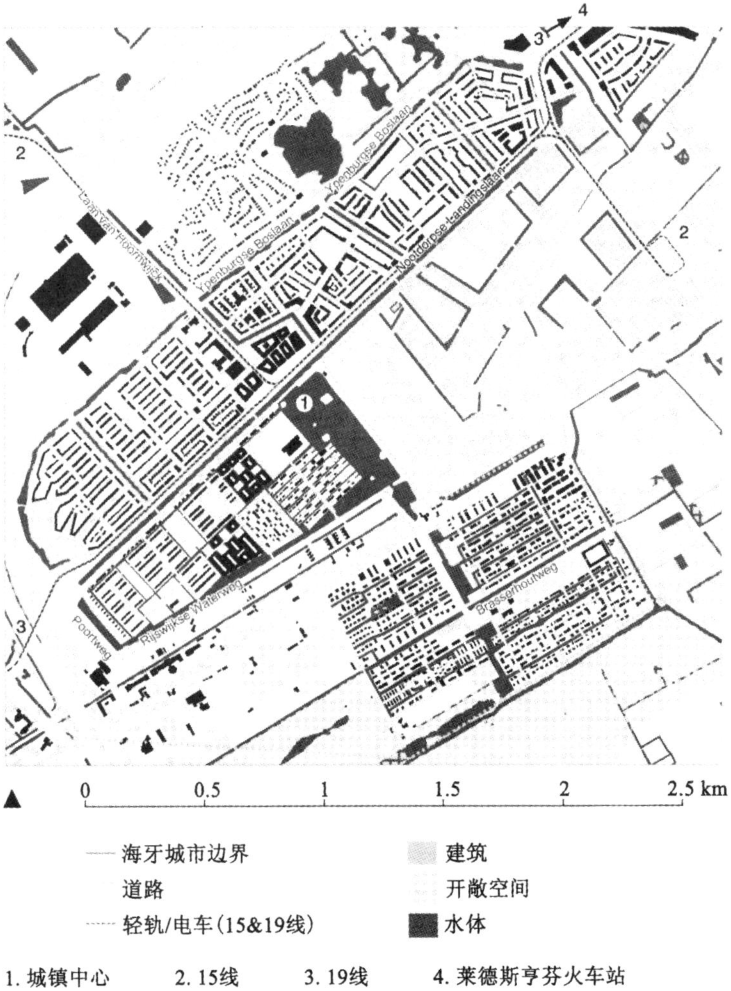

←图 8.14　**勇堡。**
有代表性的景观，展示了能降低来自邻近高速公路噪声影响的土堤坝。(照片：来自 Michiel 1972，2005)

价格，因为质量越好，需求就越大，因而价格会更高。正如其他的荷兰规划方案，高质量的交通基础设施——包括交会在镇中心的两个新电车轨道线——之所以成为可能，是因为公共部门对房地产开发提升的土地价值进行了再投资。这里有两个大型超市，大约四十家商店，一个图书馆；多个儿童保育设施、一个医疗中心和一个运动中心。垃圾地下存储意味着住宅区不受有轮子的垃圾箱影响，同时使垃圾分类和之后的回收更加容易。

勇堡中心的公寓围绕着一个购物中心建设，但并不是所有的都符合规划；特别是老年人还没有搬进为他们规划的中央公寓。但总的来说，人们倾向于搬进来而不是迁出去，这是衡量开发是否成功的一项指标。

结论

荷兰城市提供了宝贵的经验教训：首先是他们在开发过程中使用的方法，其次是他们所取得的成果。

好的方法

荷兰的规划和开发系统在很多方面都类似英国，但在过去的二十年里，荷兰的系统渐渐成为其他欧洲国家的榜样，它的理念已被广泛效仿：紧凑城市、综合公共交通、基于选择的租赁和交通安宁（Traffic-Calmed）[1]的住宅区。此外，就像在英国，用于地方政府服务的资金80%来自中央政府，因此也会关注如何负担巨额的开发资金。

① 交通安宁的概念源于荷兰温纳尔福（woonerf）的庭院道路设计，指在限制车速和流量的前提下人车共存。——译者注

1. 规划发展的通用规则。荷兰并不限制大规模的开发：主干道和火车站周围到处都是大量的新建筑。这是严格的中央控制和住房、空间规划和环境部每十年回顾一次国家空间发展战略的结果。半个世纪以来，尽管政治上存在分歧，但这一直是国家政策公认的重点。VINEX仅仅是一个引人注意的展示。

2. 中央和地方政府之间的协议。省、市级政府需要落实国家战略，通过制订地方住房发展建议，也称为“契约”；作为回馈，中央政府为土地净化和提高场地通达性提供补助。过程相对比较简单，只有少量控制要求，例如提供30%的社会住房并将住房集中建设在已有基础设施配套的地方。从大兰斯塔德地区的城市开始，引入了一个系统的协议，并率先在鹿特丹市实施。

3. 实事求是的总体规划。市政府在规划和开发中发挥了更积极的作用，同时比英国有更大的财政自由。这不仅包括实施总体规划，也包括投资基础设施。因为在荷兰围海造地（所谓的开拓心态）的文化历史中，中心城市都拥有大量土地的开发机构，与英国相比，规模更小的城市都需要在开发中发挥更大的作用。其中最关键的是市政银行（the municipal bank，BNG）为基础设施提供资金。

4. 平衡基础设施和开发。在所有的新开发中，交通基础设施是最先提供的，用来给开发商信心以推进开发计划。重要的是，荷兰的交通飞速发展，火车出行比例每年以4%的速度增长。因此，有中央政府和省投资的主要交通设施，如兰斯塔德“铁路-有轨电车”系统，或从阿姆斯特丹和鹿特丹到布鲁塞尔的新高速铁路，也有庞大的地方轨道交通系统，人们可以无需使用汽车上班并到达主要购物中心，比如在勇堡和祖特尔梅尔之间建设的有轨电车，或是在阿尔梅勒的公交专用车道。通过结合先进的土木工程和好的城市设计，新的基础设施广受欢迎，没有受到抵制。这也反映了教育体制和文化传统，即多学科团队合作使得规划更加容易实施；地方政府在其中发挥着主导作用。

5. 土地所有权的重要性。地方政府相对强势的地位源于规划系统中广泛的信任（例如，土地所有者的上诉在一个较小的范围内），也源于地方政府在土地征用中所起的关键作用，他们往往拥有重要地区的产权，或促进不同产权人合作经营。虽然 VINEX 已经引导私人开发商购买了那些有望开发的地块，但是制订地方规划和开发原则的还是地方政府。通过动员多方力量开发土地，荷兰已经成功地找到刺激以前尚未开发的土地市场的创新方法，包括自助委托住房和各种形式的合作住宅，以及满足更广泛市场需求的社会住房。这对英国开发商和房屋建造商来说是很重要的经验。

6. 角色的定位。开发是由经验丰富的房地产开发商、住房协会或商业地产发展商来实施，总体规划已经存在，同时也已经提供了基础设施建设。签订合同能够保障安全性，并能最大限度地减少风险，因此获得合约权被认为至关重要。就阿尔梅勒新城而言，经过竞标，雷姆·库哈斯获胜（除了他自己设计一些建筑物外，他可以确保其他世界级建筑师参与——虽然不一定有好的结果！）。获得公私合作经营合同后，仍然会存在很大压力，就像在祖特尔梅尔，因为改变会使市政府付出沉重的代价，所以相关条款涉及到了主要风险，包括将基础设施与开发联系起来。正确的分阶段开发很重要，值得注意的是，阿尔梅勒曾经要求确保文化设施——其中包括溜冰场和酒店——的早期开发，但后来因为它与方案的其他计划分离而失败了。

7. 团队合作。每一个 VINEX 地区都有一个小型的多学科团队，负责主要方案的工程局会在方案完成后解散。这个团队不仅包括规划人员和房地产专家，也包括信息技术专家。在高质量的信息系统上大量投资，比如模型和电影，人们在出售个人住宅单元的访客中心就可以看到他们的新家园如何融入到城市重要的战略中。

8. 优良的城市设计。尽管总体规划创造了愉悦的新邻里社区空间，适宜步行和骑自行车，但是这些邻里社区通常除了学校就没有什么别的设施，商店和其他服务都留在镇中心。荷兰人似乎更愿意通过大量的改造土地来适应自然景观，比如，给新住房遮蔽使其免于高速公路的噪声。他们还富有创造力地利用水来分隔住宅区，来促进生物多样性和尽可能地减少径流。

9. 社区管理。许多关于社区管理战略的政策有助于提高宜居性并创造一个更好的公共领域，尤其是在那些移民多和失业率高的地区。有两个案例：奥祖姆梅恩项目（Opzoomeren）和公民督查员计划（The Civic Wardens Scheme）。1994 年，鹿特丹的一个卫星镇霍赫弗列特（Hoogvliet）引入了奥祖姆梅恩项目，如今已经被应用到 1 600 个街道。奥祖姆梅恩项目是关于地方政府鼓励当地社区在每个街道、广场和庭院里组织联合清理活动，植物花坛、窗户框以及类似的小规模改善，来优化他们当前的生活环境。项目被视为关键的是“社交礼仪”（从富有攻击性到自我控制），现在有 250 个案例，过程从街头派对开始以识别本地社区人员。然后，他们制订了关于社区应如何管理如噪音或垃圾等方面的规则。如果规则被社区居民认同，那么市政府会为环境改善提供资金。

公民督查员计划是一个国家公共倡议，其福利用来支付督察员培训费用，包括接受沟通、社交技能以及 IT 技术和急救培训。当地的区政府管理这些计划。

10. 优秀的人员，好的团队工作。由于优秀的人员在开发中起到的积极作用，荷兰已经能够吸引和留住他们在地方政府工作，这保证了人力资源的连续性。可以采用比传统房屋建造商更多的创新设计方法，主要通过竞争来实现，也因微观调控的缺乏而强化了“可以做”的哲学。荷兰人似乎更爱冒险，但也能诚实地承认错误并从中学习。他们似乎更善于团队合作，态度积极，同时在空间设计上有更高的标准。在某种程度上让每个人都参与到规划过程中来，例如主要城市都有建筑中心。他们广泛地利用公私合作，但并没有放弃对于公共领域控制和管理的意识，地方政府在其中起带头作用。这些都是通过预先投入的公共投资、开发商提供的明确的和可预测的协助来实现的。

好的结果

总之，荷兰人所面临的许多问题本质上与英国人是一样的。家庭间存在一种流行的偏好，即搬到有花园的住房中（没有小孩的人、年轻人和老年人，都乐意居住在靠近服务设施的公寓里）。荷兰人也关注了一些年轻人欠佳的公共行为，以及来自不同种族和文化背景的人集聚到一起所带来的问题。交通拥堵也是荷兰政府在设置额外的“高峰时段车道”时关注的问题。气候是一个大问题，尤其是考虑到大多数荷兰城镇的地势位置较低。

1. 环境的可持续性。与英国相比，荷兰建造了更多、更大、更规范的住宅。在新郊区通常安装热电联产、风力涡轮机和地下分离的垃圾处理系统，因此这里有更多将“生态镇”的原则变成现实的地方。例如在祖特尔梅尔的最后扩展区里，社区有很多吸引人的生态住宅，社区负责维护公共空间，同时排水系统创造了一个非常有吸引力的邻里社区。在 Ecolonia 小区，开发了 6 000 套住宅，在第一阶段为了测试不同的技术方案，建造了 100 多套环湖住宅。

2. 卓越的设计。虽然有一些新住宅看起来似乎冰冷和没有灵魂，但毫无疑问，荷兰已经创造了有独特性的新空间。不同“品牌”理念的邻里社区，和产品一样，影响似乎是强大的。因为新家园明显提供了比旧公寓更好的产品，“品牌”已经帮助创建了一个比英国更加广泛的市场。荷兰似乎擅长不让小汽车主导布局，将大住宅区分割成较小的地块。建设中会更多地利用水（荷兰地势较低的西部地区，规划区中 8%～10%的用地是排水和防洪控制系统）和植树，还有一种创造独特环境的方法——就是使用大面积的色彩来提亮空间。

3. 社会融合。虽然在实践中，社会住房区是集中布置且远离私人房屋的，但是它们的问题并不突出。荷兰实现了一个更平等的社会；最近联合国儿童基金会（United Nations International Children's Emergency Fund，UNICEF）一份众所周知的发达国家儿童幸福感的研究表明，荷兰达到了最高标准，而英国最低。这部分因为荷兰人在通勤上花费的时间较少，因此人们有更多的时间陪伴孩子，部分也是因学校和邻里社区活动在社区参与上做出的努力。家是人们能够在这里成长的地方，同时通过强调志愿工作来形成良好的社会支持体系。良好的公共交通和低票价也有助于社区团结。尽管有高水平的经济增长和社会平等，荷兰仍存在很大的空间差异，例如在大城市内（如海牙）、旧城区和新郊区之间。新的郊区已经吸引了许多白人工人和中产阶级离开高移民率的中心城区。

4. 创造财富。最后，对新住房的投资有助于使荷兰成为欧洲最强大的经济体之一。虽然英国消费支出水平较好，但它遭受了长期低水平的私人和公共投资。伦敦和英国其他地方之间的差距仍然在继续扩大，而阿姆斯特丹和海牙都被视为巨型多中心都市圈的一部分。许多新的就业机会存在于城镇和城市的边缘，而中心区正越来越成为生活和娱乐的地方。尽管荷兰也像英国一样，就业已经转向服务业，制造业岗位在流失，但它仍有许多的主要制造商，比如达夫（DAF）收购了英国利兰卡车有限公司（Leyland Trucks）。

一切并非完美……

即使在荷兰，发展进程也不总是一帆风顺的。我们已经看到，因为早几年他们没看到投资交通的理由，法特霍斯特（阿默斯福特的城市）不得不支付给荷兰铁路费用，以便提前四年开通运营新火车站。在勇堡，规划两条有轨电车线路，其中将开发项目与市中心联系起来的一条很早就开始运营了，但另一条连接到新兰斯塔德火车站的19线到2011年才开始运营。规划师们认为这个延期意味着早期的开放受制于对小汽车的依赖：人们在6：30离家驱车到环绕着郊区的拥堵不堪的高速公路上。公共交通先行是十分重要的，并且要在经济上可行之前：否则会形成坏习惯。

这里有一个相关的批评：就像英国的大多数规划一样，荷兰存在一个明显的趋势，即利用高速公路作为新开发项目的自然边界线。法特霍斯特和勇堡实际上都是被主要的高速公路环绕着，靠近居民区建设了大型多层立交桥。这就意味着那些为了减少噪音干扰的高堤坝和墙壁进一步孤立了郊区（像勇堡和它的母城一样）；现在还不太清楚实际上有多少污染进入了居住区，但这是一个令人关注的问题，因为居住区里有大量的儿童。

这里存在着另一个疑问。这些地方居民绝大多数是荷兰本地白人。在过去的三十年间，大量移民涌入荷兰，他们的孩子在下午放学的同学中，看起来似乎非常弱势。如果为这些新移民腾出了市中心的住房，你可能会称之为成功。但是，看看第二次世界大战后阿姆斯特丹的内城西郊，现在主要居住着面临多重社会问题的低收入居民，问题是：荷兰已经成为一个空间上分割、社会上隔离的国家吗？阿姆斯特丹的规划师显然是这么认为的，因此他们正试图更新这一区域来吸引雄心勃勃的年轻的专业人士。但是荷兰和英国一样，社会和空间不平等的问题仍将存在。

荷兰也陷入了经济衰退，随着预算的减少和增值税的上涨，冻结了公务员的工资和更高的医疗服务费用，削减了通勤者的税务优惠，退休年龄逐渐地上升到 67 岁，缩减了可支配收入。失业率已经上升到 6%以上。正如《经济学人》（*The Economist*，2012 年 6 月 23 日）所说的那样，“事实上，荷兰人第一次摆脱了德国相当强大的经济”；房地产市场暴跌，通过负资产抵押困住了 50 万户家庭——它们中的许多人居住在 VINEX 开发区内。

然而，尽管极为保留，总的来说 VINEX 已经相当成功了。游历于这些新社区时，不得不为它们的大规模和普遍高质量开发而惊叹。实际上，公共公司将土地打包给那些在投标中胜出、将要建设不同居住区的私人开发商——但接下来所有的社区总体规划又要遵循整体概念。这一概念通常是相当传统的：一条中央大道，有时候会非常宽阔，是考虑到保留的中央电车轨道或公交专用道（最后，在法特霍斯特，令人惊讶地将中央大道与一系列的环形路连接起来）。邻里社区都聚集在道路两旁，按照全国范围内的标准，独栋住宅全部都带有小花园；住宅规模和密度各不相同，通常一个社区是非常高档的独栋式住宅，其他靠近运河的就设计成吸引人的、较高密度的台地式住宅。特别是在法特霍斯特，一直试图赋予每个社区不同的特点。一个有高比例补贴式租赁房屋的社区，围绕着宽阔的中央公共开放空间建设，还有特别吸引人的水景：很明显是为儿童提供的奇妙空间。

对英国而言，VINEX 可以提供一些重要的经验教训。一是质量：荷兰人已经证明公私合作可以实现高质量，甚至能达到高生态城市标准。二是新的住房建设区位。荷兰人很谨慎地选择了大城市内部和附近地区。英国社区与地方政府部门的可持续社区战略则做得不一样，选择在沿着主要交通走廊、远离伦敦的中等大小城市附近。没有什么是一定错误的：它是始于六十年前的第一代新城战略的延续，同时在 20 世纪 60 年代随着北安普顿和彼得伯勒（Peterborough）的新城建设而发展。它适合于不同的空间体系：荷兰是典型的多中心国家，最大的城市只有伦敦的 1/10。

但是有一点值得质疑：荷兰在远离大城市的、独立偏僻的地方建设小型生态城镇。2010 年，英国社区和地方政府部门发布了关于第二批生态城镇的公告，提出地方政府主导的方案，集中布局在城市边界内或附近地区。这相当明显地表明：英国的规划师迅速地回应了他们在参观荷兰时学习到的经验。看起来他们已经从荷兰吸取了主要的教训。

9 法国利用交通促进城市的发展和更新

19世纪后期的几十年以及20世纪很长的一段时间里，法国的城市处于深度萎靡之中。1971年，城市史学家安东尼·萨特克利夫（Anthony Sutcliffe）借用伟大的德国文化评论家瓦尔特·本雅明（Walter Benjamin）的一句表述来定性他对现代巴黎的经典研究——《巴黎中心的秋天：1850～1970城市规划的失败》（*The Autumn of Central Paris: The Defeat of Town Planning*, 1850～1970）。相似的缓慢衰退过程甚至更加彻底地影响到了法国一些主要的省会城市，城市经济实力和威望的长期下降更加强了这一衰退过程，这在右翼地理学家让-弗朗索瓦·格拉维耶（Jean-François Gravier）1947年的著作《法国巴黎和沙漠》（*Paris et le désert français*）中有所体现。20世纪60年代，仍旧高度集中的法国规划体系决定采纳“大都市区域平衡”（*métropoles d'équilibre*）的理念，使其他都市区可以获得发展资金；作为与巴黎平衡的独立体，它们也的确开始展现出复苏的迹象。但直到1982年情况才真正有所改观，密特朗政府对法国历史上集中的财政体制实施根本性的变革，把大量的公共资金从中央部门转移到21个新建的法国地区委员会，用作大规模区域和城市更新的基础设施投资。不久，结合这项举措出台了行政管理手段——城市合同（*contract de ville*），包含在1989年的法律中，以促进实施第十次国家规划，通过在国家、地方政府和独立法人之间形成一种新的合约关系，允许在环境、教育、交通、安全、运动和社会服务方面主要的城市项目能够实施。它促成了法国大城市二十年的投资热潮，从而使这些城市转变为欧洲最具现代感和吸引力的地方。

然而在这个城市难题中有一个更加有趣的部分。一种以雇主为对象的特殊征税——交通税，首先在巴黎地区被引入，随后（自1973年）逐步扩展至省会城市。该税起初用于资金支出，后来越来越多地用于补贴运营费用。交通税是一种抵押税，类似劳合·乔治（Lloyd George）[①]1910年预算中注定失败的道路基金，对英国国库券产生了威胁。众所周知，现在这些资金正大量投资在法国主要城市新的公共交通系统，并越来越多的用于小城市中。

① 英国自由党领袖。——译者注

权力下放和另一个众所周知的项目几乎同时出现，这就是1981年从巴黎到里昂第一条高铁线TGV的开通。随后在1990年，到勒芒（Le Mans）和图尔（Tours）的大西洋TGV一期工程线路开通；1994年，到里尔的北方TGV、布鲁塞尔线路和海峡隧道开通；2000年，到马赛和尼姆的原始线路进行扩展；2007年，东部TGV一期开通，这使法国有了一个无与伦比的超快速的列车网络，连接巴黎和法国主要省级城市，大大缩短了它们之间的有效距离。对于数百万享受着这项新服务的海外游客来说，成效是显而易见的。也许并不那么显而易见的是，在过去的二十年中，各主要车站与快速发展的城市和区域交通网络的无缝连接归功于地方和区域的财政改革。

反过来，这也伴随着对法国城镇物质环境提升的大量投资。正如英国一样，机动化增加和运营规模扩大的进程，深入地影响了法国人的购物习惯：人们每周开车去众多像家乐福和欧尚这样廉价的、城市边缘的货仓式购物中心，城市内许多小商店关门，但是在最小的村庄里，面包房却存活下来了，人们每天去光顾一次、两次，甚至是三次。这些城镇将他们吸引游客的东西在高速公路和国道上做广告。城市本身也通过实施一系列谨慎计划实现转型，例如缩小汽车的可用空间，同时拓宽步行路面，提供当地停车空间，使其具有明显的地方自豪感。法国国家城镇中心联盟（The French National Town Centres Federation）——有点类似于英国的城镇中心管理协会（Association of Town Centre Management）——发布了十点声明，包括停车和公共交通倡议、多样化的提升和闲置土地的开发。其中最具创新性的想法是城镇中心支付卡的升级，凭此卡人们可以进入博物馆，也可以使用交通和停车设施。

在接下来的学习旅行中，我们将会看到这些交通、规划政策和实践是怎样在四个不同类型的城市中结合起来的：第一个是法国19世纪最大工业区的首府城市，第二个是在地中海沿岸法国发展最快的主要城市（发展最快地区和发展最快部门的首府），第三个是一个成为欧洲合作象征的东部边界城市，最后我们在边界做一个简短的考察，来了解一个德国城市是怎样保护有轨电车和创造有轨电车-列车系统的。

里尔和鲁贝：塑造区域身份

里尔位于欧洲西北部的心脏地带，巴黎-伦敦-兰斯塔德三角的中心点，半径350千米，拥有一亿人口，是地方、区域和欧洲交通网络的中心（图9.1）。里尔大都市区是欧洲最重要的工业中心之一，和北英格兰主要的工业城市地区旗鼓相当（Colomb，2007，p.19）；但有一个关键的区别：自20世纪60年代以来，里尔就被里尔市镇联合体（LMCU）[1]这一特殊战略机构管理。LMCU是一个市镇间的合作体，在20世纪70和80年代一系列错误的开端后，主要负责非同寻常的经济转型（Colomb，2007，p.22）。

① Lille Métropole Communauté Urbaine，LMCU，之前叫CUDL，Communauté Urbaine de Lille.

LMCU成立于1966年，当时为了应对整个法国地方势力分裂成3.6万个自治区的紧张局势，并刺激主要省级都市区与巴黎平衡，一项国家法律规定，87个（现为85个）由里尔、鲁贝和图尔昆市所辖的城镇，将要建立一种新型的“都市机构”（市镇联合体）。作为法国14个市镇联合体之一，它主要监督都市范围内主要公共服务的规划、协调和管理。LMCU拥有超过2 300名员工，由一个170名地方议员组成的机构管理，该机构是都市区内由各成员

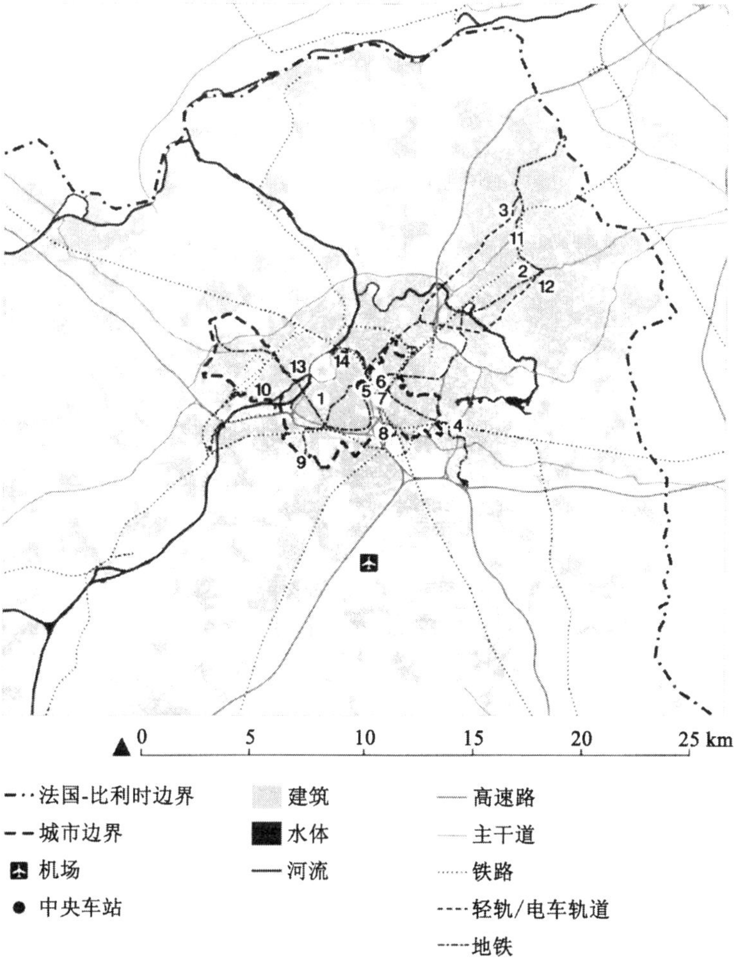

→图 9.1 里尔都市区地图。法国北部最大的城市群，包括里尔、鲁贝和图尔昆以及许多更小的市镇如 20 世纪 70 年代的阿斯克新城（Villeneuve-d'Ascq），并延伸至比利时边界说法语的穆斯克龙（Mouscron）和说佛兰芒语（Flemish）的科特赖克（Kortrijk）。这张地图展现了地区正在实施的主要更新行动。

议会选举产生的，管理区域的总人口多达 110 万，管理范围从拥有 22.6 万人的里尔到只有 179 人的乡村小镇。它最初的职责范围涵盖公共交通、废物管理、供水、街道和交通管理，后续加入战略空间规划、城市更新（1989 年）、经济发展（与个体城市共享）、文体设施、大型文化活动及环境（2002 年），以及战略性房屋更新及供应（2005 年）。其中的很多责任与当地管理部门共同承担。2005 年，LMCU 拥有来自当地税收和中央政府拨款的 14 亿欧元，其中 73% 都用在投资上（Colomb，2007，p. 22）。

在 1966～1989 年的二十多年间，LMCU 起到了极其有限的技术作用。它集中发展高速公路规划，而且深受小城镇政策的影响，几乎没有解决再分配的问题（Pradeilles and Chapoutot，1981，pp. 39～58；Le Galès and Mawson，1995，p. 383）。后来，一切都变了。1989 年，曾担任法国总理（任期为 1981～1983 年）的里尔市长彼埃尔·莫鲁瓦（Pierre Mauroy），担任联合体主席，并促使里尔、鲁贝、图尔昆及阿斯克新城四大城市的市长达成了历史性的政治共识。从那之后，LMCU 开始发挥战略作用，在这个大都市区展现出一种经济发展和城市更新的愿望，通过实施积极的发展和更新战略来解决主要的经济和城市问题，从而使里尔大都市区站到了欧洲的舞台上。

从繁盛到破产：制造业的瓦解

想要了解 LMCU 在 1989 年面临的挑战，必须要知道一些历史知识。这里和洛林地区（Lorraine）都是法国工业革命的摇篮。在法国北部和比利时南部的米尼尔盆地（*Basin Minier*），因在大煤田和矿井进行的煤矿开采和钢铁加工而使瓦朗西纳市（Valenciennes）、杜埃市（Douai）及莫博柏地区（Maubeuge）迅速发展。与此同时，里尔、鲁贝和图尔昆也实现了纺织业的繁荣发展，成为世界上继曼切斯特和兰开夏南部之后的第二大纺织品产区（Fraser and Baert，2003）。一个世纪之后，鲁贝市的人口也由 1806 年的 8 000 人增加到了 12.5 万，主要是由于邻国比利时乡村的大规模移民流入。鲁贝-图尔昆地区成为了“烟囱城市”。1911 年，鲁贝主办了国际纺织品展会（International Textile Exhibition），有 80 万人参加（Colomb，2007，p. 9）。

但是，那里的生活条件极端恶化：在 1912 年，鲁贝的五万工人住在 1 324 所院子里，又长又窄的小巷子两边是狭窄的两排两居房，它们共同使用一个厕所和水井，密度达到每公顷 400 间房。之后的大规模清理贫民窟行动，只保留了 250 间。人们生活在特别糟糕的环境下，这些地方主要居住着无力维护、修补和改善房屋的低收入家庭。令人有些意外的是，鲁贝是法国社会党的发源地。1892 年，鲁贝成为法国第一个社会主义自治市。它发展了“社会主义自治”政策，与工会和贸易协会合作为工人阶级提供各种就业规划和服务。在 20 世纪前半叶，该区在住房、卫生和公共健康方面进行了许多社会政策的尝试，之后推广到国家层面（Colomb，2007，p. 9）。

1900 年，事实上更晚一些，该地区始终是一系列分散的城镇。最初，工业家们和他们的家庭都住在内城，靠近工厂和工人住房。一战之前，一条长达 14 千米的“大马路”连接起了里尔、鲁贝和图尔昆，其中包含一条电车轨道，这是当地工程师艾尔弗雷德·蒙吉（Alfred Mongy）的发明，这条线很快被昵称为“蒙吉线”。自 19 世纪 30 年代之后，一些工业资本家离开城市去往沿着芭芘依斯公园（*Parc Barbieux*）、林荫大道（*Grand Boulevard*）、马克（Marcq）及克鲁瓦（Croix）的周边乡镇和郊区住宅。但是，除了有轨电车断断续续的发展之外，仅在 19 世纪 60 年代，不断增加的私家车拥有量导致了城市蔓延和英式大都市区的产生（Paris and Stevens，2000，pp. 16，51；Colomb，2007，p. 18）。半城市化居住区（边缘城市）也伴随着城外购物中心和乡村地区商务园区的建立而发展起来。

讽刺的是，就在当时，该地区在 20 世纪 70 年代早期突然被纺织业危机冲击。经历了持续三十年的经济增长，1973～1974 年的石油危机之后，法国经济陡然衰退。1945～1996 年间，里尔在纺织品加工业中减少了 13 万个就业岗位；仅在鲁贝和图尔昆就消失了五万个岗位。最大的工厂羊毛厂，在 20 世纪 50 年代中期拥有 6 800 名工人，每年生产 9 000 万吨毛织品。1982 年它拥有 5 000 名工人，1989 年有 2 100 名，1996 年有 450 名，2000 年 1 月在历经了八十九年的运营后倒闭。

结果是，在欧洲其他地方，区域经济大量地从制造业转向服务业。雷福格（Liefooghe，2005）描述了鲁贝和图尔昆是如何变成高度专业化服务聚集地的，纺织业衰落之后，主要邮购公司和大型超市连锁总部如欧尚在此建立。这种转变是服务于邮购企业的各种知识密集型的（和高度产业专业化的）服务业集聚：物流、广告、制图、摄影、包装、印刷、直接营销、客户服务中心和软件等。

但对于那些在制造业中失业的人来说，他们很难在零售和服务业再找到新工作。那些曾被鼓励到工厂中工作的传统产业工人和移民（尤其是北非移民）居住环境简陋，长期失业且流动性弱。许多案例中周而复始的长期剥夺现象来源于落后的教育和歧视，这又进一步转变为代际贫困（Colomb，2007，p. 12）。其中的关键问题在于供需不匹配。2000 年里尔郡年轻人（25 岁以下）失业率达到

24.3%。该区经受着长期失业、外国人的高失业率以及低教育水平的困扰。里尔郡有1/3的失业率，鲁贝一些地区达到40%～50%，这些失业人员都缺少相关的工作资质（Colomb，2007，pp. 15～16）。

但是去工业化和向服务业转型在该区产生影响的程度不同：位于鲁贝和图尔昆附近的东北大都市区（*Versant Nord-Est*），剥夺和失业更为集中；南部的里尔和阿斯克新城相对更加繁荣。在鲁贝，去工业化和工厂的关闭产生了许多小块衰败地区，一些较好的厂房还存在于此，有的甚至还位于市中心，但它们已经派不上用场了（Colomb，2007，p. 11）。由于小型店铺的关闭，零售业也退出市中心。20世纪90年代中期，市中心没有生气、毫无吸引力而且相对不安全，几乎没有什么零售和服务的机会。最后一个影院于1998年关闭。与里尔市中心的房价相比，鲁贝的房价十年间（1990～2000年）下跌了50%。

政治家需要时间来做出应对。20世纪70年代，LMCU的资源和基金致力于在大学周边建立一座新城——阿斯克新城，放弃20世纪60年代的里尔市中心，重新选址于里尔的东部边界，并发展其周边的交通。为加强先进的高科技园区理念，LMCU决定发展一个全新的、革命性的全自动地铁系统，这在当时是全球首创：自动轻级车辆（*Véhicule Automatique Léger*，VAL），有着很小的通道和车厢，因而成本降低（Pradeilles and Chapoutot，1981，pp. 81～82）。线路从西部郊区到东部阿斯克新城，横穿整个里尔，1983年开通，到1987年已吸引了一亿乘客。这个决定中的关键因素是开始对雇主征收新的国家税——交通税，预计提供58%的成本花费（同上，p. 115）。在让-克劳德（Jean-Claude Pradeilles）的研究中，一位受访者表示：

> 由于交通税，即使有资金，他们也不能做其他的事情，一个电车网络实在是一个不易的工程（同上，p. 145）。

即便前些日子，开通向北到鲁贝和图尔昆的第二条线路的方案原则上通过决议（同上，pp. 93～94），但这个项目从未启动过。同时老旧的鲁贝-图尔昆电车系统蒙吉线，从1960年起持续每年出现财政赤字，1971 年时增长至 700 万法郎（同上，pp. 64～65，75～83）。

1989 年：皮埃尔·莫鲁瓦和历史性的共识

但在随后的 1989 年一切都变了。LMCU 的重要政治人物最终接受了这样一个事实：大都市区长期繁荣的关键是需要平衡所有城市区域的空间和经济发展战略，包括已经在去工业化过程中遭受打击最深的地区。1989 起，在皮埃尔·莫鲁瓦的引领下，达成了 LMCU 内由四大城市市长支持的“大都市共识”（Colomb，2007，p. 28）。这种共识建立在相互之间的认识上：一方面是超越城市之间原有的（和剩余的）竞争，里尔作为领导者有必要成为一个强大的“核心城市”，在更广泛的城市区域市场推广的背景下，推进相关旗舰项目；另一方面，LMCU 也需要承诺解决城市区域发展的不平衡，并帮助被剥夺的地区，避免形成核心-边缘状况，长此以往会损害到城市区域的整体繁荣。LMCU 市长之间正式签署协议，新的议程最终达成（Le Galès and Mawson，1995，p. 384）。当局做出了很多政治和行政上的努力，不仅实施了有很高声望的旗舰项目和其他经济发展计划，还解决了大都市区内弱势群体和落后地区的问题。鲁贝-图尔昆接受了大量公共投资和以里尔都市区为首的城市区域的市场推广，而 LMCU 把大量资源投入到延伸至鲁贝和图尔昆的地铁（1990 年做出决定），并资助这两个城市的中心区更新和住房重建工作上。René Vandierendonck 1994 年当选鲁贝市长，他之前隶属于中间党，在 1998 年区域选举中加入了社会党，由此确定了鲁贝和 LMCU 之间的密切关系。

交通是关键

在 LMCU 战略演变和由此产生的经济转型上，重大交通项目的开发发挥了关键作用。其中 VAL 地铁和有轨电车现代化两个项目，是联合体直接负责的主要成果。另外，从巴黎到英吉利海峡隧道的高速线和新里尔站的建设，是国家层面上一个巨大的合作项目，不过，联合体内各个城市也起到了至关重要的作用。

第二个项目是连接里尔和鲁贝以及图尔昆的长达 32 千米的地铁线，20 世纪 90 年代初启动，1999 年竣工。连接里尔、鲁贝、图尔昆和阿斯克四大主要城市的双线合并地铁系统成为多中心都市区的象征。2009 年它每天运载 26.2465 万人次，此后被台北、芝加哥和法国其他城市如图卢兹采用。

此外，旧的有轨电车系统也改装成 22 千米长的电车线路，连接里尔、鲁贝和图尔昆，在地下运行至新的主要地下换乘站，与两条地铁线路在里尔弗兰德（Lile Flandres）站交会，其中还包括一个位于老车站前的新建地上公交车站（Menerault，2008，pp. 157～158）。鲁贝现有六个地铁站和六个有轨电车站。从鲁贝的中心搭乘地铁前往里尔的中心需要 20 分钟。地铁、电车和公共汽车服务于国际和地方的火车站。所需的巨额投资主要是来自国家对雇主征收的交通税。里尔大都市区也有 89 条城市和郊区公交线，包括八条跨境路线（Colomb，2007，pp. 28～29）。

最后，还有 TGV。里尔曾有一个重要的终端站里尔弗兰德，早在 1848 年原来的城墙被推倒后。1921 年由 E. Dubuisson 提出在城市中心旧城堡的东部建立中间站的计划，提议被搁置，直到 1951 年一个项目被 Théodore Leveau 重提，之后在 1971 年一个规划中被 OREAM-Nord 再次提及，特别指出中间站是为了欧洲高速列车而建，是补充而不是取代旧终端站。这一有远见的计划已经触及了“多模式交互联运”（multimodal interchange）的理念，把新车站与旧有轨电车和服务于新城镇的新运输系统连接起来（Meneraut，2008，pp. 155～157）。1975 年英吉利海峡隧道项目中止，这一计划也终止，但在 1986 年 1 月 20 日里尔又看到了希望，当时密特朗总统和玛格丽特·撒切尔首相签署了建设英法海峡隧道的英法合作协议。皮埃尔·莫鲁瓦立即开始游说法国中央政府，以确保西北欧高速列车线路（巴黎-伦敦、布鲁塞尔-伦敦和巴黎-布鲁塞尔-阿姆斯特丹）的未来换乘选址在里尔。他得到了公共和私人团体领导者组成的区域游说团体强有力的支持，使得未来高速列车（high-speed train，HST）站于 1987 年落户里尔。里尔拥有 70 公顷的前军事用地，离老火车站仅 100 米。不言而喻，这对于新的高速列车站是一个理想的位置。1994 年开通的新 TGV 列车站——“里尔欧洲”（Lille-Europe），坐落在里尔市中心的门户，步行到老站里尔弗兰德需要五分钟，步行到大广场（里尔的主要广场）需要15 分钟，并且连接地铁和有轨电车。这一标志性的决策为里尔大都市区的经济发展注入重要的推动力。几十年来，由于比利牛斯山脉的分割，里尔远离国家文化中心，它一直被认为是国家的边缘（Franser and Baert，2003）。高速列车连接把这座城市从法国北部边境的尽头变成了西北欧首府城市间的战略界面。

然而，主要由于经济原因，里尔失去了建立一个独立的中间站的机会。新站距离老站 500 米，自动人行道的想法并未跟进落实。这两个站只有地表或者地下的电车或地铁相互连接，这对于携带行李的乘客而言相当不方便（Menerault，2008，p. 158）。更复杂的是，较早开通的第一条东西向地铁线，并没有在里尔欧洲车站设站。还有一个更基本的问题，自 2010 年延伸至阿姆斯特丹和科隆的巴黎-布鲁塞尔高速线路，完全绕开里尔到达该城市的南部，因此既不服务于城市中心也不服务于 2002 年城市区域战略的任何发展极。为此菲利普·麦莫让（Philip Menerault）提出在南部郊区的欧洲发展极建设全新的里尔南站，补充而不是取代目前的里尔欧洲站（Menerault，2008，pp. 160～161）。但他强调，TGV 不会在这里停靠：法国国家铁路公司与它的比利时和荷兰合作方，执着于在三小时内连接巴黎与阿姆斯特丹的商业需要，因而不会支持额外的停靠站。

1990 年，名为“欧洲里尔”（Euralille）的办公和零售业发展计划发布将围绕新的高速火车站开发，以提高里尔在欧洲舞台上的地位。欧洲里尔计划在 1990～1995 年间建设，由 1990 年依照法国混合经济公司（*Sociétés d'Economie Mixte*，SEM）模式成立的公私合营企业负责，这是法国重要城市开发计划中常见的制度工具，包括在公共部门制订的总体规划内由私人投资者投资小型项目，由名义上混合，但实际上由公共部门控制的管理机构来协调（Newman and Thornley，1996）。它包括写字楼、大型购物中心、酒店、学生宿舍、商学院、音乐表演场所、一个会议中心和一个大型城市公园，以及附近独立的新建住宅（图 9.2）。预计花费在 50 亿法郎（五亿英镑）左右，其中 15 亿来自公共基金，35 亿来自私人投资。欧盟结构基金（EU Structural Funds）推动了会展中心的融资。由著名建筑师如雷姆·库哈斯、克里斯琴·德·波尔藏帕克（Christian de Porzamparc）和让·努维尔（Jean Nouvel）领衔设计该项目的现代建筑，虽然被很多人批评，但当地居民普遍认为它是象征着城市活力的未来新地标。对于当地和外国购物者来说，购物中心成为一个非常受欢迎的场所，每天吸引三万游客（周六可达到五万），在2000年取得了大约15亿法郎（1.5亿英镑）的营业额。它包括120个零售单位，并创造了1 200个就业机会。五万平方米办公空间的95%在2001年已售出。超过50家公司在欧洲里尔落户，其中包括大公司如安盛（Axa）、里昂信贷银行（Crédit Lyonnais）、康柏（Compaq）和斯坦霍姆（Stanhome）。

←图 9.2 欧洲里尔。办公和零售综合大楼规划在里尔欧洲高速列车站的附近，并连接城市中心边缘的老弗兰德车站，拥有著名建筑师雷姆·库哈斯设计的奇异结构。

欧洲里尔推出十年后，如期完成发展目标，为里尔大都市区提供如其他欧洲主要城市同样规模的商业中心。为了提高经济影响力，第二阶段，"欧洲里尔 2（Euralille 2）"在里尔大皇宫（Lille Grand Palais）和圣索沃尔（St-Sauveur）站之间通往城市中心的环路上开始建立新的通道（图 9.3）。这是一个19万平方米混合使用的规划，包括公共建筑（北部-加来海峡区域委员会［Nord-Pas-de-Calais Regional Council］的总部）、里尔大皇宫的扩建部分、办公楼、酒店、体育设施、31个休闲设施，以及在被称作"原林"（*Bois Habité*）的绿色环境中拥有800套住宅单元的居住社区。据估计在2010年，欧洲里尔及欧洲里尔2项目中来自私营和公共部门的投资将达到18亿欧元（Colomb，2007，pp. 29～30）。

→图 9.3 欧洲里尔 2。
原有欧洲里尔南部的新办公综合体，旨在容纳随着城市新的高级服务业功能快速发展而溢出的新需求，取代旧制造业基础。（图片来源：Jérémy Jännick，2009）

创建一个多中心的大都市

但是皮埃尔·莫鲁瓦所建立的历史性共识有另外一个重要方面：1990 年，除了欧洲里尔，LMCU 决定在大都市区范围内推出一系列新的经济发展节点，以确保经济增长点布局达到空间平衡。目的是把区域经济重新定位为后工业经济中不断增长的部门：商业服务、信息和通信技术、生物技术和研发。战略是不同增长极的功能专业化：鲁贝的通信技术和纺织业，里尔的行政和国际业务功能，图尔昆的物流运输。这些“卓越大都市极点”被写入城市区域的空间战略规划文件“总体规划纲要”（*Schéma Directeur*）中（图 9.1）。每一个地区都有不同的专业化发展目标：

◆ 里尔（里尔中心）：主要的商业和零售中心，在新的 TGV 车站里尔欧洲站附近。

◆ 欧康园（*Eurasanté*，里尔南部）：300 公顷的商业园和服务中心，毗邻大学医院，旨在成为国际公认的、优秀的、专门从事健康和生物医学研究和产业发展的中心。

◆ 欧洲高帮科技园（*Haute Borne*）：致力于专门从事研究、服务和高科技企业的科技园。包括将近 60 个研究实验室，五个工学院，大量的企业总部和地区总部，并提供全方位的住宿和服务，以及大学和商界之间新的创新和转换平台。

◆ 欧洲通讯园（*Eurotéléport*，鲁贝）：科技园项目，致力于生产或应用 IT 和通讯工具的公司的发展。

◆ 纺织创新中心（*L'Union*[1]，鲁贝/图尔昆）：纺织业创新的未来中心。

◆ 图尔昆物流平台（国际运输中心）。

◆ 欧洲科技创新（*Euratechnologies*）：信息和通讯技术科技园，创立于 2007 年，位于杜勒（Deûle）河岸，靠近里尔市中心和主要交通要道，还包括基于田园城市概念的拥有 2 000 个住宅单元和 5 000位居民的生态友好社区（Colomb，2007，pp. 32～33）。

① 地名，是位于法国南部城市图卢兹郊区东北部的公社。2006 年人口约为 1.23 万。——译者注

该战略承认，目前第三产业占就业的 68%，而工业只占 23%，这反映了法国的国家经济结构。21 世纪初，在一个高度多元化的经济下，里尔大都市拥有 50 万劳动人口。在制造业上它仍然有显著的实力，包括专业纺织品（防护、运动、休闲、医疗、建筑、交通运输、国防、农业）、印刷和出版、机电行业、化工医药和食品加工；外加一个动态的零售业（邮购销售，占全国该行业就业总数的 65%），零售和餐饮连锁企业总部，零售与廉价出口店专营，电子购物；以及主要的金融、保险和 IT 行业（689 家公司总部，每家雇用职工数超过 55 人；450 家银行分行，80 家信用社，13 家外资银行，六家保险公司总部；法国物流第二区和拥有完整分包商链条的电子商务和服务公司以及快递公司的中心；信息和通信技术部门雇用将近 2.5 万人）；还有法国第三大学城，拥有四所大学，20 多个高等教育机构，约十万学生和研究人员（集合了阿斯克新城的大学和高科技研制机构）。随着每年超过 200 万的旅游人次，旅游业发展也日益显著。

体育和文化：更新的动力

1994 年，法国选择里尔而非里昂代表国家申报 2004 年奥林匹克运动会的候选城市。虽然之后申办失败，但却提高了当地居民的自信心，建立了大都市区重要项目的地方参与网络。争论也从里尔是否为法国的重要区域大都市转化为里尔是否为欧洲的大都市（Paris and Stevens，2000，p. 171）。奥林匹克创造的契机演变成另一种竞标——欧洲文化之都（European Capital of Culture）。这两个

竞标都是由里尔大委员会（*Comité Grand Lille*）发起和资助的，这个委员会是在当地著名的实业家 Bruno Bonduelle 的倡议下于 1993 年创立的非正式组织。委员会汇集了商业和工业领导者、学者、非政府组织（NGO）代表和一些当选的政治家。它讨论和建议在诸如文化、旅游、教育和国际合作关系等领域可能的行动，来提高这一地区的形象以及作为欧洲主要中心的地位。委员会创建了商业领导者（传统的基督民主党人）和当地政治家（大多数是社会党人）关于提高城市区域战略意见的联系，致力于达成共同的目标而不是政治分歧或者是各个城市之间的竞争。它也帮助对重要事件如欧洲文化之都的商业支持。它也有明确的战略，将长达一年之久的欧洲文化之都项目获益扩散到整个城市区域，包括相对落后的鲁贝地区。结果是城市区域在国家和欧洲层面的形象发生了巨大改变，里尔开始被认为是富有活力的、有创造性的、有巨大潜力和品质的年轻城市。国家和国际媒体的报道起了很大的作用。长达一年的节庆也确立了里尔作为欧洲西北部重要的旅游目的地的地位，那一年吸引了 700 万游客（Colomb，2007，pp. 32～33）。

2004 年欧洲文化之都的命名促进了区域丰富的文化和历史遗产的发展和提升，包括一个主要的美术博物馆，阿斯克新城的一个现代艺术博物馆，鲁贝新的劳工史档案馆和艺术与产业博物馆，一个最近翻新的歌剧院，一个常驻交响乐团，一个活跃的年轻人的音乐现场年度嘉年华，吸引 200 万游客的年度商品交易会（旧货节集市），绝妙的建筑遗产——如可追溯到 16～18 世纪佛兰芒黄金时代（Flemish Golden Age）的旧里尔（Vieux Lille）社区。（Baert 等人/ADULM，2004；Pairs and Baert，2011）

受英国最近整合城市改造和更新方法的启发，都市区战略空间规划的新区域共识着眼于城市更新战略（ADULM，2006），正试图寻求整合经济、社会、环境和文化方面的城市更新方法。里尔区域经验成为法国国家城市政策的重要组成部分，包含在“2000 年国家规划法案”（National Planning Act 2000）中（“城市互动更新法”［*Loi Solidarité et Renouvellement Urbains*］，2003 年 7 月修订了“规划法和栖息地”［*Loi Urbanisme et Habitat*］部分）。博纳维尔（Bonneville，2005，p. 241）描述了城市更新中面临的两难抉择：一个选择是集中更新最贫困社区，但冒着它们将仍然是贫困隔离区的风险；另一个选择是在这一过程中注入市场力量，但可能威胁到现存贫困人口的处境。科洛姆（Colomb，2007，p. 35；2012，pp. 94～95）认为，鲁贝成功地采用了第二种方法，通过城市区域层面的经济发展战略和最贫困社区的一系列特定项目，打击了社会排斥并实现了住房更新。在 2002 总体规划纲要和城市群协议（*Contrat d'Agglomération*，中央政府与 LMCU 之间的协议，在 15 年里优先资助 13 个社区）中，城市区域内不同区位的、总计规模为 4000 公顷内城社区被确定为"优先社区"（Priority neighbourhoods）。这包括 19 世纪工人阶级居住社区、旧工厂、棕色地带和战后房产，规划涵盖了鲁贝大部分地区（Colomb，2007，p. 35）。

总结：成功的一半

因此，在二十多年的时间里，里尔大都市区成功地从工业经济转型为服务经济。它也成功地将自己从法国第二大城市提升为"欧洲城市"和西北欧的重要都市区。20 世纪 90 年代，里尔市内城人口停止下降，1990～1999 年人口增长了 6%，1999～2008 年同样增长了 6%。最近十年游客量有了大幅增长（40%的游客来自英国和比利时）。1998 年法国"北部-加来海峡大区"的出现主要是为了吸引外国直接投资，其中 1/3 位于里尔大都市区。在克莱尔·科洛姆对于这一过程的权威解释（Colomb，2007）中，明确了转型背后的十个关键因素：

◆ 抓住里尔高铁换乘站选址和欧洲西北部可达性模式的变化所带来的独一无二的机遇。

◆ 通过 LMCU 构建大都市区内各城市政府之间稳固的机构合作，联合体可以对城市区域尺度上的投资和战略规划形成连贯的决策。虽然在 LMCU 框架内形成决议并不容易，但是自从 20 世纪 90 年代早期以来，为了提升在欧洲大都市区内的地位，联合体已经就战略发展选择达成了广泛共识。

◆ 一个有远见和有魅力的市领导皮埃尔·莫鲁瓦，并具有良好的政治和经济人脉网络。

◆ 将欧洲和中央政府的资金和发展计划注入城市区域内部最贫穷的地方；同时资助一些主要的项目。

◆ 开发连接里尔、鲁贝、图尔昆和阿斯克新城的公共交通系统，作为多中心大都市区的“脊髓”。

◆ 将重点放在城市区域多中心的发展上，发展公共交通网，在不同区位规划旗舰项目，如欧洲里尔、欧洲健康园、欧洲高帮科技园、纺织创新中心、欧洲通讯园、欧洲科技中心，每个主要的城市专攻某一类型的活动。

◆ 发展次区域的经济集群战略，包括从设计、培训到生产、销售等整个供应链上的要素（*L' Union*，鲁贝）。

◆ 鼓励经济发展议事日程，强烈关注社会经济高度不平衡的城市区域内的社会和经济凝聚力：关注城市最贫困地区的复兴战略（特别有利于鲁贝）。

◆ 通过发展跨界网络建立与比利时城市的协作和联系。

◆ 推动有远见的文化营销政策（2004 年的欧洲文化之都）。

工作离完成还很远。里尔大都市区仍然处在不平衡的增长模式中；鲁贝和图尔昆仍然深陷高失业率以及被剥夺和弃置的困境中。2012 年 8 月，法国智囊团发布了第一份对 100 个法国最大城市的贫困水平调查结果；鲁贝位列法国大都市的榜首，有 46%的人口处于官方贫困线以下，是国家水平的三倍，与位于印度洋的圣但尼留尼汪岛（Saint-Denis de la Réunion）的水平相当（Compas，2012）。但是，对整个大都市经济重塑的努力，从传统经济基础转向知识经济，仍然是欧洲最为引人注目的部分（图 9.4a 和 b）。而且，把人们和新的工作连接起来的交通投入起着重要的作用（Colomb，2007，pp. 38～39）。

蒙彼利埃：从中世纪城市到科技城的转变

朗格多克-鲁西永大区（Languedoc-Rousillon *Région*）的首府和埃罗省（Hérault *Départment*）的省会蒙彼利埃，位于法国遥远的南部边陲，与里尔没有太大的差异。自 20 世纪 50 年代以来，它已经成为法国最有活力的城市之一，在法国城市的排名中从 1954

←图 9.4a 和 b。**鲁贝。**这个古老的纺织制造业城市的中心，正在慢慢产生新的服务功能；20 世纪 90 年代两个主要投资——现代化的电车轨道和自动化地铁 2 号线之间的换乘。

年的第二十五名稳定地上升，当时该市人口仅有 9.7 万，到 2008 年位于第八名，人口为 25.3 万。更为广阔的蒙彼利埃大都市区，在一个大约 25 千米半径的范围内，拥有 51 万人口，这使它成为法国的第十五大城市；在过去的七年中，它所有的主要城区都加快了发展速度（图 9.5 所示）。这种不同寻常的扩张受到众多力量的影响：20世纪60年代早期，阿尔及利亚独立后，1.5万名难民来到这里；沿着朗格多克海岸旅游业的发展，来自巴黎和法国地中海北部的退休移民都是受到了当地气候的吸引[①]；还有综合型大学和先进研究的发展。同时，它极大地受益于交通的投入，有效而显著地缩短了巴黎和朗格多克大区之间750千米的路程：在20世纪60年代和70年代首先完成了A7和A9高速公路，随后在2001年完成了通往阿维尼翁（Avignon）的整条地中海高速。

① 民意调查显示，蒙彼利埃是大多数法国人想要居住、工作和游憩的城市。主要原因似乎是蒙彼利埃的阳光。蒙彼利埃这一首府城市所在的朗格多克-鲁西永大区，比法国其他地区拥有更多小时的阳光（平均每年300天）。（http://www.jeremyjosephs.com/montpellier.htm）

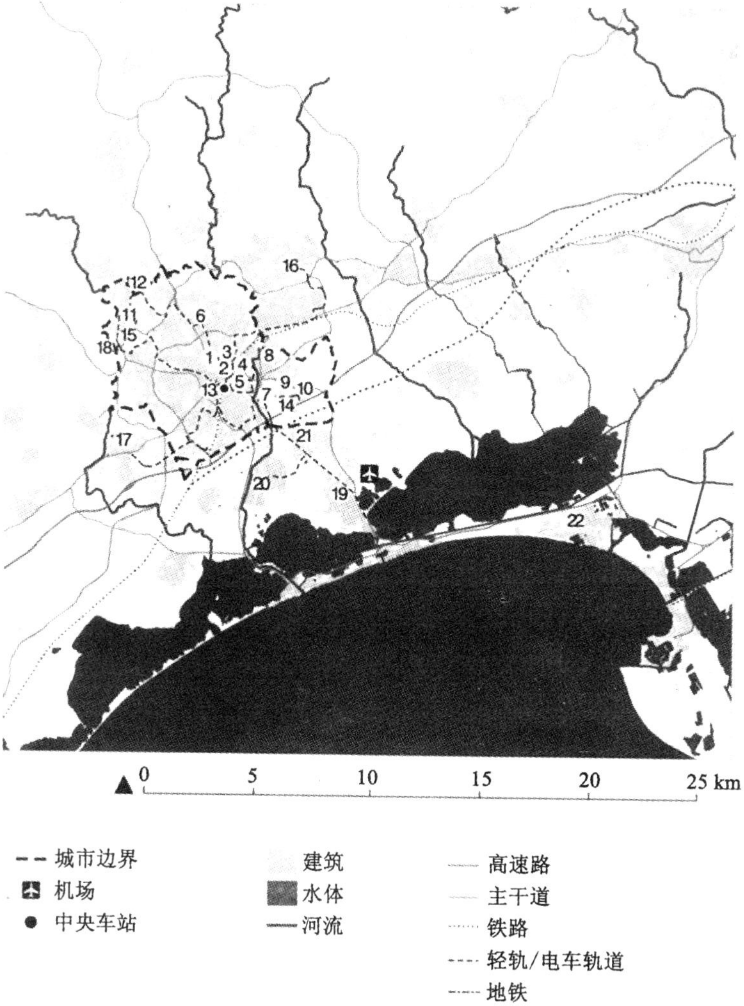

→图9.5 蒙彼利埃地图。这是刚过去的半个世纪里法国最快速发展的主要城市，它拥有迷人的气候和深厚的知识基础，同时特立独行的已故市长乔治斯·弗雷切（Georges Frêche）领导了一项非同寻常的城市复兴运动，更强化了它原本的特质。大都市区的扩张跨越了机场一直到达地中海海滨，现在该市最新的电车轨道系统为其服务。

大部分项目都是直接或间接地有意识地规划和政府资助投资的结果，从第一座旅游综合体建设[①]到城市三所大学的发展。蒙彼利埃是一座伟大的中世纪城市，公元 985 年首次被提到，拥有一所创建于 1160 年（1220 年拥有执照）以医学院著称的大学，拉伯雷（Rabelais）博士于 16 世纪在那里任职；在 1806 年该大学发展为一个独立的专攻科学与技术的蒙彼利埃第二大学[②]。路易十四（Louis XIV）创建了古代带有城墙的城市，它的指挥所位于两座小山的顶部，这是古代巴斯朗格多克（Bas Languedoc）区域的中心，在城墙外有优美的建于 18 世纪的街道和广场：最值得注意的是西边宽广的喜剧广场（Place de la Comédie）；其南边有典雅的歌剧院（图 9.6）。

① 1968～1975 年之间建成的蒙彼利埃周边的拉格朗德默特（La Grande Motte），这是朗格多克区域第一个主要的旅游综合体——吸引从西班牙海滨外流的商业。——译者注

② 2009 年，在第 200 个独立纪念日上，这两所大学和蒙彼利埃第三大学保尔·华莱利（*Paul Valéry*），重新合并为法国南部蒙彼利埃大学，属于少数几个通过 2006 年法律确定的法国具有国际竞争力的国家级高等教育机构。

←图 9.6　蒙彼利埃，喜剧广场。
在中世纪核心基础上、18 世纪扩张的城市中心，也是现代蒙彼利埃的中心。（摄影：CC Christophe Finot，2007）

古代的基础很重要，因为这使城市规划师们将它当作历史核心并围绕它发展，在 20 世纪 80 年代和 90 年代，引人注目的新开发项目被嵌入其中并适应城市增长。巨大的广场成为行人专用区，一个新的会议中心——科鲁姆（*Corum*）——建在步行休憩区北部边界。广场东部，规划师们利用莱兹河（River Lez）陡峭的落差建起了一个大型的有顶的购物中心波利贡（*Polygone*），下边有多层的停车场，通过自动扶梯可以直达河流底部的步行通道。之后，在 20 世纪 80 年代，由著名的（和有争议的）加泰罗尼亚（Catalan）后现代建筑师里卡多·波菲（Ricardo Bofill）设计，他们在一个高密

度的行人区——安提歌尼（*Antigone*）——进一步沿着河流把综合体向东扩张。最后，在河的东岸，玛丽安门（Porte Marianne）开始发展（无疑，如果允许有国家自豪感的话，按次序可以得到经典的名字），它已经成为蒙彼利埃第一/第二大学（*Université Montpellier* Ⅰ/Ⅱ）的新中心，有一条新规划的林荫大道雷蒙德大道（Avenue Raymond-Dugrand）——“蒙彼利埃新香榭丽舍大道”（the new Champs-Elysées of Montpellier）——最后与已建的大型城镇边缘的休闲与购物中心奥迪赛（*Odysseum*）相连（图 9.7）。从 A9 高速公路南部边界绕过密集的城市，可以直接到达奥迪赛，它还拥有一个水族馆迈尔诺斯特鲁姆（*Mare Nostrum*）——它迅速成为一个主要的游览胜地，还有一个大型的宜家（IKEA）店（Mills，2001，pp. 338～339）。接下来，在高速公路的另一边将有第二个奥迪赛购物中心，预计 2013 年开业，包括一个主题公园和“城市酒店”普吉奥城堡（Château Pourcel），这是一个豪华的综合性酒店，周围是由阿尔及利亚的建筑师 Imaad Rahmouni 设计的 2 400 平方米的大型游泳池。

→**图 9.7　奥迪赛。**
休闲购物综合体，一个典型的美国边缘城镇式的入口，位于蒙彼利埃第一条电车轨道的末端，由乔治斯·弗雷切完成，他当时面临着来自当地城市中心区商业利益群体的强烈反对。

总规划师：乔治斯·弗雷切

所有这些代表了一系列宏大的法国古典风格的大建筑计划，这在当时几乎是绝无仅有的。一个重要的政治人物恰如其分地主导了整个过程，他的职业生涯与里尔的皮埃尔·莫鲁瓦很相似，但有一个关键的区别。乔治斯·弗雷切（1938～2010），1977～2004年为蒙彼利埃的市长，之后直到逝世前一直为朗格多克-鲁西永大区的主席，同时在1973～2002年期间还是法国议会中社会党的代表人物，但是他没有刻意谋求部长职位。这是非常精明的：在权力下放的时候抓住官职是政治主题，市长们拥有越来越大的权力，可以作为议员和社会党中央委员会的成员施加巨大的影响，作为外省人来反对巴黎精英，他始终在恰当的时间处于合适的位置上。弗雷切有一个吸引新居民的一贯战略：他想引进年轻的、高素质的人，他们是以提高生活质量为目标的文化和娱乐消费者。他知道他想要什么，而且知道他的对手较弱，因此他的政治行为有相当大的余地（Arab，2004，p. 290）。他被贴上了“总建筑师”“远见卓识的人”和“封建狂热的人”等不同标签，他直接控制着城市地区以及在城市和15个市镇区域运营的准公共组织：蒙彼利埃设备协会（*Société D'Équipement de la Région Montpelliéraine*，SERM，Arab，2004，pp. 286～287）。通过这一组织，他和他的同盟者获得了对经济发展、就业、企事业单位资金、房地产推广和交通的控制，所有这些与工商业联合会是敌对的（Arab，2004，p. 291）。这种集权专制的政府体系被运用来制订一项大胆的城市政策，旨在将蒙彼利埃从一个并不活跃的中等规模城市提升为欧洲一流的南部大都市（Arab，2004，p. 291）。

像《卫报》的讣告所描述的那样，“当民众公然反对法国大部分地方遗留下的过时的反资本主义制度时，弗雷切将蒙彼利埃从一个昏睡的法国南部边远地区转变为全国商业最为活跃的集聚地之一，成功地集中了主要高科技和金融企业”。他在城市周围建起了多达11个商务园。戴尔计算机公司（Dell Computers）在蒙彼利埃雇用了600名员工，Palm公司也选择蒙彼利埃作为他们在欧洲南部的运营总部，创造了一种高科技的、繁荣的城镇形象，能够吸引这个国家最好的研究人员和计算机专家。即使是一些旨在吸引批评的冒险项目，也产生了无穷的宣传效果，提升了城市形象并鼓励了游客来访，他们中的一些人可能是潜在的城市投资者。二十多年里，他极力争取奥迪赛项目，与维护城市中心区商业利益的反对者

→图 9.8　**伟大人物。**
位于奥迪赛中心露天剧院上的列宁雕像，遭遇了晚期资本主义的巨大压力。

和生态斗士进行长期斗争。大部分冒险项目最终成为他的功绩：奥迪赛的世纪广场（La place du XXème siècle）在 2010 年 8 月开业，《费加罗报》（*Le Figaro*）尖锐地评论这是政治节庆。不久后乔治斯·弗雷切死于一次心脏病发作。那里有五座巨型的伟人雕像（图 9.8），每座 3.3 米高，包括列宁、戴高乐、丘吉尔、罗斯福和让·饶勒斯（Jean Jaurès）。当法国执政的人民运动联盟（UMP）政党抱怨时，弗雷切告诉他们应该为他没有选择斯大林而感到幸运。弗雷切招致了当地私人利益团体很深的不满，由于对一项当地工商业联合会认为损害了商业活动集中的城市中心利益的城市政策的严厉指责，这种不满更加强烈了。

奥迪赛的故事

乔治斯·弗雷切和工商业联合会的关系在奥迪赛的开发过程中恶化到极度紧张的程度（Arab，2004，pp. 290～291）。城市发展战略是逐渐向东扩展商业中心，促生了在距原历史中心 4 000 米、靠近城市南部边界即 A9 高速公路建立新的发展极。蒙彼利埃设备协会（SERM）首先把目光转向商业合作者，但没有发现它需要的搭档，只好独立负责商业审批条款的决议。SERM 的三位成员起到了关键的作用：总管、规划主管和“项目主管”，市长和负责城市规划的市长助理密切跟进（Arab，2004，p. 371）。规划主管随后告诉研究人员，他阅读过1977年以来所有关于新开发建设对城市中心影响的学术分析，但一无所获（Arab，2004，p. 385）。总管声称所谓的休闲推动者并不存在，而所谓的“休闲拥护者”一无所知；他们举步维艰（Arab，2004，p. 387）。

重要事件是，1998年复活节，SERM参观了美国国际设计公司（Design International），这个建筑规划项目公司曾设计了一种全新的购物休闲综合体——迈阿密的Coconut酒店；并参观了洛杉矶、拉斯维加斯和芝加哥的几个类似的开发。这提供了范例：在同一地点将先前认为不同的甚至互不相容的活动和土地利用类型整合在一起——把巨型超级市场、宜家家居、多功能影院、海洋馆、室内滑冰场、酒吧和饭店，沿新规划的步行街布局，同时配置有轨电车（Arab，2004，p. 376）。SERM迅速着手指定协议开发区（*Zone d'Aménagement Concerté*，ZAC），法国这一规划程序旨在允许公共和私人利益在主要的新开发中能够相互协调。“对于城市中心区的商家来说，1998年6月，协议开发区的审批……是一场划定界限的战争。”（Arab，2004，p. 379）波利贡（位于市中心的超级购物中心）的管理层估计他们损失了25%的交易额；据工商业联合会推断，与新创造的就业岗位相比，失去的就业岗位更多（Arab，2004，p. 379）。“在他们看来，这个自大的、暴君般的新规划意味着市中心的位移。”（Arab，2004，p. 379）

他们在三个不同层面攻击奥迪赛项目：经济利益冲突，发展模式冲突（“疯狂的城市发展”“无止境的城市化”“触手状的城市扩张”和“疯狂的贵族”）以及公众行为方式的冲突（“专制权力的行使”“拒绝讨论”“权宜之计”）。（Arab，2004，p. 379）

交通的关键作用

弗雷切同时指出交通投资的重要性，既直接表现在提高通达性上，也间接表现在形象塑造上。因此，他联合倡议延伸法国最早的高速铁路线，这一线路于1981年动工，从巴黎到里昂，穿过蒙彼利埃分支通往马赛，于2001年完成。与此同时，在城市内部，他热情拥护法国的电车轨道革命，20世纪70年代征收的交通税，提供的资金使得发起革命成为可能。

蒙彼利埃几乎像法国其他城市一样，20世纪50年代就废弃了电车网络，取而代之的是一家私人公司 CTM 运营的公共汽车系统。到 1978 年 12 月，蒙彼利埃城市运输公司（*Société Montpelliéranine des Transports Urbains*，SMTU）成立，这是一个合营公司，城市是主要股东，私人公司持有股份作为平衡，公司接管了 12 条路线的运营，109 千米的网络服务于本市和另一个市镇。之后，在 1982 年，城市和其他 14 个市形成了蒙彼利埃城市群，赋予某些规划权力，在其范围内作为组织城市公共运输的唯一机构。当时，蒙彼利埃城市运输公司又建了九条线路来为其他市镇服务。截止到 1996 年，已经形成了日间涵盖 349 千米里程的 247 辆公共汽车所运营的 27 条网络线，外加有限的夜间网络。载客量与日俱增，1998 年之后趋于稳定，与欧洲其他许多城市的趋势形成鲜明对比（Mills，2001，pp. 339～340）。即便如此，尽管有公交优先措施，但在 20 世纪 90 年代中期，平均网络速度仅约为 14 千米/小时，载客量仍然是不景气的。

2000 年 7 月开通的第一条有轨电车线路（1 号蓝线，Blue Line），涉及整个城市交通体系根本性的重新定位，即给电车优先权，方便其运营。大部分公共汽车服务从中心区搬离，一条重要的公共汽车路线被电车取代，而中心区以外的其他路线则面临取消，迫使从公共汽车转换到电车。少数大容量电车置换了大量公共汽车的使用，减少了噪音、空气污染和拥堵，同时因为车辆里程减少也降低了运营成本。但是新体系旨在批判性地构建一个整体的和高度激进的战略规划框架，力求开发一个东西向的带型城市取代传统的同心圆形式。这与向东部历史中心扩展的计划相协调，目的是减少城市发展中长期的历史不对称性，同时更新部分现有社区。而且可以通过提高沿东西轴线的游客数量，以此促进电车投资和城市开发之间产生的积极回应，同时提升电车的业务量（Mills，2001，p. 341）。

新线路为实现目标，有意识地安排线路服务于从西到东一系列重要的交通发生点：

- 拉·帕里亚德（La Paillade）高密度住宅郊区（2.6 万居民），连同莫桑足球场馆；
- 欧洲医药的科学/技术园区（Euromédicine）；

◆ 蒙彼利埃第二公立大学医院/大学区（拥有一万名员工和三万名学生），这是一座拥有 200 年历史的科技大学，包括拉佩罗尼（Lapeyronie）和其他医院、医学教学单位、科学技术学院、文学院以及大学宿舍；

◆ 老城区边缘的科勒姆音乐厅和会议中心；

◆ 喜剧广场；

◆ 主火车站和相邻的公共汽车站，服务于乡村和市际公共汽车；

◆ 波利贡购物中心；

◆ 安提戈涅，高密度住宅发展区，包括新奥林匹克游泳池和一个城市图书馆；

◆ 玛丽安公园的一期开发区：公寓大楼，蒙彼利埃第一公立大学的经济管理学院（不久将与另外两个大学合并为新的法国南部蒙彼利埃大学），以及新的大学图书馆；

◆ 休闲设施：包括在 1988 年开设的多功能影院以及与之相邻的奥迪赛“大卖场”零售业。

许多交通发生点（尤其是科勒姆音乐厅和会议中心以及东部地区），在半径 100～200 米以内都有一个电车站（Mills，2001，pp. 342～343）。

随后开通于 2006 年 12 月的 2 号线（红线，Red Line），实际上延伸了东西轴线的两个新方向——东北向和西南向，借此可以连接圣让德韦达（Saint-Jean de Védas）的一个新 TGV 车站，但随后却拒绝了在奥迪赛设站点的意见　这将在下面阐述。法国最长的电车线路，有意设计在蒙彼利埃中央建成区的外围，穿过未开发地带，以此服务康达敏（La Condamine）——一个大卖场零售中心（家乐福和乐华梅兰拼装店），类似的方法在 1 号线规划中也有使用，实际上电车轨道在法国的其他城市也如此，例如斯特拉斯堡。（图 9. 9a 和 b）

城市转型的最终推动力是 3 号线——绿线（Green Line），于 2012 年 4 月[①] 开通，电车由时尚设计师克里斯汀·拉克鲁瓦（Christian Lacroix）设计。这条线路的特色是电车必须带有航海风格，这是拉克鲁瓦所擅长的狂热创作中的又一壮举。新电车有三种

① 同时，4 号线开通。这条线并没有进行新的建设，而是把已有三条线连接起来围绕城市中心组成环线。

→图 9.9a 和 b　蒙彼利埃有轨电车。
电车轨道在圣罗克火车站前横穿，而且提供了从 TGV 和区域轨道到城市每个部分的无缝接驳。

不同的配色方案，超现实主义的红黑色（或呈黑红色），超现实主义的绿色（或者青绿色），难以描述的另一种颜色，这些配色都深受儒勒·凡尔纳（Jules Verne）《海底两万里》（*Twenty Thousand Leagues under the Sea*）的启发（显然，源于拉克鲁瓦先生），再饰以成千上万的海洋生物。它们被有意识地放在 You Tube 中当作新奇事物大肆宣传推销[①]。这好像很奇怪，貌似不合常理，但他们的确这样做的。就像 1 号线电车上饰有飞燕，由设计师伊丽莎白·加鲁特（Elizabeth Garoutte）和马蒂亚·博内蒂（Mattia Bonetti）设计；2 号线以乐天的花卉为主题，也是来自马蒂亚·博内蒂的设计；新的有轨电车被当作生活方式中不可或缺的一部分，而不是被当作单纯的交通方式（使得它们在没有公关的帮助下，仍可以非常有效

① http：//www. daily-motion. com/montpelliervideo/xjwxfh _-tramway-christian-lacroix-ligne-3 _ tech

地实行自我宣传）。实际上，它仿佛在说："来，放松地来乘坐我吧，我将带你在一个几乎全年阳光照耀和生活安逸的城市中畅游。"

新轨道线沿着新南北轴线海洋大街（*Avenue de la Mer*），从位于波特玛丽安的大学区到波洛（Pérols），几乎都在海上，它有一条通向拉特斯（Lattes）的分叉。这条新线路的基础是对一条超过二十年的5 000米长、占地2 500平方米的通道进行改造，这条通道现在被建于20世纪60年代已经到期的建筑占据着，改造后将总共有6 000～8 000户住宅（现在一家也没有）、7.5万平方米的新办公楼和4～5万平方米的新公共建筑。这些开发将在波洛和拉特斯市镇，大大超出了蒙彼利埃城市的界限，因此这代表了一种关键尺度的转变，这种变化在里尔更早被注意到，中心城市与周边市镇组成联盟，在城市区域层面发展交通和土地利用战略规划：蒙彼利埃城市群生态社区发展。最后，他们将它布局到拉格兰德莫特（*La Grande Motte*），巨大的庙塔型度假综合体开启了旅游热潮，相当于四十年之前法国整个地中海后期开发总量的一半。

如果没有雄心，这个项目什么都不是。它在网站上显示发展的目标是："以水利设计为项目主导，通过整合自然和农业区域，建设一个生物多样性的城市，基于可持续的流动性组织交通，控制能源消耗，同时创建一个结合地中海气候特征的低碳城市，通过实施更加包容的贸易转型和城市更新来获得功能和社会的多样性。"这是国家政府规划的一部分，2011年法国宣布支持多达93个生态城的发展。是否或何时能够批准仍然不确定：这条线路穿越大部分未开发地区，抵达孤立的交通环岛，在那里乘客要转乘区域公交完成剩余的旅程，而且当地媒体报道了偏远市镇对进一步延伸的反对。因此，这确实是一项冒险的投资，而且还有更大量的困难存在。

通往蒙彼利埃的TGV

这是国家层面另一个关键的决定：建设朗格多克高速线的第一部分，这将最终连接已有的高速线路，从巴黎向前高速延伸，从佩皮尼昂（Perpignan）经过比利牛斯山脉向前到达巴塞罗那，预计在2020年之后完成。第一条连接线绕道尼姆（Nîmes），长达60千米，将在2017年开通，将少有地在同一条轨道上同时运送高速列车旅客和货物，同时它还相当罕见地（对法国而言）通过公私合营的方式融资。这条新线路将大大缩短蒙彼利埃和法国其他大城市之间的时间距离：到里昂 1 小时 30 分钟，到巴黎 3 个小时，到里尔 4 小时 30 分钟。关键是新的线路包括尼姆和蒙彼利埃的新城镇边缘站点，蒙彼利埃站将位于奥迪赛，在新的乔治斯·弗雷切生态城的中心，该站将为一个新的商业副中心提供基础服务。另外利用已有的经过市中心罗切街（St Roch）火车站的线路，一天运送 230 次货物列车，新的线路为快速扩张的地区提供火车服务，服务于广阔的蒙彼利埃都市区域，提速 30%，高峰期每小时提供三到四个班次。

因此，一个重要的意义是，蒙彼利埃的交通规划效仿了里尔的模式：建造一条到新车站的高速线，这个车站马上会成为城市新区的中心。关键区别在于，里尔新站和老站之间的距离小于 600 米，在蒙彼利埃则不小于 3 000 米。这种区位关系与里昂更具有可比性，那里建造于 1981 年的第一条巴黎-里昂的 TGV 线路，刻意没有到达位于古老和拥堵的中心区贝阿希（Perrache）老站，而是到达类似距离以外位于巴迪区（Part-Dieu）的新站，该站也如预期那样成为新的中心商业区的核心。但是不能完全这样比较，因为在里昂这样一个大城市，还是建在内城区的新车站可以满足城市更新的需要；而在蒙彼利埃，奥迪赛站实际上就是位于城市一条高速公路旁的边缘位置，这种位置被许多法国交通规划师们谴责为“菜田站”（*Gare des bettraves*）。时间会说明乔治斯·弗雷切的最后一个重大赌注是否值得。

他们理所当然地以“乔治斯·弗雷切”重新命名火车沿路的林荫大道。这是记住一位权力显著，而且是法国典型政治家的恰当方式：他是在地方、区域和国家层面之间游刃有余的人，他开发和利用了一个无与伦比的政治交往范围，扩大了他（现在正好是：她）所代表的城市的利益。这是一种模式，除了极少数的例外，如张伯伦（Chamberlains）经常被意指对他人考虑不足，这从来没有在英国盛行。审视蒙彼利埃，对英国城市来说也许是件坏事。

斯特拉斯堡重返欧洲电车俱乐部

我们在法国的最后一站是参观另一个大区的首府城市，但这一次它有着特殊的历史（图 9.10）。TGV 从巴黎开始加入了欧洲最快的铁路新高铁东线，穿越博斯（Beauce）和香槟（Champagne）平

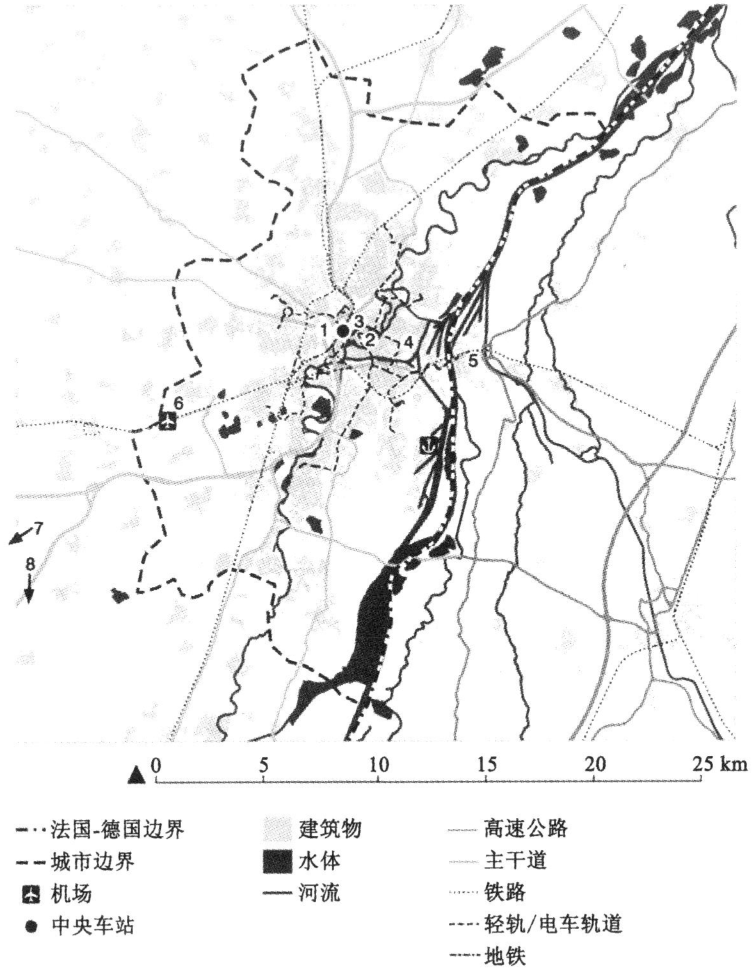

←图 9.10 **斯特拉斯堡地图。** 阿尔萨斯（Alsace）大区的首府，以莱茵河为界与德国分隔，有着促进城市发展的主要的国际功能，是法国范围最大的有轨电车系统之一。

原。列车以每小时 200 英里（320 千米/小时）的速度行驶一个小时后，缓慢行驶在穿越孚日山脉的曲折的旧轨道上，之后进入莱茵河谷北部建于 19 世纪的斯特拉斯堡车站，这个车站在 2007 年开通高速铁路服务时专门设计了一个引人注目的新玻璃幕墙。

孚日山脉的阻隔有重大意义，因为这是法国的自然边界之一。为了在 2016 年打通所有去斯特拉斯堡的道路，工程师们现在已经穿越这条山脉钻出了 4 000 米的隧道来扩展高速线路。很多年来莱茵河的另一边是德国的一部分。1878 年就是如此，那时斯特拉斯堡历史悠久的电车系统被开放，1894 年也是如此，那时正在实现电气化；列车从城市中心驶向莱茵河的两岸。线路在 1919 年重新回到

→图 9.11　斯特拉斯堡火车站。
在 19 世纪经典建筑外立面设计独到的现代扩展部分，可以实现乘客从高速列车到地铁的无缝接驳。

法国，1940 年又短暂归入德国，在第二次世界大战中遭到严重破坏，现在在河流左岸急转方向驶向法国的网络，与法国其他主要城市的网络一起，在 1960 年为了现代化和减少交通拥堵而被迫关闭。只有四条线被保留下来：两条在里尔，一条在马赛，另一条在圣埃蒂安（Arab，2004，p. 127）。但是在 20 世纪 90 年代，面对交通和人口的日益增长，该城市决定建设全新的现代有轨电车系统。第一条线与南特（Nantes）和格勒诺布尔（Grenoble）的线路同时在 1994 年 11 月开通，代表了法国有轨电车的复兴。第二条线于 1995 年开工，2000 年运营（同上，2004，pp. 127，129）。

但系统的真正起源在二十年前——1973 年能源危机时。那年 7 月，政府在几个城市群设立市镇联合体：波尔多、格勒诺布尔、南锡（Nancy）、尼斯（Nice）、鲁昂（Rouen）、土伦（Toulon）、图卢兹（Toulouse）和斯特拉斯堡，斯特拉斯堡包含 27 个市镇，预示着向区域公共交通的转变。紧接着引入了交通税，30 万人口的社区和超过九名雇员的工作单位均需要交纳（同上，2004，p. 142）。

整个 20 世纪 80 年代，法国城市中关于最好的城市轨道系统有着激烈的争论。一些城市，如里尔，正如我们所看到的，土伦和雷恩（Rennes）选择了自动（DLR 类）VAL 系统，缺点是由于需要建设隧道而成本昂贵。其他城市，如格勒诺布尔、南特、圣丹尼斯

(St. Denis) /波比尼 (Bobingy)、鲁昂，当然还有鲁贝-图尔昆，倾向于更便宜的地上有轨电车系统。毫无疑问，斯特拉斯堡仿照莱茵河对岸的做法选择了后者，但是在中央车站有一个有趣的变动，轨道下面必须设置的隧道被埋于地铁站之下。

介绍另一个多面手的法国市长：凯瑟琳·特劳特曼 (Catherine Trautmann)

斯特拉斯堡的有轨电车是1989年当选市长的凯瑟琳·特劳特曼的重点工程。1995年，A线开通后的一年，凯瑟琳·特劳特曼再次当选，立即宣布B线将在2000年9月如期开通——即2001年市政选举之前（同上，2004，pp. 127～129）。在她再次当选的1995年，斯特拉斯堡市镇联合体重新组建，尽管凯瑟琳·特劳特曼仍然是市长，但是负责交通的是副市长罗兰·里斯（Roland Ries，她的第一副手和得力助手)。（同上，2004，p. 175）特劳特曼随后成为国家文化和交流部长（1997 ～2000）。把斯特拉斯堡市长和市镇联合体主席的职位让给了里斯，尽管大家心知肚明她可以恢复她的职位。作为部长，她是B线的主要赞助人，决定于2001年大选之前开通。具有讽刺意味的是，尽管B线按期开通了，她却失利了。在法国最传统的多兼职体系里，她也作为欧洲议会会员（MEP）任职于1989～1997年，2004年之后再次任职。2008年罗兰·里斯当选斯特拉斯堡市长时，她当选市镇联合体的副主席（法国维基百科）。

通过巧妙的政治管理——权力下放，被描述为“与问题交谈”，包括直接参与（当地选举产生的议员）和间接参与（同上，2004，p. 266），在十年多一点的时间里，斯特拉斯堡建立了法国最大的有轨电车网络，范围超过55千米（图 9. 12a 和 b）。四条路线从繁华的市中心放射出来，一些延伸至半乡村地区；1/5绕过中心区。这一系统有70个站点，一个地下站点（中央火车站），方便乘客更容易到达另一侧法国国家铁路公司带有玻璃幕墙的火车站。

大部分电车系统的运行在预留的路基上，在铺设路面和整齐的草地之间变换穿梭。这一系统运用750 V的高架电力供应和1 435 mm的标准轨矩线，这是一个重要的细节，为区域轨道系统“有轨电车-列车”系统的拓展提供可能。除了中央车站，大多数的有轨电车停靠站只是有着实时数字信息展示的简单候车亭；但是位

→图 9.12a 和 b　斯特拉斯堡有轨电车。

有轨电车线路的换乘站设在中世纪城市中心的 Homme de Fer——一条古老的街道旁。

a

b

于城市中心 Homme de Fer 的中央换乘站，是一个被其他法国城市争相效仿的、引人注目的建筑设计。

有轨电车拥有 267 个位置和 66 个座椅，与街道的较低的车门入口底板相比，对于行动不便和推婴儿车的乘客非常便利；所有的车厢都装有空调。另外令人赞叹的还有服务频率，其中最慢的线路频率是 15 分钟一班，标准频率是 6:30～20:00 之间 5～6 分钟一班，多样的票价选择（包括智能卡）、低价位和九个停车换乘站点，都旨在减少城市内部私家车的使用。

有轨电车：城市生活质量的关键

城市的决策并不是随意做出的。它的中心原则是提高城市生活质量，包括对小汽车使用的系统管制，辟设行人专用区以及对城市历史空间的修复。一开始这被视为“城市工程”，而不仅仅是“简单的交通工程”（同上，2004，p.127）。城市设计是这一过程的核心而不是附加部分；这是独一无二的（同上，2004，p.245）。另外，新系统为将要改变和连接的现存公交服务提供了支柱，在中心交换道提供了支线。这一公交网络有 310 千米长，加上周围更小市区的 280 千米；时刻表是与有轨电车同步的。最终，将系统地鼓励自行车出行：拥有 160 千米的自行车网络，是法国最大的同类网络之一。在主要的有轨电车停靠点和公交站点都有自行车停车场。另外，这些停车换乘设施都配备有免费的出租车电话，也可以租到电动车。始于 1992 年 2 月的交通计划，主要目标是减少小汽车交通。交通分流时小汽车禁止穿越市中心；新的地下停车场建在远离城市中心的地方以及中心广场下面。为了有轨电车和公交以及骑车者和步行者，线路、设施和火车站广场一起都被改造过。沿着有轨电车新线路的生态补偿措施，包括种植 1 400 棵新树木以及移植 300 棵其他树木。

有轨电车在活化城市开放空间尤其是城市中心方面发挥了重要作用。有活力的中心有利于吸引欧洲机构，推动已是法国第二大金融中心城市经济的进一步发展。荷兰交通规划师胡戈·普里莫斯（Hugo Priemus）评论说：

> 作为公共交通的典范，前往中心城市斯特拉斯堡的参观者数量增加。斯特拉斯堡城市活力和公共交通改善的协同作用，使得有轨电车超过 100%收回成本。城市中心的宜居性和经济吸引力都得到了提高（Priemus，2011，p.64）。

交通税支付了最初成本的 1/4，比政府拨款的部分还要多。财政创新促使技术创新，并进一步产生社会、环境和经济效益。

斯特拉斯堡有轨电车的未来：欧洲计划

2007年，第五条线开通，直接服务城市的欧洲区（European Quarter），罗兰·里斯提出了与德国分享“第二欧洲区”的重大想法，将D线从现有的终点站——在阿里斯蒂德·白里安（Aristide Briand）——延伸一小段穿越边境有新火车站的闸门港，这一地区位于河流分支中间的岛屿上，一直到达德国的凯尔（kehl）车站。这将与主要城市更新和新“欧洲区”的建设同步进行（Beyer，2011，pp. 5～6）。

而且除此之外，有一个甚至更加雄心勃勃的计划：把有轨电车-列车系统远远延伸至阿尔萨斯乡村地区，一直到孚日山脚下。为了理解这一重要性，横穿莱茵河的考察是目前最为紧迫的事情。

考察：卡尔斯鲁厄的区域有轨电车-列车系统

在法国、德国和瑞士交界的欧洲一角，城市有轨电车系统一直没有完全消失。瑞士城市像巴塞尔和苏黎世，在二战中中立且免于破坏，没有理由去移除它们；德国城市如弗莱堡和卡尔斯鲁厄，如同其他大多数城市一样，只是在废墟中重建了它们，以保持经济的发展。当德国在20世纪50年代和60年代经济复苏时，古老的车辆被新的所替代，扩展也随之发生。之后，在20世纪70年代和80年代，在更大的城市如法兰克福和杜塞尔多夫，为了减少交通拥堵，有轨电车位于城市中心的地下，整个网络系统被重新命名为地下铁路系统（U-Bahn）：从柏林、汉堡和慕尼黑等城市的地铁系统借用的术语，因为给了其他地方一种大城市的氛围而显得受欢迎。但是，许多拥有有轨电车的中等规模的城市像卡尔斯鲁厄和弗莱堡则认为没有必要：在中心区街道设置行人专用区，让有轨电车和步行者与自行车共享空间，显得更加便利，尽管偶尔显得比较混乱。

这些城市中的卡尔斯鲁厄，位于巴登符腾堡州莱茵河斯特拉斯堡的另一侧，成为欧洲第一个实施轻型和重型轨道车共享轨道的城市。“卡尔斯鲁厄模式（Karlsruhe Model）”已经获准加入轨道词汇中，用来描述街道主线运行，而且启发了周边Saarbrücken、卡塞尔的系统发展，荷兰的兰斯塔德铁路计划，法国米卢斯的系统中心，以及现在英国谢菲尔德-罗瑟勒姆（sheffield-Rotherham）线的国家试验。

卡尔斯鲁厄过去和现在一直都是德国中等规模的城市，人口仅有25万多。因此它的有轨电车系统没有调整成昂贵的地下铁路系统；另外，它的郊区通勤轨道系统也没有调整成像柏林、汉堡、法兰克福或者慕尼黑所使用的国家高速交通。但是它是广泛轨道系统的中心，以一小时车程连接有吸引力且发展迅速的城镇和乡村地区。卡尔斯鲁厄确定了一个激进的解决方案：连接现存所有轨道用地，使乘客不必换乘交通工具便可出入城市中心，以此来引导这个欧洲非常富裕的角落的乘客远离小汽车。

德国联邦铁路把一些地方服务拓展进城市，沃思（Worth）和布雷滕（Bretten）被认为特别适合这一试验。1989年5月西门子工程连接了这一网络，随后线路延伸了三个更远的停靠站直到Kneilingen Nord。

技术问题相当多。有轨电车不仅需要运营在750 V电压的城市网络上，而且还需要运营在德国联邦铁路线15 kV、16 ⅔ Hz的交流电标准电力系统上。车厢尺寸必须兼容，大型变压器必须并入车厢，研制了新的车轮轮廓和移动踏板，以便有轨电车既可以行驶在街道上也可以停靠在车站站台。最初的高底板模式已经加上部分低底板，变成所谓“中高”底板的第二代有轨电车，安置在轨道上面580 mm处，因此可以让行人直接从550 mm高的站台进入。

最困难的问题是事故预防：为开发一种足够抗挤压的建筑材料，5 000个轨道事故的研究表明，重要的是停车距离而不是车辆的刚度。有轨电车使用铁路速度控制和地面列车无线传输。

1992年9月28日，世界上第一次在国家重型铁路上运行有轨电车“双向有轨电车”——这是它当时的名称，代表了城市交通的革命，通过城市网络和德国联邦铁路传统的列车将布雷滕地区连接起来了。商业价值是巨大的：在投入商业服务的前三天，布雷滕线的乘客量一举达到了日均2 000名乘客，增加数超过了一万。网络日益增长：首先，从布雷滕到Eppinghen，Heilbronn到Rastatt和Baden-Baden，并深入到黑森林Forchbach。现在该网络总共超过400千米长，每年运行2 000万列车千米：其中1 500万行驶在城市网络上，500万行驶在有轨电车-列车轨道上。远中心如Heilbronn、Pforzheim和Bad Wildbad已经成为该系统的一部分，主线路运行成

→图 9.13a、b 和 c　卡尔斯鲁厄有轨电车-列车系统。欧洲最长的路线 S4 轨道线，在 Baden-Baden 温泉度假区运行在国家火车轨道上，穿过卡尔斯鲁厄中部，经过 18 世纪金字塔的路线运行在城市街道上（但是现在这一段在地下运行），然后重新运行在火车轨道上，穿越开阔的乡村抵达 Heilbronn 市。在卡塞尔成功运用（第 7 章）的“卡尔斯鲁厄模式”也将运用在斯特拉斯堡通往孚日山脉的新线路上。

为常态。目前该系统最长的运行线路是从 Öhringen 穿过卡尔斯鲁厄中部到达 Baden-Baden 西南部的 Achene，总长度为 210 千米的 S4 轨道线（图 9.13a、b 和 c）。线路的每一部分被有轨电车-列车轨道覆盖，交通量至少变成了双倍。每位乘客的补贴只有 23.3 分钱，这是它的运营者特别引以为自豪的一个数字。卡尔斯鲁厄有轨电车

-列车双模式的乘客中有 40%的人拥有可以自由支配的小汽车，但仍然决定不用它们出行。

乘客从火车到有轨电车的零换乘并不是有轨电车-列车轨道共享模式的唯一优点。有轨电车重量相对较轻，实现了高功率-重量比，这意味着优异的加速性能和分断能力，而且不会增加太多时间损失的多站点停靠。有轨电车购买（一般 220 万欧元）和运营（司机培训短，维修简单）相对便宜，服务水平可以增强。整个系统由当地政府所拥有，由卡尔斯鲁厄公交系统（Karlsruher Verkehrsverbund，KVV）运营。

但是并不是所有的社区都欢迎加入这一网络的机会，例如当地的反对派就阻止向 Rastatt 和 Baden-Baden 中心的扩展计划。另外，现在最大的限制是城市中心的容量。在几个交叉路口之间总长度为 2 000 米的轨道，沿着主要的购物街凯撒大街（Kaiserstrasse）向东西方向运行，这里大部分是步行区，同时又承担着有轨电车的密集服务且汇集了众多线路：每分钟一班。当乘客量从 1995 年的 1.236 亿人次稳定上涨至 2010 年的 1.766 亿人次时，服务密集度也随之增加。[1]

为了解决这一冲突，联合规划有两个相关的元素：首先，凯撒大街地下 2.4 千米的铁路隧道，向南线路有 1.0 千米的分支隧道，拥有七个地下车站，为地上 1.0 千米无轨道行人区留有空间。另外，平行于凯撒大街地下有 1.4 千米的公路隧道，顶部可以建设有吸引力的、景观化的电车轨道。总投入 6.409 亿欧元中，德国联邦政府支付 60%，巴登符腾堡州支付 20%，建设公司支付剩下的 20%。建设开始于 2010 年。铁路隧道将于 2017 年开通，将直接减少凯撒大街上 70%的有轨电车和列车量。

英国有前车之鉴。生态城项目已经可以实现 1898 年埃比尼泽·霍华德在乡村地带建立小型独立田园城市的理想。在弗莱堡和德国其他城市，或者目前法国的城市并不是这样做的；在那里奉行的准则是，靠近城市中心延伸发展，并通过良好的公共交通将它们联系起来。英国的参观者坚信他们是对的。卡尔斯鲁厄的有轨电车-列车概念始于 1992 年的大胆开创，现在在整个欧洲蔓延，它把城市有轨电车系统延伸至国家铁路，以服务周围范围广大的更小的城镇和乡村：有轨电车，S4 线，从末端到末端运行 100 英里（他们

① http://www.diekombiloesung.de/fileadmin/user_upload/kombiloesung/PDF/Infoflyer-eng-105x210.pdf.

最近正在考虑安装厕所的需要）。随着城镇或乡村的延伸，如果以这种方式把这些都连接到一个区域系统中，生态城是有可能建立起来的。

附言：回到斯特拉斯堡

法国对有轨电车-列车系统的适应十分滞后。但是2010年第一个工程在斯特拉斯堡以南30千米的中等规模的阿尔萨斯城米卢斯开通之后，区域首府现在也跟进项目，把当地火车服务从孚日山脚西部城市Greswiller和Barr，经过茨海姆的斯特拉斯堡机场，通过现有F线的1.5千米新延长线连接到城市有轨电车系统上。最终的有轨电车-列车网络将覆盖44千米：包括4 000米城市线，25千米双向线和15千米单项线。每千米花费700万欧元，这与每千米花费2 000万欧元的城市网络相比非常便宜。六条放射线中的两条已经选定，每天大约有一万名通勤者。服务计划是混合模式的，包括确定的有轨电车-列车基本频率（15分钟一班），同时附属的传统火车线路可供选择。斯特拉斯堡中央车站下面的邮政电车的旧隧道，将被重新用于连接城市网络和主要线路轨道设施；铁轨部分使用25 kV的电力，同时还有七个新车站和11个额外的停靠点。估计区域政府的基础设施花费为1.516亿欧元，市镇联合体的花费为4 360万欧元，法国国家铁路公司的花费为889万欧元。系统运行速度能够达到100千米/小时，列车时刻完全可以提速以避免线路延误。预测表明乘客人次将会增加2.5倍，但是公共补贴将会减少40%，每趟价格将从1.60欧元下降到1.00欧元。

该线路定于2016年开通，可能会从现在计划的位于港运城的斯特拉斯堡终点站延伸至黑森林低坡相应位置的offenburg（Beyer，2011，p.12）。这将是最终的欧洲计划。

小结

在法国，城市向乡村延展的面积相当于英国的两倍，因此城乡区域连接一直是关键问题。1980年后的三十多年里，法国不仅率先用高速轨道网连接了它的城市，而且还连接了它们的腹地。1980年法国的轨道千米数少于英国，但现在拥有五倍于英国的长度，当现有网络拓展时，甚至非常小的城市也在建立它们自己的轨道线。

正如戴高乐的名言："你怎样管理一个拥有246个不同种类的奶酪的国家?"自1982年历史性的密特朗改革后，权力已经从巴黎大规模下放。一个重要的经济结果是，与英国的状况比较，以人均GVA的增长来衡量的话，省级城市超越了巴黎和它们的区域。同时，城镇和城市中心每个地方几乎都经历了明显的城市复兴（尽管一些郊区因为种族矛盾而受打击，这些地方的暴乱切断了很多发展机会）。在里尔、蒙彼利埃和斯特拉斯堡这些多样化的城市，这一过程是如何起作用的呢？下面有九个可能的结论：

1. 市领导。当选的市长努力促使他们的城市更加成功，通常意味着公共领域质量的提高。有轨电车不仅可以使城市减少拥堵，而且可以提高城市形象，这一点同样重要。尽管他们不能解决经济衰落带来的所有问题——像旧工业城市Valenciennes，但的确树立了解决城市现代化问题的显著标志。城市领导者除了坐在法国参议院位置上的，地方政府的职位也是通往国家政治领导的路径。既是里尔市长又是法国总理的皮埃尔·莫鲁瓦认为市长这一角色更加重要。乔治斯·弗雷切谢绝了巴黎的公职，但是在幕后代表蒙彼利埃工作。2012年奥朗德总统邀请罗兰·里斯担任他的交通部长，但被谢绝了，理由是他在斯特拉斯堡仍有未完成的工作，而且他仍是交通局组（*Groupement des Autorités Responsables de Transport*，*GART*）的主席，这是一个由当选政治家组成的负责交通事务的协会。这里隐含着真正的权力。

2. 战略规划。自1983年市政府有权制订地方规划后，交通规划和发展紧密联系起来，正如蒙彼利埃案例研究所表明的。土地由市政府或合资企业购得，通常比在英国有更可观的补偿，也不太重视反对意见。大都市区或城市区域被认为是一个经济实体，区域在提供基础设施方面起到重要作用。私人开发商发挥他们的作用，但并不能主导这一过程。里尔案例研究不仅表明把地方交通改善和内城高速列车结合起来的重要性，同时也体现了把社会基础设施投资和交通发展融合起来，使每个人都感觉到从增长中受益的重要性。

3. 公私关系。法国市镇联合体拥有基础设施并控制它们的运营，之后作为一个整体系统由获得长期特许经营的私营公司管理，这些公司和市政府合作紧密。在英国，这些管理公司去争取合同（类似法国的能源和水公司），但没有奏效。英国的私营公司没有同样的自由（法国的部分原因是有支撑法律的拿破仑法典）。相反，主要的建设工程不得不取得公用事业声明来表明公共利益，在进行之前需要公众调查。

4. 多标准分析。项目评估更多的依据是经营项目和市政府汇集所需经费的能力，而不是通过标准成本收益分析将其简化为数字。里尔的第一个城市合同表明，城市和政府在追求福祉上是平等的伙伴关系，而不是附属关系。法国是首批寻求选择人均国民收入作为衡量成功标准的国家，同时也是“社会排斥”这一概念的主要拥护者，这些都并非巧合。

5. 针对雇主的地方税。权力下放，曾经帮助克服了 20 世纪 70 年代的停滞性通货膨胀，使得经济再次前进。市政府能够利用本地资金源而不是依靠大量政府拨款。作为雇佣九个人以上公司薪水的地方抵押性税收的交通税，占巴黎公共交通成本的 70%，帮助建设了新的重大基础设施，如里尔地铁。获得税收支持的过程，意味着市政府不得不和雇主组织以及邻近市镇建立良好的关系。

6. 成本控制。法国成功地做到了少花钱多办事，他们的轨道系统也从来自核电的大部分电力获益。他们通过整合有轨电车规划与建设以及地下服务来避免昂贵的成本。相比之下，英国最近建设有轨电车和铁路轨道的经历则是令人沮丧的延误和成本超支的故事。

7. 国内工业。法国对于现代交通方式充满热情，也十分关心提升法国工业以及从工程技术的最新进步中获益。法国城市像英国城市一样，也必须遵守欧盟的竞争性采购规则，但是它大范围的采购确保了许多合同流往法国有轨电车和法国 TGV 供应商如 Alstom 公司，这样可以占尽天时地利，确保出口合同，特别是当产品可以被展示给潜在的海外购买者时。

8. 都市生活。法国不仅拥有领先的理念如公共汽车和高速列车，而且步行和自行车交通仍然被认为是文明的出行方式。城市中心的质量也因此而闻名世界。法国关于城市规划的概念（和计划相反）本质上是创造适宜居住的地方，而不是主要把规划当作管理和控制的一种手段。富裕阶层大量涌进城市的事实也证明了规划的成功。就像巴黎一样，其消极面是：最不成功的人被放逐到毫无生气的郊区，很容易成为被社会排斥的贫困聚居区。不变的重点是：城市生活被认为是最高的和最好的存在形式。

9. 城市区域合作。最后一条经验是第一条政治经验的扩展：里尔、蒙彼利埃和斯特拉斯堡表明了市镇联合体的重要性，市镇联合体由法国政府创立于20世纪60年代，意在赋予主要省会城市更大的权力。市镇联合体一开始发展缓慢而迟疑，在20世纪80年代末拥有了行动力，随后有影响力的市长们如莫鲁瓦、弗雷切、特劳特曼和里斯，激发了强大的城市区域联盟的创造力，吸引了大量交通和城市更新的公共投资。正如罗兰·里斯在最近的一次访谈中所强调的那样，这一切并不容易（Ries，2011；请参阅 Dagnogo and Ries，2011）；它需要超乎寻常的政治敏锐性和时间感。而里尔、蒙彼利埃和斯特拉斯堡的有轨电车集聚网络是他们成功的证明。

然而有一个重要的保留意见。巴黎大学（Sorbonne）的沙维尔·德贾斯丁（Xavier Desjardins）和同事的研究表明，在法国三个主要城市区域亚眠（Amiens）、雷恩和斯特拉斯堡，在轨道系统主要投资的城市建成区之外的边缘区，城市发展模式和轨道交通可达性之间关系日益恶化；也就是说，这些地区变得越来越依赖小汽车（Desjardins 等人，2011）。但是，斯特拉斯堡表现得比其他两个样本城市稍微好一些。斯特拉斯堡将走得最远，从它的德国邻居那里学习并采取重要的下一步：拓展至周围乡村的区域网络，将新的多中心城市结构中的小城镇和乡村联系起来，使巨型城市区有望成为21世纪城市可持续发展的典范。这是德贾斯丁在另外一篇文章中推荐的具体的解决方案，以卡塞尔有轨电车为例，称赞有轨电车-列车系统是应对城市边缘地区所面临挑战的有效途径（Desjardins，2011）。不仅如此：这是一个超越国家边界的、更广阔范围内的城市区域，包括法国东南部、德国西南部和瑞士中北部，已经变成了全球区域学习的主要范例：城市互相从对方学习交通、城市更新和城市设计方面的最佳实践，是一个不断循环和优化发展的过程。下一章，我们将向北远行，去参观欧洲一个绝无仅有的例子：厄勒区，包括哥本哈根和它的近邻——瑞典最南端地区。

10 斯堪的纳维亚的资源保护：斯德哥尔摩和哥本哈根-马尔默地区

在我们接下来的 21 世纪泛欧旅行中，下一站的欧洲部分不可或缺。斯德哥尔摩和哥本哈根在现代欧洲规划界的神坛中所占据的杰出地位，可以与雅典和得洛斯岛（Delos）[①]在历史古迹方面的地位相媲美。由于瑞典和丹麦的城市发展起步较晚——大概始于 19 世纪末到 20 世纪间，因此这些城市几乎从发展初期就能开展有效的城镇规划管制。1900 年之后的斯德哥尔摩，是一座只有十万人口的小城市，它开始四处征收土地，以确保能按照规划合理发展。20 世纪 50 年代和 60 年代，斯德哥尔摩 1952 年版的总体规划系统地为新地铁线周边、规划的市郊新城网络奠定基础。如今，中心城区拥有 87.2 万人口，大都市地区有 210 万人口，斯德哥尔摩仍然是整个西欧地区规划最全面的城市。第二次世界大战结束后不久，哥本哈根就因其增长管理策略享誉全球。在艾伯克隆比 1948 年著名

① 位于基克拉泽斯群岛的中心，方圆五平方千米。相传是太阳神阿波罗（Apollo）的诞生地，曾经是古希腊时代集宗教和商业于一身的重地。——译者注

的“指状规划（Finger Plan）”中，他制定的绿带/新城策略为伦敦提供了一种新的发展选择，将新的增长引导到沿电车线路和城际铁路线分布的卫星城社区。在哥本哈根利用这种策略控制其城市发展的六十年间，即便整个大都市区的人口从刚到 100 万增长到了 180 万，中心城区的人口却始终稳定在 50 万。哥本哈根已经无可争议地成为了一个国际化的大都市，并与马尔默通过世界上第一条城际地铁相连接，创造了世界上第一个国际性可持续发展的大都市范例。

但是本次北部旅程最重要的目的在于，尽管竞争激烈，丹麦和瑞典的城市仍然凭借其制订并实施的超乎寻常的环境标准赢得了让人羡慕的声誉。斯堪的纳维亚半岛的居民需要长期面对漫长且艰难的寒冬。在瑞典，冬天以及它的结束甚至会成为庆典或是传说中的一部分。如果你去斯德哥尔摩的瑞典国家博物馆参观，会看到大厅中部楼梯间的墙上挂着一副名为《仲冬牺牲》（*Midvinterblot*）的画，这幅画是艺术家卡尔·拉森（Carl Larsson）[①] 在 1915 年特意为这个地方创作的。此画是作者在参观丹麦国家博物馆后突发灵感创作而成，主要描述北欧神话中的古代瑞典国王丹茂德（Domalde）为抵御寒冬饥荒而牺牲的故事。瑞典人会庆祝尤尔节（Yule），那是一个与圣诞节有部分相似的异教徒节日，类似的节日还有五朔节前夜（Walpurgis night）和紧接着的象征着冬天结束的五朔节[②]。从太阳几乎不会升起的隆冬，到暮光整夜萦回的盛夏，这些节日表达了人们对四季轮回的深刻感受。瑞典，这个拥有漫长严酷寒冬、遍地岩石和贫瘠酸性土壤的国度，在过去多个世纪里都是一个贫穷的国家，因此人们不得不为其瘠薄的资源撙衣节食。由此延续的传统是，好房子必须可以保存热量并抵御寒冬，这也是对有限自然资源的深度保护。

① 卡尔·拉森（Carl Larsson，1853～1919），瑞典著名画家，其代表作品有《银桦树下的早餐》《仲冬牺牲》等。——译者注

② 五朔节（May Day），欧洲传统民间节日，用以祭祀树神、谷物神、庆祝农业收获及春天的来临。在每年的 5 月 1 日举行。——译者注

斯德哥尔摩规划的卫星城镇

对斯德哥尔摩参观学习的专业游客而言，学习旅程最基本的起点便是对市内的地铁系统（图 10.1）进行“朝圣”。地铁系统全长 108 千米，从位于全面重建的城市中心区最核心地段的中转车站向外辐射到各个规划的卫星城（图 10.2a、b 和 10.3）。这些卫星城相互间隔大约 1 000 米，每个卫星城都规划有购物和其他公共服务中

→图 10.1 **斯德哥尔摩地图。**一个紧凑的 19 世纪公寓型城市，1950 年后，由于地铁沿线的卫星城落成，位于 *Staden mellan broarna* 岛上、两座桥之间的中世纪老城镇（*Gamla stan*）向南北两部分大规模扩张。

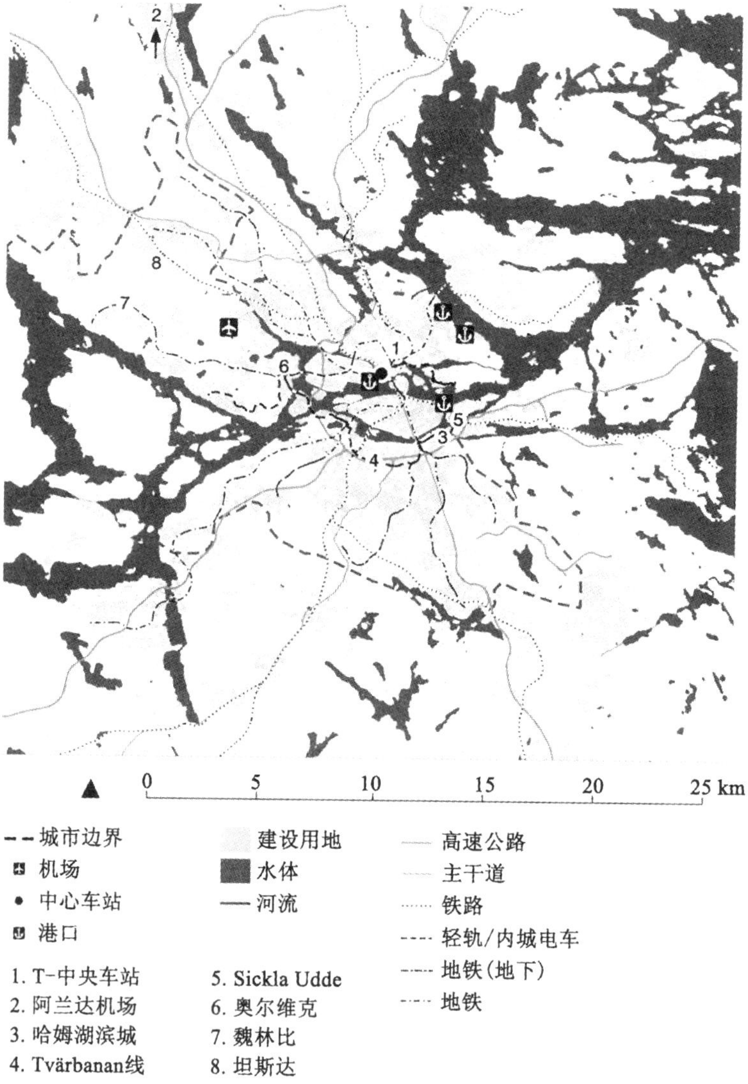

心。它们的密度按照金字塔原则排列：越靠近车站密度越大，这样就可以保证商场在步行范围之内拥有最多的客流，紧邻车站周边高密度公寓后，随着距离的增加密度也相应下降。与之相反的是城市中心及其周边的居住区，通常按照分级原则排列；每四到六个单元被设置为一个组团，其中 C 级本地中心的服务主要覆盖车站步行范围内一万到 1.5 万个居民；次区域 B 级中心则服务于整个组团，覆盖步行范围内 1.5 万到三万人；其余的五万到十万人通过地铁、接驳巴士或私人小汽车接受服务；这些级别共同组成了一个具有五万

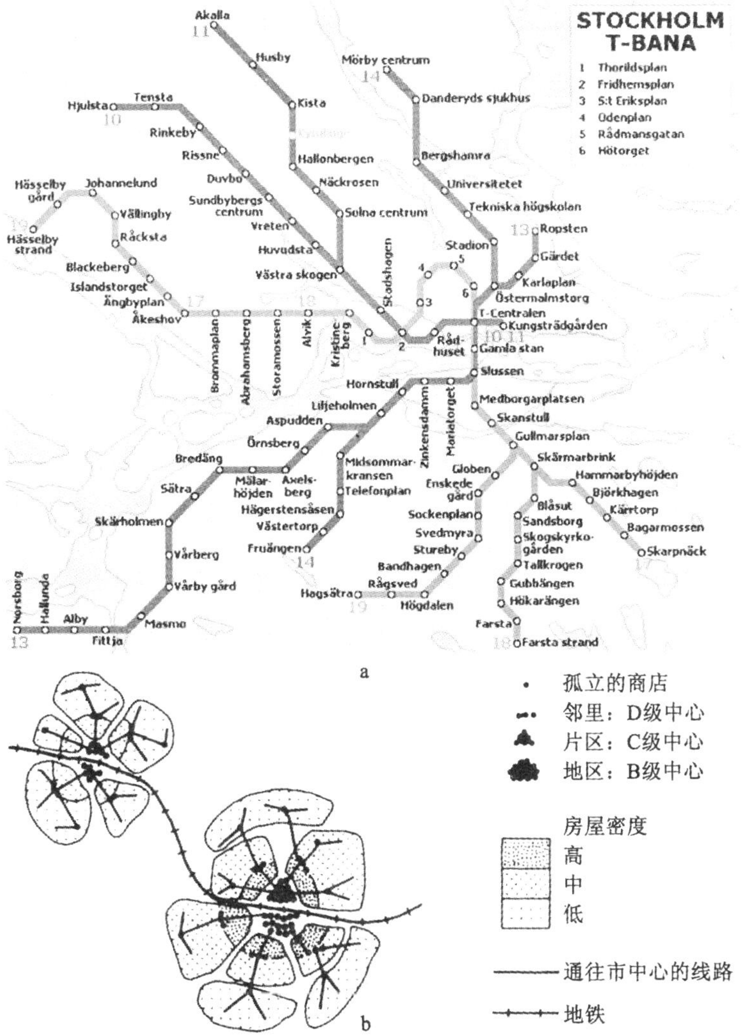

←图 10.2a和 b　斯德哥尔摩地铁。

城市新的地铁系统建造于 20 世纪的 50 和 60 年代，由 1952 年版的总体规划精心设计，为新建的卫星城提供服务。每个系统有五个单元：四个较低级的 C 级中心服务 1～1.5 万人，主要覆盖车站步行范围内；一个次区域 B 级中心服务整个综合体，覆盖步行距离内的 1.5～3 万人；其余通过地铁、接驳巴士和汽车来往的 5～10 万人。

到六万人口的典型城市，相当于一个常规的瑞典省级城镇。每一个组团都会被当地的绿化带在空间上分割开来，绿带镶嵌于各个单元以及整个组团周围。最后，整个卫星城被设计成“ABC 社区”结构——工作地、居住地和中心（*Arbete*，*Bostad*，*Centrum*）：它们并不是纯粹的卧城，而是兼有就业和社区中心的功能，因此不仅可以减少通往城市中心的通勤人流，还可以创造背向城市中心方向的通勤人流。

将近 1/3 的住宅由公共住房公司建造，差不多 1/3 则是由合作社或类似的非营利机构建造，剩下不到 1/3 的房屋则由私人建造商

→图 10.3 魏林比市中心。第一个新建的卫星城，建于 20 世纪 50 年代中期。它有一个富有吸引力的步行商业中心，具备各种设施，为城镇组团周边十万人服务，2001～2008 年成功地实现了现代化。

提供：绝大多数的房屋（大约 90%）是公寓。将近 95%的房产都获得了公共补贴的资助，那里自然也不存在给高收入阶层居住的豪宅。正如斯德哥尔摩人自豪地向游客介绍瑞典在黄金时代的全民福利模式那样，在类似魏林比（Vällingby）和法斯塔斯（Farsta）的地方，不同阶层的人都住在一起：总理与垃圾收集者、公司主管与领取救济金的残疾人相邻而居。

轰轰烈烈的卫星城建造时代距今已有五十年，斯德哥尔摩的大都市区已经扩展到地铁总站之外，成为一个巨型都市区，包括梅拉伦湖（lake Mälar）周边一条长 50 到 100 千米带状地区内各自独立的、中等规模的城镇，如 Ensköping、Västerås、Eskilstuna 和 Örebrö（还有距离城市中心 40 千米的阿兰达机场），它们都由城际地铁提供服务，这是交通规划中作为城市长期发展基础的一个新概念，20 世纪 90 年代由哥本哈根和斯德哥尔摩首创，它衔接了郊区更长距离的铁路，为居民提供一种前所未有的特快通勤服务，也为连接两个城市的机场提供专门服务。这是在区域发展规划中围绕现有高速连接精心布局城镇的首个案例。

向轨道交通转型和内城更新的典型：哈姆湖滨城

20 世纪 90 年代，当城际铁路作为重点项目被纳入到整个梅拉达伦大都市区的新规划时，一场持续了十年之久的关于丹尼斯计划

(Dennis package）的争论在斯德哥尔摩爆发。丹尼斯计划是一项主张收取道路拥堵费的激进政策，包括建设两个新的收费道路体系——围绕市中心的内环路和西部与市中心相切的外围道路，还包括对进入中心城区的车辆实施收费，同时建立一条新的轨道电车线路以改善公共交通服务。在为公共交通项目投资筹集资金时，收取过路费还将确保内城区汽车通行量至少下降 34％的预想得以实现。这个方案不久之后便被取消了，然而在 2006 年的一项实验性的临时措施中又被重新引入使用了六个月之久。2006 年 9 月，当地发起了咨询性公投，询问斯德哥尔摩城区以及附近几个自治市的市民是否接受永久征收道路拥堵税，最终斯德哥尔摩的市民以 53％的赞成率对 47％的反对率通过了这条提案，而其他几个自治市都否决了。在同一天还举行了一场普选，弗雷德里克·赖因费尔特（Fredrik Reinfeldt）[1]领导的新一届保守派政府决定永久征收道路拥堵税，但是所得的税收会全部投入到斯德哥尔摩市内或周边的道路建设中，而不是像以前一样全部投入到公共交通中。这一提案在 2007 年 8 月被再次提出，此后争论日趋平静，大概是因为这项政策已经被证明对斯德哥尔摩中心的环境产生了有益的影响。

然而具有讽刺意味的是，与此同时，斯德哥尔摩刚刚完成了规划建设的轨道电车项目中的大部分：轻轨中的克罗斯韦尔线（the Crossways line）。这条线路全长 11.5 千米，共有 17 个站，穿越整个西部内城郊区，从南边的 Sickla Udde 到达西边的 Alvik，并与地铁和通勤铁路系统的西南分支相连接。这一线路在 2002 年完全开通，2007 年平均每个工作日运输 4.4 万名乘客。有提案提出应该将这条线路向北和向东延伸，为地铁和通勤铁路的扩张创造机会。新线路具有非常重要的意义，因为一旦其修建完毕，规划的优先权就会转为内城更新。它穿过了哈姆湖滨城的主轴线（图 10.4a 和 b），这是一个占地 160 公顷、距离城市中心3 000 米远的南部场地，轻轨建成后将会使周边城市对它产生严重的依赖，正如半个世纪以前卫星城对地铁的依赖一样。

哈姆湖滨城仅距离斯德哥尔摩市中心 5 000 米，标志着一个重要的改变，反映了该城市的发展趋势正类似欧洲其他地方：从向外扩张转变为内城更新。这里在 20 世纪 80 年代之前都被称作南哈

① 瑞典经济学家、政治家，温和联合党领袖，现任瑞典首相。——译者注

a

b

→图 10.4a 和 b　哈姆湖滨城。

这座城中之城的理想意象图，建在中世纪老城镇以南 3 000 米的一个旧工业区和富有吸引力的滨水地带上。(图片来源：Ola Ericson imagebank. sweden.se)

马比港（*Södra Hammarbyhamnen*），是斯德哥尔摩一个主要的工业区及其港口的一部分。然而不久之后工厂大面积倒闭，就像其他许多有类似境遇的地方一样，这个城市不得不重新考虑如何利用这些场地。

新规划覆盖大部分南部和北部地区——位于哈马比湖另一端的是北哈马比港，为整个哈马比湖流域地区的再开发创造更多的可能性。编制的总体规划以扩展轻轨线路为重点，以位于古尔玛广场站（Gullmarsplan）的地铁站为起点穿过这片区域连接东部地区。

随着斯德哥尔摩申请 2004 年夏季奥运会的举办权，城市发展迎来了一波高潮。拟定的奥运村位于哈姆湖滨城的核心地区，以其突出的生态环境和环境可持续性成为斯德哥尔摩申奥特有的卖点。虽然斯德哥尔摩最终败给了雅典，但是城市发展的步伐并未因此停滞，城市的改变一发而不可收。当地政府认为为奥运村而发展的计划很有价值，不应该因为申奥失败就中断开发，因此哈马比转型成了一个生态城镇。

当然，哈姆湖滨城与第 8 章中描述的阿默斯福特的城镇乌得勒支省、纽兰德和卡腾布鲁克，或是与 11 章弗莱堡里的沃邦（Vauban）和里瑟菲尔德（Rieselfeld）缺乏可比性。上述的城镇都从各自的城镇边缘向外扩张，但哈姆湖滨城非常明显地属于内部更新模式，其密度和 19 世纪斯德哥尔摩内城的密度相差无几。但是，假如你在地图上观察这个地方或者亲身去考察，你会发现在三个方面与弗莱堡模式有一些表面上的相似之处：繁忙的电车服务——在这种情况下，有部分新规划的轨道会围绕中心城区，电车在两旁底层商店和上层公寓的大道上奔驰，大道两边会有两三个居住小区。（图 10.5a 和 b）

一个关键的差别在于哈姆湖滨城占地 160 公顷，目前共有1.08 万栋公寓，城市规模要比里瑟菲尔德（72 公顷）和沃邦（42 公顷）大不少。城市密度也更大，在居住用地内每公顷上有 100 个居住单元，在全市范围内每公顷也有超过 67.5 个居住单元。这意味着与严格控制楼高在四层以下的弗莱堡模式不同，哈姆湖滨城可以沿着水域建四层或五层的建筑物，在主要街道两旁甚至可以建造六层甚至八层的建筑物。总体规划有意利用街道宽度（18 米，如果是林荫大道则会有两倍宽度）、街区规模（70～100 米）、密度，以及混合的城市用地营造一种内城氛围，在水边可以给人一种心情愉悦的感受，但是在城市内部的某些街道或空地上有可能让人产生高压迫感甚至是幽闭恐惧症。

→图 10.5a 和 b 哈姆湖滨城。
滨水开发景象和沿着自然排水道的、富有吸引力的线形公园景观，代表着该地区最高的环保标准。

a

b

总体规划

哈姆湖滨城位于以哈马比湖为边界的斯德哥尔摩传统内城区的外围。但是，由编制总体规划的建筑师詹姆·茵赫-黑格斯特罗姆（Jan Inghe-Hagström）为首的城市规划局工作队伍，有意沿袭了斯德哥尔摩内城的建设标准，具体体现在：路宽（18米），建筑形态多变的街区（70＊100米），密度，土地使用（林荫大道，建筑物底层为商业）。靠近哈马比湖和斯科拉运河（Sickla Kanal）的区位，使水域旁边拥有更大的发展空间。

紧接着，规划师们采用呼应独特的滨水环境的建筑风格来整合传统的城市结构，并遵循现代建筑原则，推广现代可持续发展技术。以玻璃作为核心材料，营造光线充足、水域和绿地视野开阔的独特景观。主要的林荫大道连接了重要交通节点和公共服务中心，从而形成市民活动和商业的自然集聚区。沿着主要的干道，基本所有建筑的首层都被设计成为具有商业、休闲和社区活动等多种功能的弹性空间。此外斯科拉运河两旁建筑物的二层阁楼也会时不时用作商业用途。这种模式已经被证实可以吸引大量的商业活动。

主城大道的有轨电车服务对整个地区的开发至关重要。如今在哈姆湖滨城的中心地区有四个车站，可以在五分钟之内把居民送往换乘地铁网络的地方，为了连接斯德哥尔摩的一个主要交通枢纽，有轨电车还有向东方和北方延伸的计划。这个地区还有三条公共汽车线路和一条夜间公共汽车线路服务。除了新的公共汽车和有轨电车交通等基础设施之外，还设置了一个免费的渡口，从清晨到半夜，每10到15分钟都有一班渡轮横渡哈马比湖，全程仅要五分钟，自行车也可以放上甲板。最后，当地居民还可以拼车出行。这里有25辆车供450名居民拼用。

总体规划同时有意改善该地区的地理环境。城镇与南边的丘陵自然保护区相接，并且濒临被誉为“宝蓝眼睛”的哈马比湖，它是城市中心的焦点，拥有极具吸引力的公共开敞空间。供行人通行的浮桥、码头以及连成一条直线的公园共同打造了一个丰富多变的湖滨空间，居民在夏天还可以到小船码头游玩。公园、绿地空间和人行道交织而成的网络贯穿了整片区域，所有自然景观都被最大限度地保存了下来。野生的芦荟和灯芯草仍在水域两岸生长，从两边幽暗的小路伸到水中。桦树为湖滨公园营造了美丽的景观，密布橡树的岩石林地标记了这片区域的边界。根据瑞典教育法令对学校之间竞争行为的规定（现在已被英国借鉴），在两所为6～16岁青少年服务的公立学校之外新增了一所私立学校、一所学前学校和托儿所。

这个城市的发展成效值得大书特书，这主要得益于当地的政府领导机构深入到了从总体规划的编制到建造每一栋房子的各个阶段，在城市大部分土地都被利用完的情况下，仍能促进城市开发。以战略性总体规划为开端，这个地区被分为十二个分区，并将分阶段实施发展，其中的六个在2009年早期就已经完工。对于每个单独的分区，通过一个叫作“平行草图（parallel sketches）”的设计过程形成总体规划细则。城市选择了三到四个私营的建筑师或城市规划师去“验证”战略性总体规划，并为分区起草更多详尽的方案。哈姆湖滨城官方首席规划师强调，在允许的范围内，他们尽可能选择年轻的建筑师和崭露头角的公司参与次分区规划。官方机构会评价每一个方案并从中吸收优点，最终形成各方面都满意的总体规划细则。

为了更好地完成总体规划细则，官方的规划和设计团队为每个分区都准备了一份设计规范，以便和选中的开发人员以及建筑师保持紧密的合作关系。规范阐述了大部分恼人的细节问题，包括地区特色，把受自然条件影响和启发的现代建筑与传统欧洲内城相融合，同时在土地混合利用、密度、建筑形式、公共空间以及与水体的关系等层面都做出了阐述；布局、形式与结构、包括每个街区的路牌，重要的地标建筑、公共空间以及人行道；建筑风格，包括高度、形式、样式及其他很多内容；建筑类型，精确到每一栋建筑公寓内部甚至楼梯间；建筑设计，包括各种事宜：外墙材料，以及类似窗户和阳台布局、屋顶样式等细节；建筑元素，更多是对入口、阳台、窗户和屋顶的尺寸的指引；公寓标准，标明了诸如室内布局、采光、房间高度、室外通道、隔音、出口的易达性，室外平台、阳台和门外的空间；还有其他一些附加服务标准，例如储存服务、洗衣店服务（公寓内部或者是开放式），车库或者垃圾收集服务；每个街区和地标建筑的建筑颜色；庭院和开敞空间的设计：包括一半的混合绿地和一半的硬质空间；公共空间、公园和道路的设计，包括景观、人行道、光照和道路两旁的座椅等；还有比以上都重要的每个片区的建筑和设计原则，以每个街区的立体图片呈现出来。所有的这些细节形成了官方机构和开发合作人员之间的共识性附录，这使得建成的质量水平能够得到官方和开发合作人员的共同认可。分区内的每个小片区甚至每一栋独立的建筑（一般是三到七个小片区，视开发工程的规模和复杂性有所不同）都是由一个受邀合作的开发商和建筑师团队跟进，在符合总体统一的原则下，保证建筑的多样性和城市文脉不受破坏。

当然，目前项目的成果是十分引人注目的，说是壮观也不为过。把玻璃当作核心材料大量使用可以使阳光及湖滨绿地的景色最大程度地呈现出来。水域地带具有引流洪水、保持生物多样性、创造新的栖息地、营造非正式的设施空间以及正式的公共开敞空间等功能。

“哈马比模式”

哈姆湖滨城的核心是非常清晰的环境观念，受到政策驱动并迅速闻名世界。它包括去污清洁，对废弃土地的再利用，为居民提供更多的公共交通选择以鼓励他们放弃使用私人汽车，能源消耗以及水和固体废弃物的循环再用。哈马比正在试点一种全新的“哈马比模式”（图 10.6a 和 b），包括能源再生、废弃物和水资源管理等，这个项目已经由私人企业比尔卡能源（Birka Energi）、斯德哥尔摩自来水公司以及斯德哥尔摩城市废弃物处理部门共同发起。这个项目的目标是把环境的利用效率提高到内城区普通新建项目的两倍以上。打个比方，在哈姆湖滨城新建的公寓消耗的水资源比在内城新建的公寓少一半。

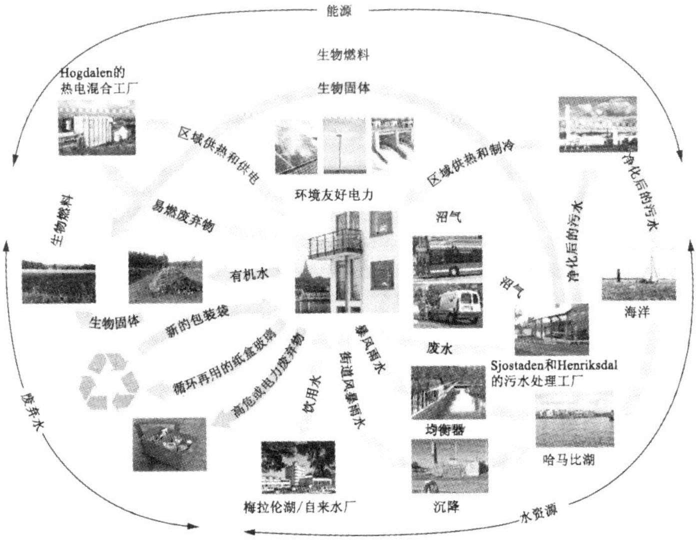

←图 10.6a 和 b　哈马比模式。
这个著名的框图阐明了所有开发都基于自然资源的循环再利用，任何地点的固体废弃物都会通过具有吸力的管子传输到中央回收站。

总而言之，哈马比提出要在全世界所有模范生态城市名单中独占鳌头。哈马比在每一个居住小区附近都设置像轮船甲板上的集装箱一样的箱子，用于收集四种不同类别的家庭垃圾。这非常方便，虽然在斯德哥尔摩一月份寒冷的清晨使用可能不是那么舒服。废弃物会被排放到地下的处理工厂，在那里它们会被用来生产热能和电能。反过来工厂的热泵则会排出用来冷却的废水。这个由比尔卡能源公司运行的系统，通过一条 2 000 米的管道高效运作。

污水在城外不远的大型污水处理工厂进行净化和提纯，废弃物则被循环利用制成沼气，提纯过程中产生的热能则被区域供热单元利用。2003 年，哈姆湖滨城拥有自己的片区污水处理中心，处理的污水中的营养成分则会供农田使用。地表水都就地清洁，一切可燃的废弃物都会循环再用为公寓供热，可生物降解的废弃物则会在附近进行堆肥处理。

一些公寓小区由太阳能板供热，尽管离普及使用还很遥远，并且斯德哥尔摩漫长冬季的太阳能十分稀缺。房屋建设质量必须与传统沿袭下来的一样上乘，部分住房至少要达到被动房①的建筑标准。哈马比以减少 1/3 的用水量为目标，主要通过使用各种环境友好型的装置实现，比如使用耗水量低的马桶和空气混合水龙头等，并且减少重金属和不可降解材料的使用。运河会收集暴风雨降下的雨水，之后再集中流入湖中，这是整个改造中一个重要的设计理念。这一种模式稍后将会在马尔默出现，也是瑞典现代城市化开发的一个最重要特征。

① 被动房（PassivHaus），是各种技术产品的集大成者，通过充分使用可再生能源使采暖消耗的一次能源不超过 15 千瓦 · 小时/m² 的房屋。如此低的能耗标准，通过高隔热隔音、密封性强的建筑外墙和可再生能源得以实现。见 http：//www. passiv-haus. org. uk/standard. jsp? id = 122.

为了教育和鼓励居民充分利用好该地区所有的环保元素，区域中心建造了一个被称为玻璃房（GlashusEtt）的环保教育中心。这个中心为斯德哥尔摩水中心、城市街道清洁部门、芬兰能源公司、复达欣集团（Fortum，收购了比尔卡能源公司）等机构提供了一个窗口，以便向民众展示他们在哈姆湖滨城所使用的环保科技解决方案。中心还会为民众提供环保事务方面的建议，或是为前来学习的参观者组织展示和定期的展览。中心的建立耗资约 200 万欧元，由斯德哥尔摩政府解决资金来源，其中近 1/3 由一个本地投资项目资助。每年投入的资金（大约 11 万欧元）则由斯德哥尔摩自来水公司、复达欣集团以及斯德哥尔摩土地发展局平均分担。

斯德哥尔摩的经验：三个关键的问题

哈马比的先进科技宛如一台动力十足的发动机，它提前实现了未来随处可见的美好愿景。交通系统可以在五到六分钟之内把居民送到地铁中转站，最后在离发展区域较远的地方环绕，通向位于城市中心边缘的换乘车站，这可以有效减小对汽车的依赖；哈马比的居民平均每户拥有的汽车数量只有 0.7 辆，低于瑞典全国的平均水平。这里有一点十分值得借鉴：在经过激烈的争论之后，城市一开始就把电车放在正确的位置，尽管他们最初并没有为这个项目买单。由此他们从一开始就建立了一种可持续的交通模式，一旦新迁入的居民叛逃到沃尔沃[1]的展览厅，这种模式便不可能实现。

因此，单就生态环境可持续方面而言，哈马比的确如同它收获的名誉一样引人注目。居民也渐渐喜欢它了，在 2005 年进行的一次居民调查中，805 份回收问卷表示他们对环境非常满意。大约 66%的家庭拥有一辆或以上的汽车，与内城的平均数相差无几，但是 2/3 的出行是公共交通、自行车和步行，只有 1/3 是汽车；8%的居民是拼车会的成员，一般会在外出购物的时候拼车；渡口也缓解了 1/4 的出行压力，从渡口乘船到达斯德哥尔摩中心城区，再通过有轨电车直接进入内城，这是他们出行首选的交通方式。

但有三个关键的问题：

第一个问题是关于这种模式的应用。斯德哥尔摩的内城郊区和巴黎一样，有高的住宅和就业密度，因此在别的国家这种模式可能并不适用，尤其在盎格鲁-美洲-澳大利亚等具有低密度城郊传统的地区。

① 沃尔沃（Volvo），瑞典著名汽车品牌，创建于 1921 年。——译者注

在那些地方，像轻轨这样的轨道电车线路并不可行，因此大量非定向乘客的需求不能充分满足，这些地方必须寻求其他解决办法。

第二个问题是关于人口。斯德哥尔摩官方的规划师曾经设想哈马比将会吸引单身的年轻人、丁克人群（指双职收入、没有孩子的夫妇）、孩子离家的空巢老人前来定居，令人意想不到的是它吸引了大量带着年幼孩子的夫妇，他们在拥挤的开敞空间活动，草地被消耗殆尽，还不得不紧盯着学校政策的变动。得益于瑞典新的就学模式，私立学校和慈善学校为了赢得父母的垂青，与建成的市立学校构成具有活力的竞争关系（很显然市立学校得益最大）。但是对于这样的城市环境，儿童的密度高得有点不自然。当然，运动场地的设计还是很优秀的，毕竟这里是瑞典，但不如第 11 章里我们看到的沃邦那样适合小朋友。

第三个问题是社会可持续性。在五十年前，所有的卫星城都建造在城市边缘的市属土地上，公共租赁房和合作社单元混合，产生了不同寻常的社会融合。哈姆湖滨城也是建立在城市土地上的，并服从于整个城市的总体规划——这与阿默斯福特和弗莱堡的模式一致。但与 1965 年的斯德哥尔摩相比，现在的斯德哥尔摩有着截然不同的价值理念，主要的区别在于如今的私人街区是由商业开发商开发的，为了获取利益，这里融合了出售或租赁单元。瑞典现在采用的仿照英国的国家住房系统对家庭大有裨益而不是房屋本身，因此理论上来说，这里的人们尽管处于不同的社会地位和收入阶层，但还是会共同居住在非常靠近的位置。

但很明显现实中并不是这样。湖边的餐厅、咖啡厅和商店非常高档，看起来就像是从旧金山的湾区空运过来一样。在游乐场所嬉戏的小孩以及他们的母亲基本上都是金发的；而且，在这里看不到任何大量移民迁入的证据，由于瑞典慷慨的救济站政策，过去三十年间，来自世界各地成千上万的难民确实来到了这个城市。

这些特殊的斯德哥尔摩人在哪里？答案是他们占据着房租低廉、位置偏远的卫星城出租屋，很多聚集在其中一个名为 Tensta 的卫星城。这个卫星城建于 20 世纪 60 年代，是斯德哥尔摩的规划师在房屋短缺的年代为了保证建设进度而牺牲社区质量的结果，它是由许多混凝土砖块砌成的庞大公寓群，非常单调，而且是在地铁开建前匆匆落成的。事实证明这些公寓很难租售，而救济追求者填满了这些空置的寓所。今天，移民以及他们的孩子占据了总人口的2/3，超过九成的孩子可以上学，2/5 的家庭享受社会福利。

卫星城中心由大型超市利德尔所占据，在城内各处，男人们就像在故乡波斯尼亚和伊拉克的村庄那样坐着聊天。这就是一个在欧洲随处可见的贫民窟。当然这是瑞典式的贫民窟：公寓街区和丛林般的卫星天线被保养得很好，街区间的花园也被完好地保存下来了。但是 20 世纪 60 年代执政的民主党意识到建设“人民家园”的长期梦想似乎遥不可及。21 世纪的斯德哥尔摩仍将继续向世界呈现它独特的发展模式，因此规划师们应该继续进行朝圣。但是创造一个平等的乌托邦的瑞典梦想大概已经永远消失了。

哥本哈根-马尔默：交通型大都市区

距离斯德哥尔摩南边 500 千米的地方是世界上最大的都市区之一，最窄处只有 4 000 米的厄勒海沟把哥本哈根坐落的西兰岛（Zealand）从瑞典最南部的省份斯堪（Skåne）分割出来。现在它们一同因为虚构的侦探角色库尔特·维兰德（Kurt Walland-er）[①] 和萨拉·兰德（Sarah Lund）[②] 而闻名世界，他们喜欢在丹麦首都的大街上或是斯堪广阔的田地上追踪猎物，或是偶尔通过新建的大桥侵入对方的领地。这条分割大陆的海峡因广阔的厄勒地区而得名，它绵延两万多平方千米，是 370 万人口的家园——包括 250 万的丹麦人和 120 万的瑞典人，这不但让其成为斯堪的纳维亚地区最大的城市带，也集中了瑞典和丹麦两国 1/4 的 GDP（图 10.7）。

① 英国电视剧《维兰德》的男主角，剧本改编自瑞典同名小说。——译者注

② 丹麦电视剧《谋杀》中的女主角。——译者注

直到 2000 年为止，上述的一切都仅仅是设想，没有实际意义，因为没有一条真实存在的桥梁消除两个国家在语言、国家政府、当地政府系统（两者都是，自从 2007 年丹麦在该地区实施改革）[③] 之间的差异，甚至两个国家都还没有加入欧盟。只有一个由海峡两岸的政治家组成的联合委员会——厄勒委员会——在推动两岸的紧密联系。

③ 在丹麦：首都地区（Rigion Hovedstaden，29 个自治市）和西兰岛地区（Region Sjælland，17 个自治市）；在瑞典：斯堪尼亚地区（Region Sjælland，33 个自治市）。

但形势在 2000 年 7 月 1 日发生了改变，瑞典国王和丹麦女皇共同为厄勒海峡大桥揭幕，这条长 18 千米、耗资 30 亿欧元的新桥连通了丹麦哥本哈根 51 万居民以及瑞典马尔默周边的 28.1 万居民（图 10.8）。有趣的是，在 1991 年的一个夜里的通宵会议上，两国政府最终签署协议，决定建造这座连接哥本哈根和马尔默的大桥，

→图 10.7 哥本哈根-马尔默地图。

如同孪生一般的两个城市位于厄勒海峡两端，如今通过新的大桥连接起来。

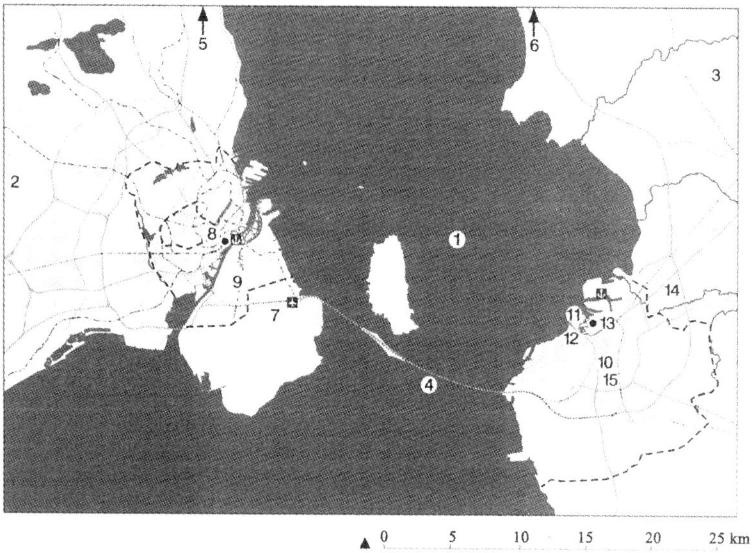

- - 城市边界
机场
● 中心车站
港口

建设用地
水体
—— 河流

高速公路
主干道
铁路
---- 轻轨/内城电车
----- 地铁（地下）
-·-·- 地铁

1. 厄勒
2. 西兰岛
3. 斯堪
4. 厄勒海峡大桥
5. 埃尔西诺
6. 赫尔辛堡
7. 卡斯特罗普
8. 哥本哈根中心车站
9. 弗雷斯德
10. 马尔默
11. 海港西部
12. 马尔默城堡
13. 马尔默中心车站
14. Burlöv
15. 奥古斯滕

并将其位置定在现址而非海峡最窄处的埃尔西诺（Elsinore）和赫尔辛堡（Helsingborg），该决议在1992～1993年被两国议会确认，并在1995年一个瑞典法庭决案中获得批准，此时距离大桥动工只有几个星期（Matthiessen，2000，p. 172）。

这座大桥体现了海峡两岸的城市规划专家和规划师们的巨大野心。首先，大桥的设计旨在通过把人流集中到这个区域从而改变北欧的交通流向。但是他们的设想远不止如此：他们希望可以把两岸整合成一个功能性经济区域来增加该地区的生产总值、经济增长速度和竞争活力。这个想法很大部分来源于瑞典的经济学家和未来学家阿克·安德森（Åke Andersson），他在1985年出版了一本划时代的著作《创造力：大都市区的未来》（*Kreativitet*：*StorStadens*

Framtid)，这本书首次将创造力视为后工业时代城市经济发展的推动力。安德森的忧虑与日俱增，认为瑞典把增长转移到缺乏新经济所需的创新协同效应的北部偏远地区是一个错误的决策，他主张把投资都集中于瑞典最大的都市区——大斯德哥尔摩地区。

但是，不久之后安德森开始和丹麦地理学家克里斯蒂亚·维克曼·马修森（Christian Wichmann Matthiessen）合作研究厄勒地区，最终在1991年联合出版了一本书《厄勒地区：创造-联合-增长》（*Øresundsregionen：Kreativitet-Integration-Vakst*）。事实上这让争论进一步升级了：在快速全球化的世界里，随着1992年欧洲经济和货币联盟成立以及1995年瑞典即将进入欧盟，经济优势会日益流向那些自身可以通过贸易和交通运输而发展经济的大型都市区——哥本哈根的卡斯特罗普（Kastrup）机场是北欧地区最大的国际机场，每天会有超过120个飞向不同目的地的国际航班起飞。同时，支持当地大学和研究机构的发展，培养坚实的智力资源基础。为了实现这些潜在的优势，把厄勒地区分割的两半焊接成为一个跨国的大都市区必不可少。正如马修森所说：要把两边糅合成一个政治单元并不现实，但在这片欧洲的优势地区建立一个功能性的经济区域却相当切实可行，相比之下要在短时间内打造文化统一体则要困难得多，但是随着时间的推移这是可以想象的（Andersson and Matthiessen，1991；Matthiessen，1993；Matthiessen，2004，p. 33）。

←图 10.8 厄勒海峡大桥。位于哥本哈根和马尔默之间新的连接桥梁，于2000年开通。带有一条经过哥本哈根卡斯特罗普国际机场的底层甲板铁道，以连接两个城市的中心车站。(图片来源：cc Nikos Ronssos)

实际的效果如何？马修森取得了相关的研究进展：通过对全球知识中心的研究，对世界范围内的大学和研究机构的研究产出进行了测量，他认为1996～1998年间和2004～2006年间，哥本哈根-

兰德地区的排名从十五名轻微下降到十七名，欧洲知识生成的核心地带仍由包括伦敦-牛津-剑桥地区和巴黎等核心区域统治，在北欧带内部，哥本哈根-兰德地区和斯德哥尔摩-乌普萨拉地区组成第二梯队，当然还包括具有统治地位的阿姆斯特丹（Matthiessen *et al.*，2010，pp. 1884，1889）。因此，至少在刚开始的时候，安德森和马修森充满勇气的策略野心并没有实现。但令人意想不到的是，这个地区在别的方面却颇有建树：它把自己打造成为欧洲可持续城市化的领先者。而且，虽然这个地区没有特别突出的竞争表现，但是在隔岸相望的哥本哈根和马尔默，竞争还是相当明显的。

哥本哈根

经过一代人的努力，哥本哈根已经成为欧洲最有吸引力的首都城市之一，城市虽小但是热情好客，道路上行走的都是人而不是汽车，到处都是人行道、绿色空间和自行车道（图 10.9）。现代建筑在海岸旁矗立，城市中心的许多建筑要追溯到 17 到 18 世纪：壮观的文艺复兴时期的宫殿、公园以及商铺如同协奏曲一般和谐地布局在道路、水道以及运河两旁。而且，今天的城市中心更多地反映了城市更新和过去十五年的城市规划和开发的再思考所引发的巨大转型，这也使哥本哈根成了世界上最宜居的城市之一。

如同斯德哥尔摩一样，从 1980 年开始，哥本哈根的规划重点开始从城市增长策略转向对老旧海港、市区和海港附近的工业地区进行可持续的更新，与欧洲甚至世界上的许多城市类似，港口交通已经被转移到离城市较远的地区。城市重建和国际化大都市区的概念在弗雷斯德（Ørestad）开发中结合起来，这是一座将旧港口地区和机场以及厄勒海峡大桥连接起来的“城中新城”。

气候防护

哥本哈根非常谨慎地应对着气候变化所带来的挑战，它在 2009 年 12 月主办了联合国世界气候大会，通过行动切实落实联合国的“21 世纪议程”，正计划在 2015 年之前打造世界上第一个生态型大都市区。丹麦人正在通过提高能源的使用效率来弥补他们在自然资源缺乏上的不足，哥本哈根 98%的居民都居住在带有热电联产系统

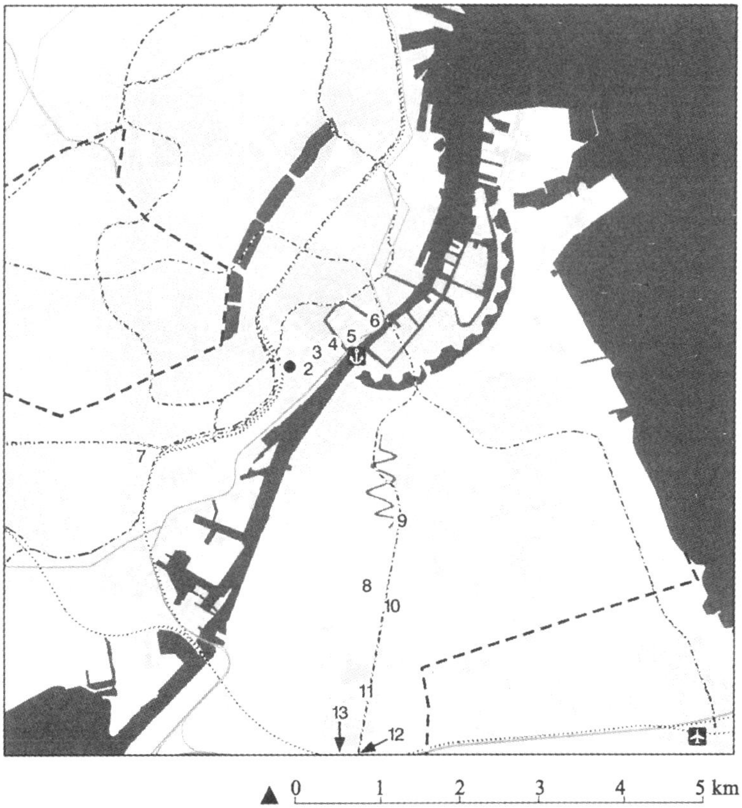

- - 城市边界　　建设用地　　高速公路
机场　　水体　　主干道
• 中心车站　　河流　　铁路
港口　　轻轨/内城电车
地铁

1. 哥本哈根中心车站
2. 趣伏里公园
3. 中心市政厅广场
4. 斯特罗里耶步行街
5. 新帝皇广场
6. 老港口
7. 嘉士伯啤酒厂旧址
8. 弗雷斯德
9. 北弗雷斯德
10. 阿迈厄公共社区
11. 弗雷斯德城
12. 南弗雷斯德
13. 弗雷斯德车站

←图 10.9　哥本哈根和内城区地图。
主要的核心城区位于步行街-自行车道中心地区，线形的新城弗雷斯德通过地铁与机场连接。

（CHP，Combined heating and power）的小区内，那是节约能源的主要方式。许多 CHP 工厂是由合作社拥有的，这是丹麦方式的显著特征。值得一提的是 48％的废弃物被燃烧处理，34％会循环再用，14％则会堆肥处理；废弃物的再利用就已经满足了每年供暖需求的 30％。

丹麦从 20 世纪 70 年代起就是商业风能的先驱者，这个小国家令人震惊地生产了全球风力机组发电总产量的一半。就国内而言，2008年风能提供了全国18.9%的发电量和24.1%的发电能力；在2012年，丹麦政府通过了一项计划，在2020年前将风力发电的份额增至50%，包括继续投资约60亿欧元。2000年建成的米德尔格伦登海上风力发电厂（The Middlegrunden offshore wind farm）是目前全球最大的风力发电厂，合作社里的一万名投资者以及市政公用事业公司各占一半股权。

哥本哈根管辖内的所有市都签署了由政府授权、负责并进行资源配置的哥本哈根气候备忘录（Copenhagen Climate Catalogue）。目标是争取在2015年之前减少20%的碳排放并在2025年达到碳中和[①]。举措包括更多地使用生物质能，去除分化垃圾中的塑料，大力发展智能电网[②]等。1999年到2009年间，在GDP增长了66%的同时，丹麦的碳排放减少了20%。现在的努力方向是通过一系列方式减少碳排放，尤其是在交通领域。哥本哈根积极寻求出口能源的机会，事实上他们早已实现风能出口了。

① 碳中和（carbon neutral），指通过计算CO_2的排放总量，然后通过植树等方式把这些排放量吸收掉，以达到环保的目的。——译者注

② 见 http：//en，wikipedia. org/wiki/Smart_grid.

碳中和交通方式正在被大力推广，主要方式有：把道路缩窄，从而减少停车位，倡导公共交通，包括新的地铁以及一些无碳交通方式。对氢的治理已经初见成效，市政府希望把城市发展成一个绿色企业之城。和英国一样，哥本哈根重视对废弃用地的治理，但会使用更加环保的方式。从工业废地到城市海港，政府的“蓝色计划”已经治理了许多海滨地区。这里开放的游泳池、海滩让人能够亲近水边和40千米长的码头区。无独有偶，战后的伊斯赫（Ishoj）也曾有类似的措施，比如利用建造地铁剩余的废弃物新建海滩，而临近的发电厂利用市政废弃物进行发电，同时还设有创意的现代艺术画廊以增添它的吸引力。

哥本哈根的自行车和步行策略

来参观的生态朝圣者们一般会从机场乘坐火车或者从斯德哥尔摩乘坐摆式X2000高速火车到达哥本哈根中央车站，然后走过一条古老的人行道穿过Tivoli公园和中心市政厅广场（*Rådhuspladsen*），进入中心步行区，接着来到重建的老港口区域（图10.10a到d）。

哥本哈根的主要商业街道斯特罗里耶步行街（*Strøget*，字面上

的意思是行程或直线）1.8 千米长，是欧洲最长的步行商业街。从市政厅广场延伸至新帝皇广场（*Kongens Nytorv*），它事实上是从中轴线延伸出的街道。经历 20 世纪 60 年代中期的一场激烈争论之后，这条街道就变成了步行街。在欧洲的其他国家，一般都是精心设计的车型道路系统建成后，为缓解车流而引入步行化方案。斯特罗里耶步行街方案的支持者，包括建筑规划师杨·盖尔（Jan Gehl），都认为传统的欧洲做法没有必要。事实证明他们是正确的：车流有效地“消失”了。今天，它成了欧洲最成功的商业街之一。

←图 10.10a 到 d　哥本哈根。
由建筑规划师杨·盖尔设计的城市主要商业轴线从市政广场延伸到更新的老海港，这里自从 1970 年便被改造成人行道并适应大量自行车通行，同时滨水地区也被大量的更新项目占领。

众所周知，哥本哈根是世界自行车首都，市内 37%的通勤依靠自行车。哥本哈根有全长 460 千米的自行车道，每天有 36%的市民会骑车上班或上学，骑行的总距离超过 130 万千米，按照计划，这一数字还将在 2015 年前提高到 50%。政府每年会投资 1 000～2 000 万欧元到自行车设施中去，这种改进已经持续了四十年。由于哥本哈根未能成功征收交通拥堵税，因而必须用一种更为微妙的办法实现交通的现代化转变。政府的工程师们逐年减少 3%的停车位——这足以使街道状况焕然一新，但又不会招致太多反对。这为一系列的措施腾出了空间，包括拓宽自行车道、人行道、人车共用的街道以及一些支路，剔除一些迂回的线路，为骑行者和行人创造通往市中心最短、最直接的“绿色环线”，为骑行者在市郊列车上提供保管服务，并保证办公室会设置更衣设施。在城市内部有一套自行车免费租用系统，类似的系统将会在巴黎的自行车自助服务计划（*Vélib*）以及伦敦的鲍里斯自行车（Boris bikes）计划中出现。设计这些措施是为了建立一个任何资源都触手可及的“五分钟城市”，城中1/3的出行依赖公共交通，1/3使用自行车，只有1/3是小汽车。成果显而易见：虽然汽车拥有数在1995年到2004年间提高了40%，但是汽车的使用率只提高了10%，自行车的使用率却上升了将近一半；因此，自行车总里程增长到汽车总里程的两倍，快速公交运输的出车次数也下降了23%。

城中新城：弗雷斯德

弗雷斯德是一个值得注意的概念：一个线形的城中新镇，只有600米宽却有5 000米长，坐落在离市中心只有5 000米的阿迈厄（Amager）岛上，靠近国际机场，以哥本哈根新的自动化地铁作为主要的交通轴线连接哥本哈根都市区的其他地方（图10.11）。M1地铁线与主要的南北轴线弗雷斯德大道平行，在弗雷斯德市内有

→图10.11　弗雷斯德。这个沿着哥本哈根自动化地铁线路建造的出色的线性城镇位于城市中心和卡斯特罗普机场之间。

六个站。弗雷斯德被分为四个区域：北弗雷斯德（Ørestad Nord）、阿迈厄公共社区（Amager Fælled kvarteret）、弗雷斯德城（Ørestad

City）和南弗雷斯德（Ørestad Syd）。东西走向的厄勒高速公路 E20 和厄勒铁路在地铁中央换乘站处把弗雷斯德横切成弗雷斯德城和南弗雷斯德两部分。以这里为起点，厄勒铁路上的区域和城际列车可以在五分钟之内到达机场，往另外一个方向走则可以在七分钟之内到达哥本哈根市中心站。

弗雷斯德是在 1992 年特别立法的基础上开发的。该区土地原本大部分归军方所有（曾经用作射击训练），后来被一个成立于 1993 年 3 月、名为弗雷斯德开发公司的企业接手，该公司 55%的股份归哥本哈根市政府所有，45%的股份归丹麦国家政府所有。1994 年举行的国际建筑方案征集比赛中优胜的方案为弗雷斯德提供了一个全面的总体规划，把弗雷斯德划分成四个区域。芬兰的 APRT 设计工作室和丹麦的 KHR 建筑师在 1997 年成立了一个联合企业并提交了最终的规划方案。方案规划了一座占地 310 公顷的功能混合型新城镇，城内居住用地和商业用地共同并存。近十年之后，启动新城开发，当时预计需要大约 20 到 25 年，总耗资约 17.5 亿欧元。

2001 年，第一栋办公楼落成，由挪威地方当局的养老基金出资，受新城临近市区中心和机场的区位吸引，紧接着其他办公大楼也纷纷落成。三年后，第一栋居民楼也建成了。出于人们对该地区未来线性发展、地价上升的期望，地铁的建设得到了资金支持，并在 2005 年还没有居民入住新城的时候就已经开通。2008 年之前，已有超过一半的土地卖给了开发商，每个开发商都会分配到大约 120 到 150 个单元，这造成了当地建筑风格和概念的巨大差异。社会住房公司开发的一系列建筑都与周边的私人居住街区格格不入。预计 2025 年到 2030 年建成后，弗雷斯德至少会为两万市民提供住所；就业岗位将从 2010 年的一万个增加至六万到八万个。已经有两万名学生入读该地区的学院或大学。

新城附近有好几条 10 千米长的运河蜿蜒流淌，引流和雨水收集系统把水资源排入湖中和湿地循环再用。方案还设计了一个大型公园，部分原因是为了满足运河另一边居民的需求，他们的房屋面向中心公园逐渐降低。由于七成人选择公共交通作为通勤方式，因此停车位的需求也减半了。居民楼的停车场大多设置在建筑物地下，并且巧妙地利用室内多层停车场的方式，让人非常乐意使用。

新城的中心弗雷斯德城，坐落在哥本哈根卡斯特罗普机场以西 4.5 千米处，距离哥本哈根市中心以南 5 000 米处，以一个新的可换乘至瑞典的地铁中转站为中心。这里的标志性建筑物有辉凌医药（Ferring）的办公大楼和斯堪的纳维亚最大的购物中心菲尔斯百货（Field's）。主要的建筑包括让·努维尔（Jean Nouvel）[①]设计的哥本哈根音乐厅、丹尼尔·里伯斯金（Daniel Libeskind）[②]设计的麦特龙卡宾酒店和福斯特建筑事务所设计的哥本哈根塔。

有批评指出，当周末所有工人都回家时，宽阔的开放空间显得有点恐怖，整座城镇感觉就像一座死城。现实证明，咖啡厅和餐厅难以为继，这与哥本哈根充满魅力的中心城区大相径庭。也许，电视剧《谋杀》第二季中对这一带的刻画要比任何剧集都要细微，哥本哈根人和游客都可以跟着萨拉·兰德走进这些街道。

① 法国当代著名建筑师之一，他综合采用钢与玻璃，熟练地运用光作为造型要素，使作品充满了魅力。——译者注

② 建筑设计师，1946 年出生于波兰一个犹太人家庭，以反偶像崇拜风格见长，作品中的冲突性和从中传递的信息让他赢得了世界性的声誉。——译者注

马尔默

马尔默是瑞典第三大城市，有 28.6 万人口。这是南瑞典的商业中心，并且有着真正的国际化品质：居住其中的市民共同使用着大约 100 种语言，他们来自 174 个不同的国家（28%的居民在国外出生）。它还有相对年轻的人口结构，有一半的人口在 35 岁以下。

1658 年之前，马尔默是丹麦的一部分，经过 1200 年的发展，它从一个小村庄发展成一个设防城镇，但它并不是一个“历史悠久”的城市。16 世纪期间，马尔默作为贸易和商业中心逐渐繁荣起来，并且把这个趋势带进了 19 世纪和 20 世纪初期，顺势蜕变为一个成功的工业城市。然而好景不长，从 20 世纪 60 年代开始，马尔默的工业一直受到东南亚新兴工业四小龙的挑战。马尔默，这个重要的造船中心，在 20 世纪 80 年代开始了漫长而艰辛的去工业化。1986 年，瑞典政府决定关闭为居民做小船的考辛姆造船厂（Kockums shipyard），巨大的船坞被填满以安排萨博汽车（Saab）项目。但是这个计划由于和通用汽车的合并流产了。最终，在 20 世纪 90 年代末，随着马尔默考辛姆和卡尔斯克鲁纳考辛姆（Kockums Karlskrona）合并，军用船只制造产业被转移到了卡尔斯克鲁纳。虽然考辛姆的总部办公室仍然位于马尔默用作设计、规划和发展等用途，但是 2.5 万名员工很快被裁掉。20 世纪 90 年代中期，马尔默的失业率达到 22%。

马尔默的衰退带来了各种环境、社会和经济问题，这刺激了各种具有前瞻性的城市发展构想，也引发了一个严格遵守可持续发展承诺的旧工业区更新计划。相对英国的一些大城市而言，像马尔默这种瑞典地方政府，同时拥有巨大的激励和财政权力去采取主动措施：市议会拥有整个城市大约四成的土地所有权，当地 2/3 的财政收入来自个人所得税，这占了全部收入的 28%。当地政府所有的住房协会拥有大约两万间房屋，并且成了改革的主要力量。城市规划局骄傲地宣告马尔默已经在厄勒海峡大桥所创造的机会的驱动下进入了“动态发展阶段”。这个城市现在每年会吸引大约 7 000 位新居民前来定居，其中有 3 000 人是每天早晨通过厄勒海峡大桥进入哥本哈根工作的丹麦人。马尔默现在已经成为一个全国成功的典范，未来城市人口预期增长十万，相当于现状人口的 1/3。

海港西部

特别值得一说的是海港西部——明日之城，考辛姆造船厂的关闭为这一旧工业区转变为城市新区提供了难得的机会。它的区位至关重要。从一个方向上看，它东眺老城区（*Gamla Stad*），与城市历史中心相邻，这是一个有完善的通信和服务设施、集文化和娱乐功能于一体的紧凑型市中心；还有一个 19 世纪的火车站，因 2011 年城市隧道的完工得以完善，从一个终点站变成了一个中途站，并使前往哥本哈根的通勤时间缩减了十分钟以上。从另一个方向看，南边它紧邻马尔默最大的公园以及休闲用地，包括马尔默城堡。其西北方向距离壮阔的 Ribersborg 海滩很近，可以欣赏到海上全景。因此放眼望向大海，新造的 175 公顷地区——其中的 44%已经在 2012 年之前完工——将成为马尔默内城的延伸，那里有很高的住房密度（规划密度为每公顷 57 个单元），最终能容纳一万人口，还配有学校、服务设施、公园和操场以及庇护场所、码头、广场、浴场和城市公园。

这个难得的机会来自 2001 年的一个国际贸易博览会——Bo01[①]。这个城市在 1996 年赢得了国际建筑展或世博会的举办权。城市发展停滞了两三年，但是在 2003 年到 2007 年间新一轮的建筑热潮又兴起了。关键是，就像在斯德哥尔摩的哈姆湖滨城一样，市议会获得了全市 2/3 的土地，并制订了一份把第一阶段 25 公顷土

① Bo01 即瑞典马尔默市 Bo01 住宅示范区，于 2001 年获欧盟的“推广可再生能源奖”。——译者注

→图 10.12 海港西部的平面图。
这是一个临近中央火车站、老造船厂地区的正在进行的城市更新项目，将提供多种用地功能，包括一所新的大学和一个住宅示范区 Bo01。

铁路　建筑　水体
隧道铁路　开敞空间　河流

1. 马尔默城堡
2. 马尔默中心车站
3. 考辛姆干船坞
4. HSB旋转中心
5. 斯堪尼亚公园
6. Bo01住宅示范区
7. Ribersborg海滩
8. 大学岛

地划分成一系列片区的总体规划。有 18 名开发者和 23 名建筑师参与了规划，包括许多国家参与了房屋的建造——很遗憾并没有包括英国。尽管其中问题不断，包括世博会计划的破产，但由于市长的坚持，开发得以延续：到 2012 年止，已经为 4 300 人提供了 2 500 多套住房，并稳步迈向一万人的最终目标。Bo01 住宅示范区由于其公共领域的质量赢得了广泛的赞誉，尤其是楼与楼之间的私密空间，其样式和建筑本身一样多（图 10.13 的 a 到 d）。这个项目一直广受欢迎，现在有七成的单位已经租出去了，其他的则由个人拥有①。

① http：//www. itdp. org/documents/092211 _ ITDT _ NED _ Vastra. pdf.

←图 10.13a 到 d　海港西部。

Bo01 住宅示范区在邻近马尔默中心的滨水地带发展起来，其高质量的住宅吸引了大批来自哥本哈根的通勤者。（图片来源：a CC Fredj）

规划的重要目标是建立一个可以传达该地区精髓的清晰易懂的结构。林荫大道两旁密布的大树，在街道上方形成了如屋顶一般厚实而且绵绵不断的顶盖，连接着被北部尽头的海洋所簇拥的马尔默城堡。这些林荫大道不仅是散步和健身的场所，还会吸引居民和游客过来进行各种各样的活动，比如喝咖啡，打地滚球，摆冰淇淋摊，还有其他能让人们在这条路上逗留的活动。其中一条东西走向的运河以直角的方式被开凿，连接着 Bo01 住宅示范区和巨大的考辛姆干船坞，并以一栋 180 米高、40 层居住塔楼 HSB 旋转中心为地标，由圣地亚哥·卡拉特拉瓦（Santiago Calatrava）[①] 设计。这些

① 西班牙建筑师，1951 年生于西班牙巴伦西亚市，先后在巴伦西亚建筑学院和瑞士联邦工业学院就读，并在苏黎世成立了自己的建筑师事务所，其建筑灵感常来源于生物体。——译者注

相互交错的运河线路和四周的河水以及公园景观将会组成新的海港西部地区的基本框架。新建的规模稍小但各有特色的区域，会在其中不断发展。前期的开发有意集中在一些较小的区域，这是为了在早期培养一种强烈的地方感。该地区的发展重点是增强城市与水之间的联系，希望重新找回这个城市与海的传统情怀，如今每个人都可以轻而易举地到达海滨地带。在大陆一侧的历史悠久的 Scaniaparken 酒店正在翻新，完工后将会和隔壁的 Ribersborg 海滩有更紧密的联系。

有趣的是，议会从树立斯德哥尔摩式的信念转变为与不同类型的开发商进行协商，称之为“与开发商的良好对话”，下一个阶段将有 13 名开发商参与，每人开发五到八个单元。议会打算借鉴德国人的“模块”原则或是由合作社负责，合作社认为所有的 25 栋建筑都应该运用不同的未来设计，这样有利于增强差异性。很明显，近期开发的景观都缺乏往日的雄心，地表也不再保留水体了。海景公寓的出租价格是窗户面对陆地公寓的两倍，但仍然吸引着大规模的居民，包括富裕的通勤者以及环保爱好者等。

还有一个主要特点是位于大学岛（Universitetsholmen）[1] 上的大学，在那里新建的大学建筑以破纪录的速度迅速完工。在这个从前是造船厂的地区，不久前还只有考辛姆的工人生活在此，而现在我们可以看到学生、商人以及居民为工作和生活而忙碌奔波。几年之后，希望在于有数千人将会从事知识经济溢出的工作。

[1] 瑞典马尔默海港上的一座人造小岛，位于火车站的西面，被众多港湾及水道包围。岛上由内港、Suells 海湾、西部港口通道、Citadells 海湾以及南部环形水池自东向西顺时针连接组成。——译者注

世界领先的生态城市？

马尔默经常被称为“公园城市”，由于它在能源更新上的创新以及争当世界领先生态城市的目标，常在全球绿色城市中名列前茅。节能减排的确是马尔默的一个工作重点，在夏天，太阳能接收板会储存能量，待到冬季则会排放到地下的含水层；反过来，在冬季，冰水被放到地下储存起来以便在夏天当作空调制冷。风力涡轮机以每户 315 欧元的价格为七万户居民提供电力。Sysavs 废物发电系统每年可以生产 130 万兆瓦时热能以及 25 万兆瓦时电力，这可以满足马尔默以及 Burlöv 周边社区所需热能总量的六成。马尔默的目标是在 2020 年之前减少 20％的电力消费，并在 2030 年前再减少 20％，预计彼时马尔默可以完全达到碳中和的状态。所有家庭都与

高标准能耗绝缘，不少于98%的家庭可以使用区域供热，这满足了总需求的六成。固体废弃物的填埋率从2000年的55%下降到2011年的2.4%。废弃物被放进“循环屋”内，剩余食物则会转化成可以供公共汽车使用的沼气。在2017年之前全市所有的公共汽车都会由沼气驱动。40%的通勤者和学校旅行都是利用全市425千米长的自行车道网络骑车出行。全市每个家庭只有不到0.7个停车位，大部分都设置在地下或是多层的“停车库”内，停车库内还有一个拼车中心（carpool）。

水体使海港西部周边地区拥有自身的特色，水资源在流入明渠之前保存在绿化屋顶和池塘中，共同构成一道郁郁葱葱的景观，最终流向大海。这里至少有十个“绿点”，比如巢箱或野花，存在于每一个住房项目的院子里。一些老建筑，比如以前的铸造厂和吊桥附近的建筑，作为供马尔默居民使用的俱乐部、文化交流和休闲活动场所而得以保留下来。旧的工业区——比如考辛姆造船厂旧址，拥有船台和历史悠久的船厂起重机（很遗憾已经出口到韩国），飞机制造厂旧址等——都被大型活动场地所替代，如马尔默交易会，举办场所从体育场迁到了这个地方。还有的地方会被改造成多用途区域，包括居住、办公、商业以及教育等用途。

海港西部，包括大学岛，在城市战略发展过程中被优先开发，将会成为2010～2020年十年间最具有吸引力的城市再开发和商住建筑群区域。瑞典政府把这个地区选为全国城市可持续发展的范例，在全国乃至国际范围内都广受赞誉，与生态城镇奥古斯滕（Augustenborg）齐名。

奥古斯滕：一个模范的房地产更新计划？

1998年，马尔默市议会发起了一个瑞典最大的城市可持续发展项目。奥古斯滕位于马尔默的边界，通过Persborg车站密集的公共汽车和城际铁路与市中心相联。它有着很大的房地产规模，20世纪50年代开始，奥古斯藤从一个宜居城市变为一个在居住方面背负坏名声的城市。城内3 000居民大部分来自国外，居住在相对狭小的公寓内。该地区采取了环保措施以达到节约资源和城市更新的目的。在这段时期内，由于环境的影响，住房的销售额下降了20%，失业率也从12年前的65%下降到现在的45%。

房地产的质量随着城市景观的不断美化也发生了转变，该地还精心使用一套雨水收集系统，用于收集流入明渠或地下水道前池塘和林盖上的雨水。供热费用下降了35%，总能源的费用也下降了25%。已经受潮的旧钢板被100 mm厚的外墙保温材料所代替。十五间“循环屋”让居民可以根据收纳箱上的标签将垃圾分类。以前，废弃食物采用堆肥处理，但现在会用来生产沼气。同时新学校是预先安装好的，这样就可以在别的地方重装，建筑组装的工作非常壮观，通常被绿化的屋顶或太阳能板所包围。

哥本哈根-马尔默：八门核心课程

哥本哈根和马尔默用不同的方式为其他开展可持续发展的城市上了鼓舞人心的一课，尤其是它们解决了在别的城市存在多年的顽固问题。至少有八门课程是我们应该学到的，从增强地方政府的作用开始，以致力于平等的承诺结束。

1. 动态的城市领导。两个城市都是各自国家的经济发动机，并且在更高的环保标准和质量上处于领先地位。丹麦3/4的新就业岗位来自哥本哈根，多文化交融的马尔默则是现今斯堪的纳维亚地区发展最快的城市。市议会和市长们都把目光放在这个拥有370万人口的区域专题和空间事宜上，这个区域在欧洲舞台上起着重要的作用。哥本哈根如今每个月都会增加1 000人，在“一起来哥本哈根：一个以人为本的大都市”的主题下，正迈向全球领先的环保城市目标。区域围绕着轨道线、旧港口以及以前的嘉士伯啤酒厂(Carlsberg brewery)加以开发。同样的，通过新建的厄勒海峡大桥半个小时即到达的马尔默，本着建立可持续城市发展的长远目光，将西海岸的造船厂关闭，通过建立新的大学向知识型社会转变。市议会还通过更新一些破败的物业或技能教育推动社会的可持续发展，如今议会还具有相当大的权力。

2. 精明的公共财政。斯堪的纳维亚开放市场竞争（比如住房协会现在是独立的商业项目），并且防止银行有一家独大的机会。已规划的开发区把新建筑都集中在有较好的基础设施的地方。城市从储备的发展用地上获益良多。同时，城市当局从市政银行获得主要基础设施项目的资金，例如哥本哈根地铁的融资来自国家政府和市政府共同创立的联合公司。由于四十年的债券已经通过出售发展用地顺利回购，财政压力也舒缓了不少。厄勒新城上涨的地价让哥本哈根有足够的钱去发展地铁新线路，马尔默也吸引了许多不同类型的私人开发商去建造城市想要的建筑。部分激励来自于瑞典当局收取的个人所得税，每克朗中有28欧尔需要上缴政府，这意味着城市中消费能力最强的人是城市项目资金的最大来源。

3. 绿色经济的繁荣发展。斯堪的纳维亚并不是唯一一个专注于自然资源保护的地方，但却是少有的从中获益的地方。战后斯堪的纳维亚经济的成就来自建筑产品和系统出口市场的开放（贸易贡献了瑞典GNP的一半）。与外界的隔绝主要源自其恶劣的天气和廉价化石燃料的稀缺。瑞典是第一个用上三层玻璃窗户的国家，预制的房屋隔绝了大部分的能量消耗，并且利用了自然资源，比如木框架建筑中对木材的大量使用。构建风力涡轮的技术则是船只制造中产生的副产品，是一次摆脱自然限制的突破。废弃物得以重复利用、处理或循环利用，例如用来支持区域供热系统，或者通过生物消化生成乙醇为马尔默的公共汽车供能。通过一些公共领域的投资，比如周边社区的“绿化”或“可持续城市引流系统”的扩展，瑞典人和丹麦人充分保留了当地的房产，变成安全或有吸引力的城市地区，而放在英国则可能会被拆毁。

4. 不以汽车为主导的发达交通。加强城市的交通可达性，同时斯堪的纳维亚也采取了一系列措施去“驯化”汽车，丹麦人和瑞典人在两个国家之间建造了一座厄勒海峡大桥，利用高昂的顶层汽车过桥费去补贴底层的公共汽车和火车混合的道路，此外还开辟了大型的既安全又高效的自行车道。除了重点发展交通最便利的地方，市议会还寻求方法控制汽车交通流量。哥本哈根不仅在限制汽车使用方面处于世界领先地位，长约1 000米的最主要的购物步行街——斯特罗里耶，在推动自行车使用方面也处于领先地位。27%的通勤使用自行车，城际铁路也被设计成可以承载自行车，办公室也会提供冲澡和更衣设施。供汽车使用的空间将逐步减少，取而代之的是越来越多的骑行和步行空间，咖啡厅的生意则会因此繁荣（哥本哈根已有大约5 000家咖啡厅）。主干道则会逐步转变成高品质的街道，减少汽车行驶、道路拥挤以及污染。地下停车场则会使汽车停在它们应该在的位置上。

5. 实用且高效的设计。斯堪的纳维亚的设计质量全球闻名，个体工匠师已经成功地实现向批量生产转型。新的居住区赢得了广泛的称赞，房屋质量标准高，而且如斯德哥尔摩哈姆湖滨城的“水循环”技术创新让城市杜绝废弃物。不同于以往建立一次性的“标志”，开发的重点在于大规模建设的经济成本，这可以概括成宜家家居的扁平封装系统以及预制件特色。调控的复杂性大大减小。公寓生活则和英国的十分相似，在室外都有巨大的阳台。马尔默总体规划中要求西部海港的街道“可持续、混合用途、创造活动场所和吸引力”。马尔默新的大学接管了多余的建筑，它位于西部海港的中心而不是城市周边的绿地。在开发商之间有一个“建筑现场对话”，而不是像英国通行的那样单纯依赖规则手册。生活理念和绿色屋顶展示了融入自然元素的设计如何兼顾实用性和美观性。

6. 综合的技术教育。关注每一类行业市场供需情况的劳动力公告（Labour Market Boards）为劳动力的技能培训增添了不少压力。教育可以让人们参与到社会中去，但现在还有很大的压力。通过将新大学布局在开发区——如厄勒或马尔默的西部海港，政府能够向城市更新注入更多资金和人力成本。同时也寻找拥有新经济所需技能的人才，如今的希望在于移民的孩子们可以向父母传授他们所懂的知识。这确实反映了一个问题，比如瑞典右翼势力的崛起，或是马尔默一些移民集中地偶尔发生的骚乱，都与获得工作的难度有关。但通过普及入学机会、住房和交通等关键资源，地方政府正在努力消除“种族集聚区”的上升势头。

7. 可持续经济发展的承诺。瑞典，这个曾经有 1/4 的人口在 19 世纪迁居美国的国家，现在是经合组织（OECD）里经济增长率最高的国家。挪威正把从北海油田获得的财富投资到多样化的项目中，芬兰也继续发展以知识为基础的经济。当斯堪的纳维亚各国政府的政策都从偏左的高福利模式向偏右的低福利水平的自由经济国家转变（部分原因是为了应对移民的影响），他们只会在有限的范围里采取措施。为了应对全球气候变化的挑战，国家政府采取了强硬的政策鼓励可持续发展，各个城市则会寻求更加长远的方法。尤其是当地政府在定位城市发展时通常占据着主导地位。通过在不断升级的公共运输系统的周边发展符合最高等级的可持续标准的新居住区，居民大批逃离城市涌向郊区的趋势有所好转。瑞典和丹麦的市议会为了让城市变得更加让人流连忘返采取了许多办法，比如扩展人行道和自行车道，增设室外咖啡厅（用毯子阻挡冬季的寒气），绿化战后建筑以提升它们的美观性等。此外他们还投资可持续发展的基础设施建设，如交通、能源、水资源和废弃物，同时还推进了区域规划工作。

8. 建立在人类平等基础上的合作理念。在斯堪的纳维亚卓越的记录背后，是其一贯的重视“共同财富”而非个人消费的道德哲学理念。瑞典和丹麦在环境和社会可持续现状考察中都得到了很高的分数。虽然正如电视剧展示的那样，城市的安全性已不如从前，但塑造一个平等社会的持续承诺仍未停止，在相关的幸福感排名上要比英国高出不少（Wilkinson and Pickett，2009）。女性积极地追求事业，但家庭生活也很重要，灵活的工作模式和优秀的托儿服务可以解放她们。

斯堪的纳维亚的城市以及欧洲计划

因为斯堪的纳维亚的城市在可持续城市发展方面处于欧洲的领先地位，它们也日益成为泛欧地区相互学习运动中不可或缺的一员。瑞典人将会在马尔默西部港口下一阶段的发展中应用从德国学习的“模块”概念。自上而下的专业指导发展模式，例如 20 世纪 50 年代的魏林比，在半个世纪之后重现在哈姆湖滨城上，这种合作模式还被巧妙地借鉴到德国去。

虽然瑞典和丹麦仍然处于欧元区之外，但它们共享欧洲建设的可持续承诺。就如 2000 年厄勒海峡大桥从象征性和实用性两方面都把两国连接起来一样，将于 2021 年开通的新费马恩大桥（new Fehmarn）连接了丹麦和德国，这将会强化它们在欧洲的一体化进程。我们可以看看厄勒地区，这就是欧洲城镇未来的样子。接下来，我们向南边进发到达本次旅程的最后一站。

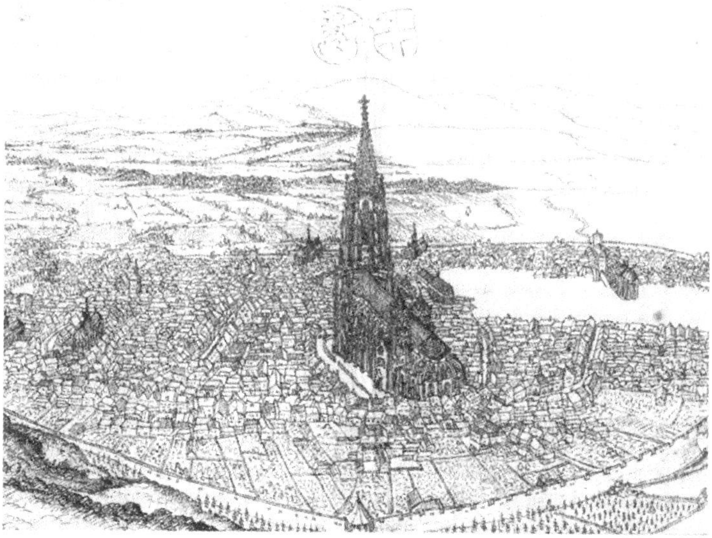

11
弗莱堡：臻于完美的城市

弗莱堡达到了欧洲城市优点的巅峰，这个城市应对了经济、住房、交通、环境各方面的挑战，并且在每个领域都做到了最好。2008年，社区部门和当地政府的生态城挑战专家组（Local Government's Eco-Towns Challenge Panel）认为弗莱堡是21世纪的可持续社区发展的标杆，其中有一些是普遍适用的准则。其后，弗莱堡打败了华冷西亚（Valencia）和波尔多，被城市研究会（Academy of Urbanism）票选为2009年度欧洲最佳城市。弗莱堡宪章（*Freiburg Charter*）于2010年首次出版，并于2012年再版，现在已经发展成为某些可持续发展的信徒们的圣杯（弗莱堡市城市研究院，Academy of Urbanism and Stadt Freiburg，2012）。虽然它不是唯一的——其他德国大学城，如图宾根、卡塞尔也发挥着示范作用，但弗莱堡最突出的是有远见的领导人在改变城市发展方向时所起的作用。因此，尽管考察者都涌向沃邦，学习建设城市示范社区，但这只是一个推动城市所做的一切事物——从发电到建筑规范——的概念表达。虽然其他欧洲国家也声称将尝试去做同样的事情，但弗莱堡已经一心一意地实践了这些，并且实践的时间比全球任何其他地方都要长。

新耶路撒冷是什么样的地方呢？一个位于德国偏远的西南角、有着 23 万人口的城市，与法国边界仅一墙之隔，从瑞士的巴塞尔市半个小时就能到达这里，它的地理位置优越，位于黑森林与莱茵河谷平原的交界处（图 11.1）。

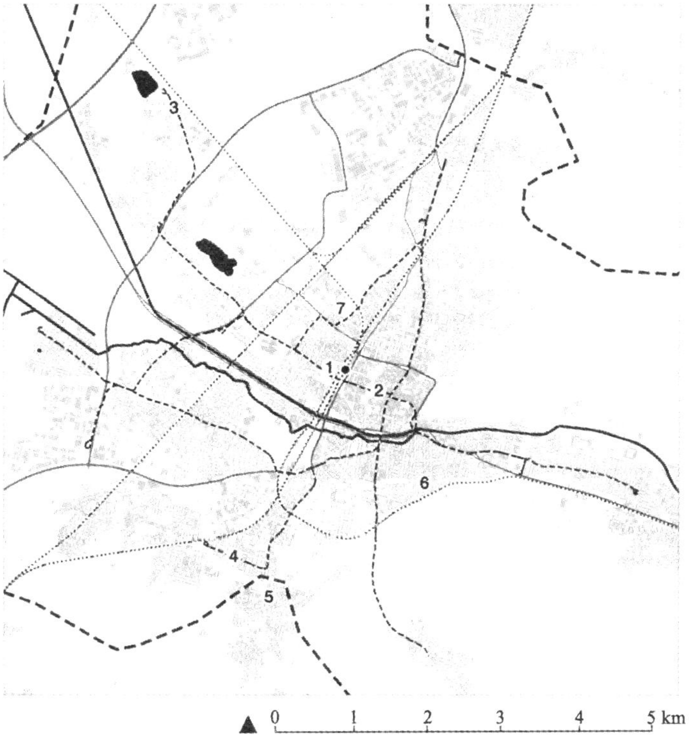

- - 城市边界　　建筑物　　— 高速公路
• 中央车站　　水体　　— 主干道
— 河流　　…… 铁路
---- 轻轨/有轨电车

1. 火车站　　5. 梅尔茨豪森
2. 老城　　6. Wiehre Bahnhof
3. 里瑟菲尔德　　7. 弗劳恩霍夫太阳能系统研究所
4. 沃邦

←图 11.1　弗莱堡地图。这个紧凑的大学城坐落在莱茵河谷平原（左）与黑森林斜坡（右）的交界处。它的中世纪城市核心是第二次世界大战破坏后重建的，周围环绕着通过有轨电车和公共汽车联系的郊区（短程城市），包括著名的沃邦（在西南角）和里瑟菲尔德（在西北方向的尽头）。

这座德国阳光最充足的城市拥有宜人的气候，这里的冬天寒凉清新，夏天温和舒适。即使以其他德国城市的高标准来衡量，这里仍是一个非常有吸引力的美丽的步行城市，许多中心街道旁伴有独特的淌水河渠，它们穿插在二战轰炸后精心重建的中世纪建筑之间。在被城墙包围的中世纪老城外，位于城市西边的铁路线将外围的现代城市一分为二：连绵紧凑的 19 世纪的郊区和 20 世纪的郊区最终形成弗莱堡皇冠上的两颗明珠，即规划好的郊区——沃邦和里瑟菲尔德。它们都位于一条电车轨道的末端，15 分钟内能到达市中心。它们的外围有丰富的绿色空间：6 420 公顷的森林，586 千米的森林小径，408 公顷的公园、绿化带和园地，甚至还有 700 公顷的葡萄园。这是一个古老的城市，其历史可追溯到 1120 年，当地公爵在这里建设了自由市场城镇（弗莱堡自由区）；1457 年，奥地利人在这里建立了德国最古老的大学。

这一历史背景非常重要，因为位于城中的拥有 2.1 万学生的大学——比英国大多数大学更大，且是城市和城市政治的主要参与者——像是一个磁铁，持续吸引着新学生和年轻的专业人士稳定地迁入。弗莱堡是巴登符腾堡州的一部分，该州是德国主要的、强大的制造业基地，州首府斯图加特是德国梅赛德斯奔驰公司总部，这也是该地区没有在第 7 章经济结构调整的故事中占有一席之地的原因。但弗莱堡本身并不是一个制造业城市，而是一个典型的 21 世纪知识经济型城市。这也是为什么巴登符腾堡州经济一般，而弗莱堡却特别富裕的原因。尽管国有资本低于斯图加特，但弗莱堡的人均 GDP 比欧盟的平均水平更高[①]。这使得这座城市变得很有意思，可以为其他可能渐渐变得富裕的城市指点迷津。

20 世纪 20 年代魏玛共和国期间，在针对所有事物（包括城市规划和设计）而开展的改革性的新方法方面，德国都领先于世界。长期以来这里都有着非常强大的环保运动，最早可以追溯到一个多世纪前的自然主义运动。环保运动在城市中起着重要的作用始于 1975 年，当时有小部分弗莱堡人集聚起来，反对在附近建设核电站的提议，这个提议是 1973 年石油危机后国家核能源政策的一部分。由于被迫探索替代的解决方案，他们开始大力研究可再生能源。差不多就像牛津或剑桥的一些学生已经形成的一个小小的环保团体一样，并逐渐接管了城市。渐渐地，随着环保人士赢得了越来越多的

① http：//epp. eurostat. cc. europa. eu/tgm/table. do? tab = tablc & init = 1 & language = en & pcode = tgs 00005 & plugin = 1 and http：//epp. eurostat. ec. europa. eu/tgm/table. do? tab = en & pcode = tgs 00006 & plugin=1.

议会席位，城市开始出台越来越环保的政策，这几乎领先德国其他所有地方数年，因此也明显领先于世界其他城市。1982年，社会党市长罗尔夫·博梅（Rolf Böhme）博士当选，任期至2002年，他监督着很多使这个城市闻名于世的改革。后来，在绿色市长迪特·萨洛蒙（Dieter Salomon）的领导下，弗莱堡成为了德国第一大绿党城市。迪特·萨洛蒙出生于澳大利亚，在巴伐利亚长大，1991年取得博士学位，并在大学期间成为了一名学生活动家，2001年，他在第二次表决中以超过64%的得票率当选为市长。

但同样重要的是，早在1984年，弗莱堡就指定了一名年轻的规划官员——沃尔夫·达斯肯（Wulf Daseking)，他后来在此地持续工作了近三十年，直到2012年8月才退休。在很多地方，这可能会导致疲劳和平庸的领导，而曾担任规划建设局长的达斯肯（现在一所大学任职系主任）在这个城市中稳步发展了他的生态构想，在这个过程中培养了世界城市规划师中最有才华和最专业的团队之一，排名四十强。这个构想很重要，因为在弗莱堡，一切建筑政策、规划政策、能源政策、废物处理政策都作为更广泛的整体的一部分与之协调。博梅和达斯肯都不是全球家喻户晓的名字，即使在德国也不是，尽管他们理应如此。但是，他们所呈现的东西绝对是特别的，结合了长远清晰的构想以及持续渐进的投入。

值得注意的是，这个小小的大学城同时对本书第一部分概述英国的五个主要挑战做出了回应，并且至少提供了和第二部分中所考察的其他欧洲大陆示范城市一样有趣的答案。它真实地呈现了“臻于完美的城市”，在接下来的章节中，我们将看看弗莱堡是如何应对每个挑战的，并探索它是怎样获得显著成果的。

促进经济增长

弗莱堡在科隆经济研究所（IW）2011年的经济排行榜上列第十四位，这主要归功于它强大的劳动力供应和良好的就业结构。到2011年，这个晋升为“绿色之都弗莱堡”的地区声称有1.2万个就业岗位，贡献了6.5亿的区域附加值（绿色新政，Green New Deal, 2011）。

目前，全市有六所大学研究机构，其中包括两所弗劳恩霍夫研究所（Fraunhofer，p.92），也是以促进创新转移为目的的史太白基金会（Steibeis Foundation）的办事处所在地。2007 年，弗劳恩霍夫研究所雇用了 500 名员工研究太阳能，另外还为太阳能面板的制作和安装各雇用了 100 名员工。至此，全市产生的太阳能源几乎和整个英国一样多，有 3 000 人受雇于该行业，主要是从事研究工作（Stadt Freiburg，2006）。尽管巴登符腾堡州自然资源匮乏，但由于采取了这些举措，这里已经成为具有高度竞争力的地区。2009 年，它在研发上的投入占其 GDP 的 4.8%，创下了一项欧洲纪录（BW-Career，2012）。像弗莱堡这样的德国城市与英国同类城市的区别并不仅仅是更高的研发投入，还在于政府拨款的方式，这使得德国公司在占领新市场时具有相当的优势。

弗莱堡经济显著增长中的一条重要经验是，与大学及其他有吸引力的现代城市环境的创新研究相关的投资都是有回报的。另一条经验是对高水平的技术教育和培训的重视。值得注意的是，大学和市议会每个月都会开会讨论共同的问题。由于城市是如此的成功且富有吸引力，毕业生们往往愿意留在这里，所以对他们教育上的投资不会分散到其他地方。同时，这里的家庭负担是合理而无压力的，并能轻松就业，因此这个城市得以继续扩大。反之，优秀且忠诚的员工能使弗莱堡在全球知识经济的竞争中获得成功，同时最大限度地减少对环境的影响，这是一个良性的可持续增长的循环。

邻里社区友好的宜居住宅

显而易见，今天弗莱堡能发展得如此之好，很大程度上归因于它是一个宜居城市。它曾被称为德国增长最快的城市，当其他德国城市已经萎缩时，这里仍以每年 1%的速度扩张。为了跟上需求的增长，弗莱堡每年都要建设 850～1 200 户住房。俗话说，“在弗莱堡失业都好过在北方工作”。这里大约有 4%的人住在城市中心，70%的人住在市区，其余人住在边远的村庄。因此，尽管与英国很多历史悠久的紧凑城镇相比还有差距，但它比英国大多数有可比性的地方更加紧凑。

德国的住房市场有一个显著的特点，那就是出租公寓占主导地位，这有助于解释房价的低速上涨。相比德国城市平均 70%的住房出租率，弗莱堡的住房出租率高达80%。据第一太平戴维斯公司（Savills）的报告，在德国总数为2080万套公寓中，有300万套是居住者私有的，约有880万套是属于小型私人房东的（Savills，2012，p.3），而有890万套由专业的商业房东持有，这是比例最大的一部分。这部分持有者分三种类型：私人住房公司（390万套）、市营住房公司（240万套）和住房协会（210万套）。（资料来源同上）虽然这里没有部门直接等同于英国社会住房部门，但在弗莱堡混合社区中，有1/3的新建住房分配给了买不起房的居民。同时，合作建设团队的广泛参与使得置业更加优惠。

战争轰炸后，历史中心几乎完全被重建，和德国其他城市一样，与市中心直接相连的大量住房，都是战后的无电梯四层公寓楼，对家庭而言并不理想。城市规划师们也为一个高质量的公共交通系统奠定了基础，包括扩展历史悠久的电车系统，这是新规划建设的郊区方便到达市中心的基础。通过好的城市设计和广泛的景观美化，城市特色进一步增强。但是，对新郊区的参观者最有冲击力的是适合家庭居住的特点（Falk，2007）。这是一个强大的视觉冲击，沃尔夫·达斯肯认为建设满足未来需求的社区，是“年轻人能租到宽敞的公寓并且不用修剪草坪的社区”（Daseking，2009）。

在某种程度上，这愿望是惊人的简单。规划战略目标是通过再开发棕地而不是入侵绿地来保持城市紧凑——一个“短程城市”（city of short distances），这在任何情况下都是困难的，因为城市三面环绕的黑森林实际上是一个国家公园。但是这一政策已经幸运地得到了城市外围两个棕地支持，一个是里瑟菲尔德西北的老污水处理厂，另一个是沃邦西南的旧法国军营。这两个棕地都变成了城市新扩张区，乘坐有轨电车，短时间（15分钟）就能到达市中心。而且，20世纪50年代和60年代，当德国和英国城市取消它们的有轨电车时，弗莱堡一直坚决抵制并仍然保留电车，这证明了建设短程延长线是相对简单而经济的。

总体规划的原则很明确。沃邦和里瑟菲尔德的构想都是实现低能耗的发展。这里没有高层建筑，这个城市做了一个关键的决定：高层建筑对家庭来说是不适用的，因为基本原则是家长应该能够在顶楼呼唤他们的孩子。规划师们希望有丰富多样的公寓、有限的停车场、紧凑的城市和一个能用绿楔把人们聚集在一起而不是分开他们的布局。他们还希望限制建成区外围的开发以保护农业。这种构想在沃邦和里瑟菲尔德就是实现低能耗的开发。最高的建筑高度为12.5米，基本适合4～5层的结构（顶楼一直保留为储藏空间），适合家长照看他们的小孩。在新的居民区里，设计再简单不过了，一个“鱼骨”状的矩形网格街道和绿色公共空间，建筑——一些是联排住宅，其他的是公寓——与运行有轨电车的主街道平行或是与之成90度相交（图11.2和11.3）。

→图 11.2 **沃邦平面图。**极其简单的规划概念：一条中央大道，附带有电车轨道、当地的商店和服务机构，两旁的住房周围都是绿色开放空间，类似伦敦广场，相互间通过狭窄的小巷般的街道隔开，交通安宁，供当地车辆通行。

这里有一些小的地方商店，远离城市中心的连锁商店只有一家大型的考夫霍夫（*Kaufhof*）百货商店。学校和幼儿园都设置在住宅区，靠近人们住的地方。里瑟菲尔德是沃邦的两倍（里瑟菲尔

←图 11.3 里瑟菲尔德平面图。
本次郊区发展规划是在城市的西北端，功能与沃邦一样，但面积是其两倍。

德：72 公顷，1.2 万人；沃邦：38 公顷，5 500 人），有一个大的媒体中心，内设咖啡厅、图书馆、电脑设施和电影俱乐部。在沃邦有一个繁荣的社区中心，可供人们召开会议、组织娱乐活动或只是随便喝点饮料或吃顿饭。汽车被禁止进入居住区，只在住宅区保留了与行人和玩耍的小孩共享空间的装卸场地（图 11.4a 和 b）。小汽车只能停在公共地下停车场或者外围的大型多层车库（图 11.4c），促使人们选择更快、更便捷的有轨电车和自行车出行。

→图 11.4a,b 和 c　沃邦的交通安宁。

住宅“广场”间的狭窄小巷稳固地捍卫着交通安宁，以保证居民安全，尤其是小孩；住户有他们自己的自行车存放地，但是汽车只能存放在地下公共停车场或外围的公共停车库。

但是这引入了另一个关键的理念：在一个相当刚性的总体规划中，城市通过地方社区团体鼓励最大程度的自下而上的实施。同时，两个新郊区的孕育期存在基本的差异。里瑟菲尔德本质上是为家庭创建更好的居住区：原本一半是社会住房，由于政府支持缩减，减少到了 1/4（图 11.5）。随着住房补贴的取消，很少有开发商准备投资。由于这里曾是一个污水处理厂，且靠近城镇最穷的地方，这个场地是一个低价值的区位。因此，在团体共同收集建议并提交初步设计之后，持有土地的市政府解决了场地的水电供应问题。建筑师罗尔夫·迪施（Rolf Disch）[①]在 Merzhausen 的隔壁村庄首创的理念在这里也实施了。邻居们相互了解，当他们搬来时已经形成了一个社区雏形。业主们通常需要更多的环保措施，并与当地企业一起工作，这样有益于低成本开发。该计划以低于平常 25%的价格提供住房，吸引了没有能力以其他方式拥有住房的居民。设计根据个性化需求定制，但相邻的几个住房外观统一，典型的带露台的三层楼房，顶层是生活空间，这些房子通常比英国的同类房子有更大的空间。超过 100 个建造商参与其中，大约 20%由合作团体开发。这个城市通过贷款投入基础设施的规划和建设，然后在地块出售后收回投资。

① 出生于弗莱堡，是一名建筑师和太阳能能源的开拓者。在 1994 年，他在弗莱堡建设世界上第一个能创造多于其消耗的能量的房子——Heliotrope。

←图 11.5　里瑟菲尔德的公共住房。
整个扇形区域（最初规划是整个开发区的一半，后来由于经费削减，减少到 1/4）都保留用于建设政府补贴的社会住房，且与开发区剩下的部分保持统一的设计特点。（照片：a 和 b CC Claire7373）

沃邦是由环保主义者主导的，在20世纪90年代，这里——冷战结束后法国留下了废弃的军营——正进行着一场城市与原教旨主义的生态怪人（eco-freaks）[①]之间的较量，他们擅自占用场地和城市，经过多年的苦心调解后才最终得以解决。甚至即使在今天，映入游客眼帘的还有小部分残留的群体悬挂的挑衅标语，他们仍然龟缩在电网后残余的军车上。虽然这个过程受20世纪70年代的社区建筑运动的驱动，但弗莱堡发展出了一个惊人的构想：开发区的每一个独立片区——建筑围绕一个半公共开放空间而建的一个超级街区——都将由一个当地建筑团队承建（*Baugruppe*，见上图），和他们自己的建筑师一起工作。

① eco-freaks认为环保会危害人的健康。——译者注

当然，这个基本原则也延伸到了里瑟菲尔德，住在这两个社区的人们通过合作团体广泛参与设计，合作团体不仅负责住房街区，还帮助设计和管理公共空间。里瑟菲尔德被誉为“一个为创新理念而生的巨大空间”。沃邦因其太阳能资源而闻名，以一种合作和共享的方式发展。但是这一发展模式极其依赖一个前提：在开发建设前，城市通过信托使用投资资金获得土地和建设必要的基础设施。然后，城市将场地出售给建造商或私人以回收投入资本。这个方式已经成功运作，由于良好的区位和优秀的设计激发了巨大的需求，有效地实现了独立基金的资本循环。同时，从未来的居民参与设计过程开始，很多开发的风险就被简单地消除了，第一批居民一入住就产生了强大的内生的睦邻关系，积累了社会资本。

为了一开始实现社区参与，超过19个工作团队一起参与了城市土地利用规划，这个规划在2006年通过审批。在为期超过六个月的时间里，技术官员参加了很多周末和晚上的会议，与各团队讨论所有的问题。里瑟菲尔德设计比赛收到了85个参赛方案，并成立了一个由专家、政治家和地方团体组成的评审小组。比赛规定将从前三名中挑选一个方案。比赛的方式也被用于所有的主要建筑元素，例如教堂、文化中心、学校和体育馆。随后，城市在开发简报中提出明确要求，如在哪里投资、建设什么项目以及何时建设。因此，里瑟菲尔德和沃邦的很多开发是由小型建造商和合作团体完成的。组建团队、指派建筑师、起草提案、筹措资金等过程不可避免地把人们聚集在一起，成功的社区项目中能给予他们极大的利益回报。

一个标准的住房类型——“蓝屋”——应运而生，成为之后许

多开发的蓝图。但是也发生了一些有趣的变化，就如一本书的副标题——“一个没有规则的试验”——所示，它记录了 334 个合作团队项目的详细情况（Schelkes 等人，2005）。

• Wiehre Bahnhof——一个有 180 个单元的社区，完全是通过合作建设团队建设的。

• 在沃邦的案例中，在没有集结居民参与的情况下，有一个方案是建成有七套公寓和一个零售中心的单元，有三种基本的住宅类型，立面是简单的灰色和白色。那些常住在色彩鲜艳的房子里的居民对这个方案反应各异。

• 一个方案是建设六个被动屋，采用低能耗建筑结构，90％是预制构件，墙壁内含 300 mm 厚的绝缘材料（图 11.6）。被动屋在短短六周就能装配好。这个方案有一个地下室，内设一个公共的加热系统、热回收和太阳能面板，从而实现非常便宜的家庭供热。

←**图 11.6　沃邦被动屋。**利用低能耗的木结构，90％是预制构件，这样一个小型项目六周内就能组装完成。（照片：CC Claire7373）

另一个方案是在一个多户街区建设 11 栋小屋，一栋四层的多户型家庭公寓，再加上三栋带露台的房子，都是以低能耗标准建设，没有内部的承重墙，内部空间结构灵活且与外界的绝缘性非常好。这是由一个没有专业项目管理经验的社区团体承建的，这个方案在九个月内完成，比英国标准快速很多。

这个城市采取了一种精明的商业方法来开发，并借鉴了私人投资的建议。

> 如果你拥有土地，你去银行建立一个信托账户。建设街道。你不必从一开始就建立全量。你得考虑需要支付的利息。我们这些规划者过于愚蠢，因此我们的团队需要雇用两个职员以平衡开支。(Daseking，2009)

所有的贷款都必须偿还，补助金是有限的，里瑟菲尔德只有5%的住房由市政府资助，但是，政府的目的是获得好的投资回报。在一个案例中，政府支付了土地价格 130 欧元/m^2 的一半多一点(80 欧元/m^2)，但其后引发了投资额七倍的私人投资，从而获得了良好的回报。与其他地方相同，政府能获得土地，因为没有政府批准，土地所有者不能做其他任何事情。此外，由于地方政府控制开发过程，因而能确保经济的可持续发展。在大多数只有四米宽的道路边沿的地下，设有供热管、供水管、电线管和排水管。因此，不到 1/4 的面积专用于交通，更多的是用作公共开放空间。达斯肯解释道：

> 我们有法律规定，业主不能只建设他们想建的东西。我们可以对住房混合提出具体要求。没有规划许可，开发商的土地价值通常只有 50 欧元/m^2，(规划许可后)其价值上升到 350 欧元/m^2。德国的法律允许所有者获利涨价部分的 2/3。余下的 1/3 由公共财政所得，但不是获得金钱，而只能用以建设社会基础设施，如幼儿园或社会住房等实物。(同上)

建设用地以小块（190 m^2～210 m^2）出售，对地块面积的限制使得任何群体都可以购买，从而有利于小型建造商和合作团体。“将六栋公寓的地块给一个团队，他们聘请了自己的建筑师，六个月后，他们说明将要建设成什么，并如何支付。”（同上）在沃邦，由大投资者投资的建设不到 30%，70%的地块卖给了私人，创建了

175 个不同的项目，与英国类似的新开发相比，这里拥有不同寻常的视觉变化。价格是根据地块上的建设面积确定的，有一个案例中土地的价格曾是 430 欧元/m²，在弗莱堡是比较低的，平均单元面积为 900 平方米，地块包括一个共享的公共空间。那些已经建设了自己家园的居民，他们出售房屋时将受益于价值的上升，但是也有人利用其份额投入进一步的开发。

在整个弗莱堡约有 150 个集体项目，投入了四亿欧元，已经提供了 2 000 套住宅，按照远比英国先进的规范建设，成本通常在 2 000 欧元/m² 以下，许多建筑满足建筑规范六级标准。可能是因为没有开发商的利润，节省了一般房价的 1/3。在沃邦和里瑟菲尔德，这些房子占了所有开发单元的 1/4。一般的原则是："只要你愿意，你就能做到。"在高度限制内，人们要建什么是相当自由的。

地方政府以一个合理的价格（相当于最终价值的 20%）获得了沃邦，这是因为之前的军事用途导致了高度污染的状态。政府编制了总体规划，并通过信托为地方政府提供优惠利率，从银行贷款建设基础设施。除了弗莱堡银行外，德国还有其他 2 000 个银行，这意味着资金来源有诸多选择。此外，德国复兴信贷银行（KfW）也专门为建筑的可持续发展提供资金。沃邦非常重要的一部分最初是被分配用作学生住房的旧营房。其他部分早期已被拓荒者开发了，且有一些补助金用于对节能的工作原理进行彻底测试。

沃邦和里瑟菲尔德都实现了非同寻常的高质量的城市发展：以统一的高度和体量为基础，中心轴上有新的有轨电车延长线，四至五层的居住街区与中心轴成直角排列（图 11.7a、b、c 和图 11.8），这是为现代建筑做出了普适性贡献的伦敦格鲁吉亚广场的翻版（值得注意的是，沃邦的一个街道名称是为了纪念瓦尔特·格罗皮乌斯［Walter Gropius］来命名的）。每一个超级街区在细节上都有巨大的变化，不仅体现在独立的露台上，一个综合体与另一个之间的联系更是如此。在沃邦，20 公顷的建设用地的容积率为 1.4，同时，值得关注的是，道路用地只占 23%，净密度为每公顷 40 栋住宅，里瑟菲尔德的密度稍高一点。

建筑物一般都很简单，通常是由混凝土面板建成，因此造价低廉。通过阳台、自行车棚或废弃的棚子形成丰富的细节。由街区围合的公共或半公共空间成倍地增加，这些地方想象力已经不够用，

→图 11.7a、b 和 c　沃邦中轴线。

运行在沃邦大道中央保留的轨道上的电车和两旁的居住区，由当地居民协同工作设计并被绿色空间环绕。（照片：b CC Dr med. Mabuse）

→图 11.8　里瑟菲尔德中轴线。

和沃邦一样，中间保留有电车轨道，两旁排列着居住区，配置有本地商店和服务机构（包括一个媒体中心的概念店）。

尤其是在儿童游乐区（图 11. 9a、b、c 和图 11. 10a、b）。确实，如阳光明媚的夏日里的一个游客所说，这是一个儿童乐园。也正如科林·沃德（Colin Ward）曾经评论的，这是一个孩子们能尽情享受童年的神奇的地方（Ward，1978），包括冒险精神。2006 年，沃邦有 2/3 的居民是 17 岁以下的，参观者会在公共活动区域看到到处都有小孩。在分街区建设的基础上，一个街区内的住房产权是混杂的。在里瑟菲尔德，最精妙的一点是，英国专业考察团来访时，看到一个中间是池塘的奇妙空间，池塘通过排水系统自然地给排水（图 11.10）。英国没有地方能这么做，有人说："这样对健康和安全有害。"

←图 11.9a、b 和 c
沃邦的绿化区域。
在总体规划框架中，这有极其丰富的、不同的处理方法。

→图 11.10a 和 b　里瑟菲尔德的绿化区域。
显著的特点是这些空间面向居住区外围（西面）的自然保护区，并利用自然排水回收雨水到一个有吸引力的儿童游乐区。

→图 11.11　沃邦私人居住区。
位于与城市相连的电车路线的一侧（东侧），这部分规划好的郊区（仍存在争议）共用相同的高等级建筑标准。

总的经验是，新城区可以开发成和历史城区一样有吸引力和有价值的地方，只要能够为公共领域和基础设施提供足够的长期的资金投入——这些经验值得在伦敦建设了 Bloomsbury 和 Mayfair 的私人房东和建设了如米尔顿凯恩斯这样更好的英国新城的合作开发商

认真学习。私人开发商看到了效仿相同方法的价值（图 11.11)。但是，它要求一个非常不同的规划方法，也就是更重战略，更轻约束，这使得有更多的建设者去创造更丰富多样的社区，在这样的社区中合作是有价值的。

弗莱堡的合作团队建设模式越来越被认为是一种解决高质量的可支付住房供给难题的有效方法。它被应用到有难度的场地，如曼海姆的中心以及我们所见到的马尔默的西部海港。尽管英国开始有可利用的场地，例如议会在剑桥拥有的土地，但一直反应迟缓，直到 2013 年，也仅限于斯特劳德和兰开斯特的创新住房方案的成功。英国已经提供了一些刺激经济的市政资金投资，作为其住房战略的一部分（社区与地方政府部，DCLG，2011）。但是这一开发模式的本质不仅依赖于解决场地水电供应的能力，还依赖于有一个志同道合的土地所有者，做好了等待合作团队制订方案和筹集资金的准备。如果有建筑师或其他的建筑专业人士能作为催化剂或推动者，对此也是有帮助的，这最容易发生在历史街区和大学城，这些地方对更加可持续和更有价值的要求标准高于普通的郊区住宅区。在弗莱堡，尽管更好的建筑物会增加 8%～14%的新建房成本，但可以通过节能获得更多的回报。

促进公共交通，减少汽车使用需求

弗莱堡作为德国的“环保首都”和最可持续的城市，以其在城市交通上的卓越革命而获此称谓，这完全与全球趋势相反。在过去的三十年里，弗莱堡协调的交通和土地利用政策使自行车出行的数量增加了两倍，运输的乘客增加了一倍，并且汽车出行的比例从 38%降低到了 32%。自上个世纪 90 年代初以来，机动化水平已经稳定，尽管经历了蓬勃的经济和人口增长，但交通所致的人均 CO_2 排放量已经下降了（Buehler and Pucher，2011，p. 45)。2006 年德国的人均汽车拥有量比美国少 30%（560 vs. 780 辆汽车和轻型卡车/千人)，并且德国人的汽车里程数不及美国人的一半（11 500 vs. 24 000 千米/人)。（同上，pp. 45～46）德国人不仅开车少，而且车型也更节能和环保。

但是，弗莱堡做得明显比上述还要好。1990～2006 年间，这里的机动车拥有量没有增加，仍保持在 420 辆/千人，比 2006 年的德国人均水平低 23%。1982～2007 年间，弗莱堡汽车出行的比例从 38%下降到了 32%，在这期间，世界其他地方的汽车出行方式的比例几乎都在迅速增加。同时，自行车出行的比例从 15%到 27%，几乎增加了一倍，公共交通出行的比例也从 11%上升到了 18%。在弗莱堡，公共交通、自行车和步行结合的出行比例达 68%，比北美城市高 2～3 倍，比德国其他城市高 10%～30%（同上，p. 49～51）。（图 11.12a、b）因此，弗莱堡是个安静的城市，如来自剑桥的一位议员所说，在那里，“你能听到鸟儿在唱歌”。

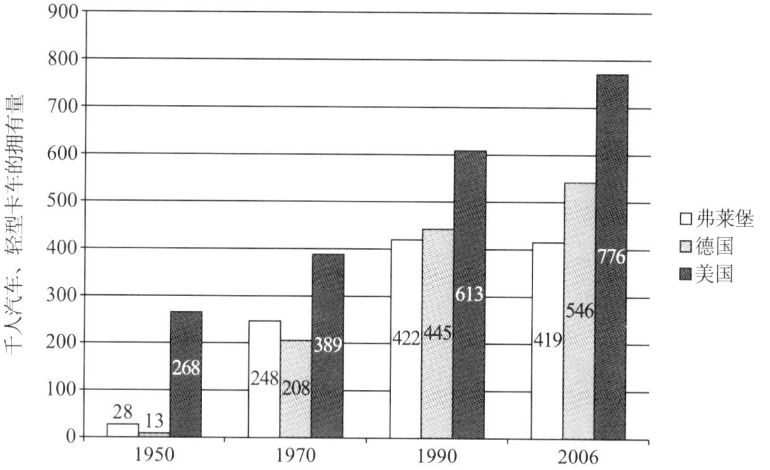

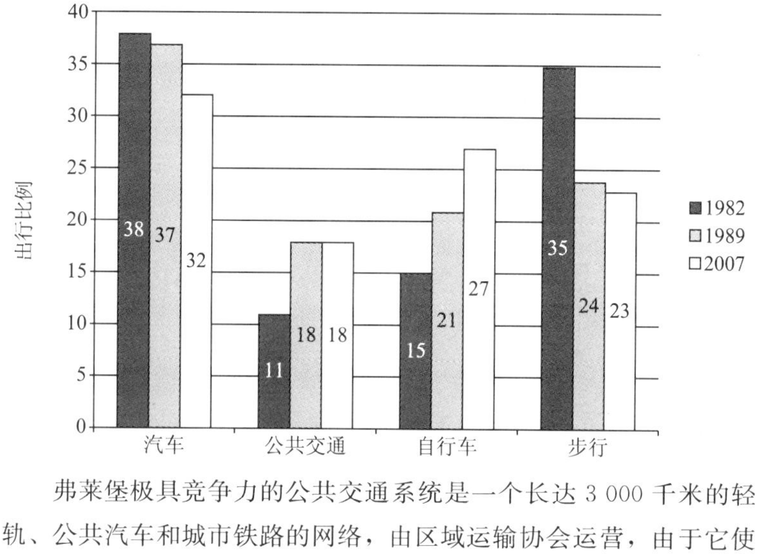

→图 11.12a 和 b 德国和弗莱堡的汽车发展趋势。
a 自 1970 年以来，与美国相比，德国的汽车拥有量增长已经平缓，但是弗莱堡的汽车拥有量增长更是明显地比整个德国更慢，并且 1990 年以来实际上是减少了，这是一个值得注意的逆转。b 弗莱堡汽车出行比例的下降与公共交通、自行车出行比例的急剧上升相吻合，尽管步行的比例下降了。资料来源：“弗莱堡可持续交通：来自德国环境资本的经验”，拉尔夫·比勒和约翰·普赫尔，国际可持续交通（International Journal of Sustainable Transportation），2011，5（1），pp. 43～70，经 Taylor & Francis 同意转载。

弗莱堡极具竞争力的公共交通系统是一个长达 3 000 千米的轻轨、公共汽车和城市铁路的网络，由区域运输协会运营，由于它使用度高，几乎不需要补贴，这部分归功于城市紧凑的形态。车票箱的收入达到了运行成本的89%，这个比例比德国或欧洲的其他地方都高。一张月票的公共交通网络运行成本约50欧元。在第二次世界大战的猛烈轰炸后，火车站被彻底重建成一个周边有酒店和办公的交通枢纽。城市的骨干是有轨电车线路。在主要的火车站换乘点，有一个可以容纳1 000辆自行车的停车场，你还可以在这里修理自行车。有轨电车运行在居住区的草地边缘，有助于降低40%的噪音，减少不渗水硬地的面积，同时不影响径流的美观（Field，2011，p.102）。

在第一批居民入住前，里瑟菲尔德就已经与有轨电车系统相连，几年后，沃邦的公共汽车也被有轨电车取代。因此，汽车拥有量相对低的地方反而容易造成汽车依赖。决定买车的居民能花1.8万欧元（2.5万美元）在地下停车场或开发区边缘的多层停车场买一个停车位，而那些不买车的居民则一次性支付3 700欧元（5 000美元）来保留由开发区边缘的停车空间置换出的开放空间。最近一项调查显示，沃邦居民的汽车拥有量为150辆/千人，相比，弗莱堡约为420辆/千人，德国则超过了560辆/千人（Buehler and Pucher，2011，p.56，引自沃邦论坛，Forum Vauban，2009）。在里瑟菲尔德，有一些沿街停车位，有些街区还有地下停车场，但限停12辆车。这里还有汽车共享俱乐部。这些减少汽车依赖的政策结果是这里的户均汽车拥有量为1.2辆，在电车轨道附近的住户，这个数据还要降低45%。

因此，弗莱堡作为一个短程的“社区”城市，沃邦和里瑟菲尔德只是其中的两个代表。它们有不同类型的居住空间，贫富阶层混合，学校、文化中心、商场和休闲场所都在短程的步行可达范围内。达斯肯热切地相信，这个由免费的公共交通系统紧密联系的、分散但融合的、社会稳定的城市模型代表了21世纪欧洲城市的未来。

保护环境和自然资源

作为一个“绿色之都”，弗莱堡的国际声誉不仅被用于打造城市品牌，吸引游客和学生，还得到了越来越广泛的应用，如建造商和投资者从示范项目中学习以更快的建设和入住速度来获取环保措施的回报。

沃邦推动了一大批这样的创新方案，例如使用太阳能为办公室降温；罗尔夫·迪施为自己建造的向日葵式早期建筑，总是迎着太阳转动。早期的生态先锋们分享着共同的价值观念，包括关于公民承诺、集体建设和有生态意识的生活。里瑟菲尔德和沃邦都试图配置小商店和社区设施，与弗莱堡成为“短程城市”的生活理念相一致。尽管它们都希望包括就业办公室，但只有沃邦做到了这点。但是，这并不要紧，因为里瑟菲尔德紧邻一个城市的主要就业地区，而且它与市中心联系便捷。借鉴“示范项目”的灵感，政府试图将环保政策应用到在做的一切事情上，而不只是孤立地发展。

弗莱堡的一般标准比德国规定的能源消耗标准低 1/3。这为处于相似背景的情况提供了可能的基准或标杆。尽管他们非常努力(弗莱堡的太阳能装置占了德国的一半以上)，但 2012 年这里的再生能源只占城市用电的 10%。更重要的是通过高水平的隔热、精心选址的住房和有效技术达到节能。因此，弗莱堡一半的建筑能耗是本地供应的，这使整体效率翻倍，从 40%提高到了 80%，并使余热能通过热电联合（CHP）或余热发电（co-generation）再次利用。一家热污水处理厂能提供 2.5 万户的电力供应。那里的公寓已被翻新，能源成本被降低了高达 85%。

2007 年，一个新的气候与能源战略强调要承诺撤销核能，第一步是节能，其次是确保发电阶段的能源效率，最后发展可再生能源。太阳能区域协会的托马斯·德雷斯勒（Tomas Dressler）将这份强有力的环保政策归纳为四个因素：

• 环保从业人员的集群(超过 700 个人从事与太阳能相关的活动)。

• 地方政府有一个由 60 个职员组成的环保部门，也就是说，从事自然、水资源、污水处理和能源的职员不是分散在国家机构中。

• 参与国际倡议，例如 2000 年的汉诺威（Hanover）世博会，这引导城市将自身发展成太阳能区域(Solar Region)。

• 所有的利益相关者都能获得信息，从区域能源公司到足球俱乐部，甚至包括学校。

弗莱堡大部分的能源通过本地化生产降低了碳排放量和供暖成本。这里有 15 个中型和大型供热厂，它们以一种生态环保和经济的方式，共同供应城市一半的能源和热能需求。沃邦和里瑟菲尔德的新住区有自己的工厂，坐落在靠近其服务的居住区。这些工厂的主要燃料是进口天然气和石油。这些开发区被要求能耗在 65 千瓦/m^2 以下（比德国法律规定低 1/3），并正努力降到 55 千瓦/m^2。

作为欧洲阳光最充足的地方，弗莱堡已经率先从光伏电池板提升到太阳能。有几百个项目为游客提供了另一种吸引力。最令人印象深刻的一个是火车站旁一大型写字楼侧面已安装了太阳能电池板，并被转换成了一个发电站。虽然目前生产的可再生能源只占城市电力消耗的 10％，但目标是太阳能在城市能源供应中超过 20％，而且很可能达到 40％。在弗莱堡光伏电池板是保用 25 年。沃邦的一些房子产生的能源甚至超过了他们消耗的（被动增加）。在一个首创的街区，一个面积为 90 平方米的家庭的能源账单为 90 欧元/年，相比之下，国家的平均水平为 2 400 欧元/年。这个由 12 个年轻家庭组成的团体所建的街区甚至从自排的废气中生产出了甲烷（天然气是不提供给家庭的）。如上所述，太阳能也能用来给建筑物降温，例如沃邦的太阳能综合办公室。

现在，国家以馈网电价制度支持可再生能源，这使得小生产商以平常价格的两倍将剩余的电卖回给电网。这提供了一个不超过十二年的投资回收期。这个激励机制是建立在对能源生产商的税收基础上，被视为未来德国经济的关键部门。因此，大部分人都以这种或那种方式努力节约能源。

弗莱堡在可持续发展上取得的惊人成就要归功于研究与实施间的紧密关联。弗劳恩霍夫太阳能系统研究所最初成立于 1981 年，而 1992 年，这个城市获得了德国的“环保之都”奖。在同一年，市议会决定在其所拥有的土地上只允许建设低能耗建筑，并且，所有新建建筑必须符合一定的“低能耗”规格：屋顶上装太阳能电池板和收集器，被动地以太阳能为主要能源调节室内温度、供电和热水。

城市还通过减少浪费来节约能源。主要的原则是在源头上避免浪费，例如通过回收包装材料。生活垃圾已经按硬纸板、纸屑、有机物和其他四个不同的容器进行分类和收集，再加上居住区有其他材料的回收场地，如回收家具、玻璃、花园废物和有害物质。这些和收储一起，都分布在新开发区的公共区域。因此，经过十七年后，垃圾量已经减少到了原来的1/6，到2012年，每个住户的垃圾量为114千克/年。仅靠残渣焚化，一个工厂就能供应七个城市和农村地区2.5万户家庭的用电（Stadt Freiburg，2012）。

在应对气候变化时，水成了最大的长期的难题，弗莱堡生态雨水管理尝试避免过多的路面排水，如在建设规划中整合透水表面和绿色屋顶。它整合了新建区域的渗流区，由于沃邦的污染要求去除所有的表土层，因此，水在流入边缘的小河前，被认为可以局部地去除污染物（图11.9b）。里瑟菲尔德的可持续城市排水系统支撑起河流和池塘，并为居民区增加了吸引力（图11.10b）。因此，尽管以郊区标准来看，这里的密度相当高，但感觉就像遍布于城镇之中的一个村庄。

弗莱堡是如何成功的：形成协作与创新的机制

对于一个来访的英国专业规划团来说，到弗莱堡的典型反应是在极其沮丧和欣喜若狂间变换。沮丧是因为沃邦和里瑟菲尔德这些地方似乎遥遥领先于英国各方面的成就：随着德国模式——在附近的卡尔斯鲁厄也可看到——渗透传播到邻近的国家和城市，如法国的斯特拉斯堡和米卢斯，瑞士的巴塞尔，就城市生活和工作的新形态而言，欧洲正在创造惊人的成功，从目前的进展来看，我们将不得不快步追赶；但同样也很欣喜，因为他们发现这样的成功是可以实现的（Falk，2011）。

那么，弗莱堡取得非凡成功的关键是什么呢？曾对这个城市的交通政策进行过深度研究的比勒和普赫尔总结了以下七条重要的经验（Buehler and Pucher，2011，pp. 60～62）。

1. 分阶段实施有争议的政策，通常先选择大家都同意的项目。因此，居住区交通安宁最早是在那些居民对交通抱怨最多的居民区实施。

2. 规划应该是弹性的，能适应随着时间变化的条件。在过去的四十年中，弗莱堡已经逐步分阶段调整政策和目标。随后，在20世纪60年代末期，它批准了轻轨的延伸，最终在1983年启动。一旦被证明是成功的，更多的线路随之启动。

3. 政策必须是多模态的，包括奖惩办法。弗莱堡多管齐下，增加了汽车旅行的成本，使公共交通、自行车和步行切实可行地替代了汽车。提高其他交通模式的服务质量和水平，促使限制汽车措施在政治上是可接受的。

4. 充分整合交通和土地利用规划。依靠一个保证短距离出行、住宅和工作场所都在公共交通可达范围内的居住区结构，以政策促进公共交通、自行车和步行。

5. 公众参与必须成为政策发展和实施的不可或缺的一部分。例如，市民团体与城市管理部门一起工作，把沃邦重建成一个环境友好的无车社区。城市最新的土地利用规划在900个市民的参与下完成。随着时间的推移，弗莱堡的公众意见已经越来越支持可持续发展政策。

6. 来自上级政府的支持对制定地方政策工作至关重要。从20世纪70年代开始，德国联邦政府减少了对高速公路的资助，为地方交通基础设施的改进提供了更灵活的资金支持，包括公共交通、步行和自行车。同样，巴登符腾堡州政府提供资金支持弗莱堡初步试行每月定额旅行票。

7. 可持续的交通政策必须是长期的，以持续的政策来产生持久的影响。弗莱堡在20世纪70年代早期就开始了可持续交通的旅程。轻轨系统最初的延伸政策实行了十年。一些政策可以迅速地实施，但改变出行行为以及建构一个更可持续的交通系统都需要更长的时间，所以，规划者们应该克制其快速获得成功的期望（Buehler and Pucher，2011）。

他们的结论可以扩展到包括所有城市的制胜策略组合。

8. 设定明确且坚定的长期目标。城市的政治和专业的领导必须行使民主权利和责任来制订长期的方针，致力于使居民和工人有更好的生活。他们做到这一点不是通过设定不切实际的目标或追求最新的建筑风尚，而是以有竞争的和有可比性的城市作为标杆。同时，他们必须坚定不移地克服挫折和挑战。达斯肯（2009）提到这需要一个“能带领航船穿过风暴的强大的市长”。

9. 城市必须予以控制，但始终要得到人们的支持。达斯肯说，“如果市议会除了街道别无所有”，那么基本的原则就是“让我们来决定一切”（同上）。尽管会有合作和独立的精神，但是一个城市的文化还是会被领导人所影响。由市政府与城市研究院（弗莱堡城市研究院，2012）的一个团队协同制订的弗莱堡可持续城市化宪章说明了政策过程必须具备长远眼光，还包括沟通与参与、协同与合作。达斯肯总结这种精神为“我是船长，我说过，我们将与开发商谈判，让事情按我们想要的方式进行”（Daseking，2009）。与通常的英国开发过程相比，差异再明显不过了。问他最具智慧的一句话让我们带回英国，达斯肯回答说：“远离开发商，他们不懂。”（对城乡规划协会考察团的评论，2008 年 9 月）但是他并不反对利用私人利益的欲望，这有助于开发。

此外，这里还高度重视创建混合社区，但是社会住房的租客会被严格检查，用来排除有问题的邻居。沃邦和里瑟菲尔德的成功关键是已经形成了（在专业人员的帮助下）居民参与设计的方式以及公共领域的后续管理。虽然政府提供了一定的维护，但大部分工作是由居民负责，正如英国家庭看护他们房前的花园，这些居民负责维护他们房前的空间。城市还保留了街道和公共开放空间的拥有权。

里瑟菲尔德的关键项目包括（由新教徒和天主教徒共享）教堂建筑和运动馆。里瑟菲尔德约有 1/6 的人口属于运动协会，而且从一开始，一个名为“Kiosk”的活跃的居民团体就帮助人们相互了解。学校作为社区中心，和英国一样没有围墙和篱笆间隔。和预想的一样，随着需求降低，沃邦的一所小学已被设计作为办公室。商店也有助于人们联谊社交，除了一个小型超级市场，没有一个很大的商场。沃邦目前工艺作坊超过二十个。在一个功能很像社交中心的营房建筑里有非常棒的餐厅和酒吧。

10. 灵活巧妙地工作，与各种各样的投资者和社区合作。资源必须通过一系列的技术整合在一起，包括发现机会、制订制胜策略、包装资金、建设协议和进行交易。弗莱堡不得不筹集资金以获取关键的地块并升级其基础设施，常规的土地利用规划不能满足要求。当然，它有助于设立本地银行，以满足城市当下事物的潜在需求，但是最后一事成功百事顺。因此，这个过程本质上是增量的或逐步推进的。

11. 为你的成就自豪，并做宣传让市民更加自豪。弗莱堡参与了国家和国际事务，如国际建筑展，并通过图文并茂的出版物和优秀的网站来宣传城市的成就。像“绿色之都”的称号就是通过充分利用自己的优势以及大量的讨论与自我反省赢得的，而不只是报纸上的只言片语的文章。

12. 它甚至不需要花费城市财政支出。里瑟菲尔德和沃邦所谓的发展措施（*Entwicklungsmaßnahme*），它们的建设并没有来自城市预算拨款，通过出售地块所得的城市预算都被用来支付所有必要的物质及社会的基础设施建设。过程其实很简单：规划部门制订计划，与市议会讨论，展开竞赛，在竞赛结果的基础上制订一个商业计划，用银行贷款来启动项目，然后出售所有的地块，再偿还贷款。

13. 连续性至关重要。开发新区或者重建旧区都不可避免地需要时间。没有人拥有所有必要的技能：建立和维持一个常胜队伍是非常重要的，这包括获得早期的收益、吸引人才、能力建设、吸取经验和可靠的支持者。沃尔夫·达斯肯主管规划部门三十年，而在这期间只有两个市长任职，这都不是巧合。在不影响质量或不改变基本策略的情况下，这个方法能熬过政治动荡和金融盛衰。达斯肯的船长比喻不仅是制订方针，还指随环境的变化而改变策略。在紧张局势和冲突以及领导的更迭时常发生的民主社会，维持一个可持续发展的方针异常艰难。但是，弗莱堡成功地展示了：这是可能的！

第三部分： 来自欧洲的经验

12
经验借鉴

我们能从欧洲学到什么？如何重新找寻失落的城市生活艺术？乍看之下，似乎令人却步。欧洲城市和国家的大量案例研究展现出其丰富的政府体系和治理模式，从中提取出通则式的学习经验初看似乎并不容易。但奇怪的是，也许正因为都是最佳实践范例，它们表现出了非同寻常的相似性和一致性。我们能看到其中的关键特征仿佛一根或多根红线贯穿了几乎全部案例。

这些经验可以清晰地归纳为两个部分。第一，关于需要做什么，即最佳实践案例地已经取得的成就。这一点相对简单，因为在第二部分的章节中已经清楚地得到了阐释，尤其是在各章最后的简要总结里。第二，关于如何去做，即需要将欧洲最佳实践城市的结构和机制应用到其他地方来获得类似的结果。这是有难度的，因为这引出了一个关键问题：我们有多大的可能性将一个有独特的社会经济政治制度和关系的国家或城市的经验应用到另一个地方？并且，在此有必要引入另一个问题：英国政府已经采取哪些措施来解决这些问题？他们距离任何成功的迹象或未来成功的承诺还有多远？本章接下来的内容将给出这些问题的答案。但是，最后必须对值得学习的经验做一个简要的总结。

“什么？”的问题

“需要做什么”的经验教训很容易从前五章的案例研究中获得。

复兴城市经济，创造新的工作岗位以替代正在消失的旧岗位。

作为 20 世纪 20 年代以来欧洲经济最成功的国家，德国在增加新的工作机会方面表现出了惊人的能力，这源自其工业创新引发的新经济活动，其中很多是来自国内著名的中小型企业（数量庞大，部分是非常老的企业，一些是新兴企业）。如我们在第 7 章读到的一样，这些企业的成功是因为他们具备察觉并满足现代经济的新需求的能力。卡塞尔被誉为 2011 年德国最具活力的城市，其研究报告中出现了两个交通领域的典型例子：一个公司生产铰接客车和铰接电车上的波纹式连接器，另一个公司生产使欧洲高速列车在跨越国境时可以改变电气和控制系统的设备。

这样的公司展现了德国在先进工程领域的杰出能力：企业无论新老、大小，都能快速响应新兴市场的需求。实际上，企业在不断创造和再造新的子行业，如环境工程、先进交通工程。因此企业成了新兴市场的先行者，建立了强大的市场占有优势，并逐步锤炼其产品质量。西门子是其中最大最古老的公司之一，它生产了一系列令人眼花缭乱的产品，类型从医疗设备——包括 CT、核磁共振扫描仪以及种类繁多的其他诊断和治疗系统——到最新的 ICE－3 高速列车，这是从德国到西班牙的欧洲铁路上常见的运输设备。另一个极端是像海瑞克这样的小公司。海瑞克 1975 年由马丁·海瑞克（Martin Herrenknecht）创立，成立之初只有一个员工，而现在（如第 7 章所提到的）拥有 6 000 名员工，它的隧道挖掘机远销全球的铁路、公路、水和污水处理公司。这是一家高度专业化的公司，但其本质也是严格的机构市场[①]中非常先进的工程公司。无论大公

① 除了生产者市场、中间商市场和政府市场之外，还有机构市场（Institutional Markets）。机构市场由学校、医院、疗养院、监狱等为其所关心的人群提供商品的机构组成。——译者注

司还是小公司，产品的单位成本高，因而价格昂贵。产品都是由本身就具有极大的技术能力的大型机构（医院、铁路部门）购买，这些买家可跻身世界上最复杂的和最苛刻的买家行列，因而产品必须体现最先进的技术性和可靠性。当然，虽然产品标准很高，但潜在的利润也是巨大的。

一般来说——但也不完全如此——这些公司往往位于德国西南部的经济高地——巴伐利亚联邦州和巴登符腾堡州。部分最著名的公司在此建立，如梅赛德斯-奔驰和博世（Bosch）[①]，别的如西门子和其他很多公司则是因为俄罗斯的占领和母公司国有化，在二战结束后从德国东部（包括柏林）搬迁至此。关键的问题是，是什么原因让这些企业在竞争激烈的全球市场中占有独特优势？本章的后半部分将给出答案。

① 博世是德国最大的工业企业之一，从事汽车技术、工业技术和消费品及建筑技术的产业。——译者注

然而，位于其他区域的老工业城市中的公司已经预见到他们可以在激烈的产业改革中公平地获利。如第 7 章所述，同整个英国和欧洲的其他老工业城市一样，卡塞尔的传统产业正在萎缩，但是通过召集原有的技术工人，并培训他们进入新的领域工作，有力地抵制了衰退。这需要深厚的人力基础（人力资本），而强大的技术型高校是两个世纪以来公认的基础。1970 年，当一所新的大学在这里成立时，卡塞尔就拥有了这样的基础，但是它需要的不止于此：新大学的教授们立即开始挑战当时交通政策方面的固有观念，帮助改革城市管理，使其成为激进新方法的先锋，用以消除电车与汽车之间的概念性障碍。而且，建筑与规划教授一起提出了一种回归传统城市形态的城市发展新方法，这在一项城市中心旁的内城改造中被证明非常成功。另一个面临基础产业衰退的老工业城市是多特蒙德，这里有一所同样新建于 20 世纪 70 年代的大学，学校里的教授们成功地捍卫了科技园的激进概念，在科技园里，大学的研究发现将衍生为新公司可获利的创新。

不是每个城市都像卡塞尔那么幸运。东德城市莱比锡经历了可能是 1990 年德国再统一后欧洲最严重的一段去工业化时期，古老的大学——欧洲最古老之一——经历了一次巨大的复兴，因而吸引了来自德国乃至整个欧洲的学生。莱比锡的经验是特别的，城市期望在汽车、物流、信息技术和媒体等产业上有强劲的表现，特意招募学术研究机构编写了一个产业集群发展的战略政策研究。通过一

个集公共关系调节、财政激励和审慎的政治介入于一身的强硬政策，这个城市现在拥有两个非常成功的汽车厂、一个重建于 20 世纪 90 年代的优秀的高速公路网和一个 24 小时运营的机场所推动的蓬勃发展的物流业以及一家兴盛的电子媒体中心，一家电视公司有意依托媒体中心促成一个供应商和专业的公共服务机构的网络。

首都城市柏林还提供了另一个经验。这个城市希望重返 20 世纪 20 年代黄金时期曾享有的主导地位，但是美好的愿望很快就化为泡影。因此，市长必须制订一个激进的替代策略，基于“贫穷，但性感”的口号，城市特意开发衰退的地区，向来自欧洲各地富有创造力的人们推销空置的房子、低廉的租金和时尚的气氛，许多人刚开始仅将此作为旅游地，最后却定居下来了。历时十年，这个战略已被证明非常成功，然而现在也已经产生了逆反应：在 2011～2012 年，租金上涨已经威胁到了那些富有创造力的人们寻找住房、工作和活动的独特空间。在莱比锡也有类似的案例，三个有远见的企业家买了一个巨大的工业废弃综合体，然后在银行拒绝贷款后，用自己匮乏的资源将其变成了欧洲最大的创意综合体。

最后回到前西德，在这里，创造了埃姆歇公园的人们刻意追求非经济利益，将大部分地区变成了一个永久性的公园。人们清理河道，并利用那些没有明显价值的废弃工业建筑，将其变成了非常成功的旅游景点，为区域创造了新的经济基础。在汉堡也能看到完全相同的经历，为了吸引富裕的居民和创意企业回归城市中心，由市政府领导的公司沿城市的滨水地区优先开展高质量的城市重建。这些例子展现了德国城市更新中关键的共同优点：不做廉价的更新，不屈服于掠夺成性的开发商寻求廉价的投机利润的做法，而是引导整个过程，通过强大的上市公司制订长期政策，带来长期稳定的增长。

建立足够优质的住房来满足所有家庭的需求，无论大小、贫富。

这方面优秀的案例来自荷兰和斯堪的纳维亚。在荷兰，政府与地方当局就 VINEX 项目达成协议，促使荷兰在短短十年内新建了 45.5 万套新住宅。这些房子的区位都经过精心挑选，一部分是废弃工业或港口地区的棕地再开发地块，就像在阿姆斯特丹和鹿特丹一样，但大部分还是与重要大城市相邻的卫星城镇，通过良好的公共交通（铁路、电车、公共汽车）与大城市联系，公共交通均提前建好以保证第一批居民入住时即可使用。

在瑞典，两个优秀的混合用途的住宅开发区案例是利用了废弃的市中心工业地块。斯德哥尔摩的哈姆湖滨城是一个曾被钢铁厂占用的巨大的滨水码头，离市中心仅 5 000 米。这里因其环境标准（以下会讨论到）而闻名，相对高密度的公寓住宅紧邻开放的公园或水域建设，且都集中布局在一条单干线上，沿路有电车（几分钟内到达地铁换乘点）和本地商店。实践证明，这里对富裕的、有小孩的中产阶级家庭具有巨大的（且惊人的）吸引力，公共氛围以及到市中心工作场所和公共机构的易达性受到他们的赞赏。

在马尔默，海港西部新城与城市历史中心和主要火车站相邻，该地块曾是当地的船厂，倒闭后被遗弃。这片进行再开发的滨水区直接面对厄勒海峡，可以观赏到哥本哈根的壮观景色，邻近联系两座城市的新桥梁，规划好的拥有儿童游憩空间的开放公园围绕高密度公寓住宅布局。这也同样被证明对有孩子的、年轻人的家庭非常具有吸引力，部分居民对连接到厄勒大桥的新铁路线赞赏有加，通过该铁路线可以轻松实现到哥本哈根市中心的通勤。这些开发区和荷兰的同类区域一样，已经由公共部门组织编制了总体规划，以保证强有力的控制整个开发区的质量，即使实际上独立开发的部分出让给了私人开发商——这种模式值得在本章后面更仔细地研究。

在步行或自行车方便到达的范围内，提供家、工作地点、商店、学校和公共机构，建立与城市和区域的其他地方之间的优质公共交通联系，以创造可持续发展的社区。

这方面，哈马比、沃邦和里瑟菲尔德在总体概念和详细设计上都表现出惊人的相似性。在这三个地方，中心交通主轴包括电车系统以及服务于整个开发区的与主轴线以合适角度相连的交通支线。居住区与交通线相连，围绕公共开放空间布局，这些空间通常是具备雨水收集功能的池塘；在哈马比，湖畔还提供了附加的开放空间。步行和自行车出行受到特别优待。本地商店沿主要交通轴线分布，与所有的房屋都保持很短的步行距离；更高等、更专业化的购物中心则位于市中心，通过短程的电车和地铁可达。这里预备了一些本地的工作岗位，但大部分人将在城市的其他地方工作。在弗莱堡，径向的电车路线通过城市中心连接两个郊区；在斯德哥尔摩，有轨电车系统是日益延伸的轨道线的一部分，轨道线最终被规划为用来连接城市周围的中间环上的卫星城。

类似的方法在勇堡也可以看到，荷兰海牙外围的 VINEX 居住点本质上是一个卫星新城，有两条电车轨道作为交通干线在城镇中心交错，一条来自海牙城市中心，另一条轨道线则联系海牙周围类似的卫星城开发区，这些卫星城还通过一条位于海牙和鹿特丹之间的新有轨电车线连接到勇堡边缘。

在开发之前建设高质量的交通系统，以确保入住时新的住宅区与工作地点、商店、学校和公共机构相连。

正如前文阐述的，哈马比、沃邦、里瑟菲尔德和勇堡都是以有轨电车轨道为干线。对开发前或者至少在开发完成前的有轨电车投资极其关注——当地规划师们认为为了不让居民过早陷入依赖汽车的习惯，这一点非常必要，尽管这被证明是难以避免的。在荷兰阿默斯福特的法特霍斯特卫星城的建设中，在产生实际交通需求之前，发展局资助荷兰铁路系统建设和开放一个新的火车站；他们还沿开发区的主干线建设了一个快速公交系统（BRT），与其他地方的有轨电车干线类似。

法国的城市则讲述了一个不同的故事。在那里，城市几乎毫无例外的在上个世纪五六十年代放弃了有轨电车系统。但自上个世纪90年代以来，城市开始接二连三地重建有轨电车系统。有趣的是，这里的有轨电车不只是被当作出行的代步工具，还被看作是城市整体氛围的一部分。有轨电车不占用太多公共空间，还可以限制突兀又有污染的汽车交通，因此它们成了城市形象塑造和地方营销的一部分。特别是通过市镇联合体内相邻市级政府的合作，像蒙彼利埃、里尔和斯特拉斯堡这些城市，有轨电车的可达性远远超出城市范围，扩展到了周边地区。最极端的扩张案例不是在法国，而是在德国，该地——曾经属于卡尔斯鲁厄，现在属于卡塞尔——有一个了不起的城市创新——有轨电车-列车，即允许有轨电车从城市道路到国家列车轨道上运行，从而服务于整个周边城市区域内的小城镇和村庄。通过对核心城市的中心地区就业岗位和公共服务机构的可达性进行迅速而显著的改善，这些新的网络为广大地区的小城镇和村庄带来了居住人口的增长。他们的成功激发了整个欧洲开始效仿，尤其是米卢兹的有轨电车线路（2010 年通车）、斯特莱斯堡的类似线路（应该是 2016 年通车），以及海牙的以有轨电车系统联合起鹿特丹地铁网络延伸段的兰斯塔德铁路网络，协助与这些城市外围直接相邻的卫星城的广泛开发。

管理环境，节约资源，回收废物。

就能源节约和废物管理而言，瑞典城市已经展开了最值得称道的探索。斯德哥尔摩的哈姆湖滨城和马尔默的海港西部新城的建筑展现出了高超的水准，以各种方式实现能源的使用和损耗最小化，并能最大限度地回收利用固体和液体废弃物。通过制订远远高于国家规范（虽然也非常严格）的超高标准，然后将其纳入私人开发商必须遵守的总体规划中来实现；此外，哈马比的固体废物处理系统包括了渗透开发区每一个角落的地下基础设施的前期整体投资。马尔默的奥古斯滕堡展现了如何改造一个 20 世纪 60 年代的住房项目来实现环保特色，尤其是废水处理，不仅符合环境标准，还构成了整个区域开放空间迷人的设计特点。在弗莱堡的郊区沃邦和里瑟菲尔德，许多相同特点被复制。在此，总体规划再次成为关键，设计的核心特征就是环境的可持续性，开发商对必要基础设施的投资优先于单独地块的开发。

创造宜居、乐居的地方。

从某种意义上来说，这是较为简单的部分。如果规划师在开发前采取正确的措施，并且贯穿整个过程，结果便是一个出色的宜居地，在每个研究参观者看来，这都是显而易见的。这些地方通过居民的态度传递出舒适的感觉，尤其对孩子们来说，非常吸引他们在此成长。某种程度上反映的事实是它们似乎特意以儿童为中心来设计。学校坐落于居住区中心，在家与学校之间精心设计的步行和自行车路线以及丰富的公共活动空间都佐证了这一观点。而具体来说它们却各自呈现了不同的风格，从荷兰案例中纯粹的英式风格的花园城市、弗莱堡的带露台的住房到斯德哥尔摩和马尔默的密集公寓。这似乎代表了不同的社会和空间生活偏好，只要这些偏好不是来自于市场或规章里人为的强制性的，它们就值得尊重。“美好的城市，更好的生活”的对策，不应该是试图让英国人的生活更像他们的欧洲大陆邻国，或是让那些邻国更像我们，而是在规划上适用于各地的、可共享的经验教训。有趣的是，尽管最初的感觉非常不同，但是它们似乎都以非常相似的方式发挥作用。

“如何去做?” 的经验

更困难的是指出“如何去做”的经验：让这些美好的事情发生的关键要素。但是，更深入的调查也显示出欧洲表现良好的城市有着很大的相似性。

通过在区域内建立强大的科学基础来重新平衡国民经济。

这方面的范例来自德国。如第 7 章介绍的，德国经济显著而长期的成功，部分源自其先进制造业的实力，而这反过来又很大程度上依赖于两个成立已久的国家机构：马克斯-普朗克科学促进会（the Max Planck Society for the Advancement of Science）和弗劳恩霍夫应用研究促进会（the Fraunhofer Society for the Advancement of Applied Research）。关键问题是如何重新设计这个模型应用于背景差异很大的英国。

马克斯-普朗克学会的历史可以追溯到 1911 年，它成立之初被称作威廉皇帝学院（德语：Kaiser-Wilhelm-Gesellschaft，KWG），经过两次世界大战，它已成为世界优秀的研究中心之一。第二次世界大战后，为了纪念伟大的德国量子物理学家（曾是学会的主席，直到他被纳粹驱逐出境）而改名。它是一个正式独立的非政府、非营利的研究机构联盟，有近 80 个分支机构，受到联邦政府和 16 个州政府的公开资助，进行自然科学、生命科学、社会科学以及艺术与人文科学方面的基础研究。其终身制雇员数量约为 1.3 万名，包括 4 700 名科学家，再加上约 1.1 万名非终身制的科学家和嘉宾，他们的总预算大约是 14 亿欧元（2006 年），其中 84%来自州政府和联邦政府财政。2006 年，它位列《泰晤士报》（*Times*）世界科学研究排名之首；全球科技研究排名第三，仅居于美国电话电报公司(AT&T)[①]和美国阿贡国家实验室（Argonne National Laboratory）[②]之后。

虽然英国也已建立了国家研究机构，如在法恩伯勒（Farnborough）的皇家航空研究院（Royal Aircraft Establishment，RAE）、在哈韦尔（Harwell）的原子能研究基地（Atomic Energy Research Establishment）——两者的源起恰巧都与国防有关——都坐落在英格兰东南部高等教育与研究的“金三角”，但20世纪90年代，它们都在专业压缩重组中被吞没，并失去了清晰的定位，总的来说，这与马克斯-普朗克体系没有可比性；英国当前的基础研究主要集中在大学。英国在2004～2005年提出一个科学城计划（Science Cities initiative），它建立在马克斯-普朗克概念上，以期在“金三角”以外区域的大学内建立一个强大的研究基地。六个城市——约克、曼彻斯特、纽卡斯尔、布里斯托、诺丁汉、伯明翰——被指定增加创新率并调控经济增长速度；戈登·布朗（Gordon Brown）宣布他们将帮助英国成为“下一次研究与发展浪潮的全球领导者”（Brown，2005，q. Webber，2008，p. 12）。但奇怪的是，他们目标不清且没有资金。基于对35个主要参与者的半结构化的访谈，克里斯·韦伯（Chris Webber）在评论中总结道，尽管在纽卡斯尔，大学可能尽了最大的努力，从欧盟和地区发展署（Regional Development Agency）获取了最大的资助，但期望在此建立一个强大的生命科学集群是不切实际的：尽管纽卡斯尔大学研究方面做得很好，但是无论是研究表现还是经济影响，它都无法与剑桥、牛津这样的大学相媲美。核心的问题是，牛津、剑桥、伦敦均有英格兰顶级的研究型大学：2007年，上海交通大学的国际大学排名中，英国大学中剑桥排在第二位，牛津排在第九，帝国理工学院排在第二十三位，伦敦大学学院排在第二十五位，接下来是曼彻斯特，排在第四十八位（Webber，2008，图8，p. 21）。“金三角”的大学得到了不成比例的公共部门研究经费（约45%），而核心城市一共只得到了28%的资助；在2010和2012年，仅四所一流大学（牛津大学、剑桥大学、伦敦大学学院和帝国理工大学）就得到了英格兰高等教育基金会28%的资助（Goddard and Vallance，2013，pp. 79～80）。

高校的经济影响也明显不同。2007年一份研究显示，二十个大

① AT&T贝尔实验室是世界上首屈一指的科研机构，它既从事范围广泛的基础研究，又致力于尖端技术和普及产品的开发，并为AT&T的各个业务集团设计开发新工艺、新系统和新业务。自1925年起，AT&T贝尔实验室平均每天获得一项美国专利，有七位科学家先后荣获诺贝尔物理学奖。——译者注

② 阿贡国家实验室是美国能源部最大的研究中心，也是全国第一个国家实验室，于1946年特许建立。——译者注

学样本中，在2001～2006年间，牛津大学、剑桥大学、帝国理工大学、布里斯托大学和南安普顿大学共产生了55%的风险资本支持的衍生公司，并且吸引了75%的与风险融资相关的衍生公司（Webber，2008，q. Library House，2007）。而在综合经济增长方面，更小城市的顶级大学可能比更大城市的顶级大学有相对更大的影响。剑桥、牛津、南安普顿和约克的人均研究经费额度比伦敦、伯明翰、纽卡斯尔这类更大的城市和其他核心城市高出很多（Webber，2008，pp. 21～22）。

韦伯得出了关于科学城计划的极端消极的结论。首先，城市区域需要为经济的创新解决更多的障碍，如交通、住房、规划领域。在很多城市区域内，与引入专门的政策支持创新相比，紧迫问题的处理对创新速度的影响更大。第二，他指出，被命名为科学城的城市或区域，如果合适的话就应该放弃这个品牌。在约克和纽卡斯尔以外，随处可见的现象是这个品牌毫无作用，尤其是在曼彻斯特。第三点尤为关键，城市区域在大学引导的经济增长方面应该更加切合实际。在大部分科学城，大学相关商业活动只是构成经济增长的一部分。经济策略和投资需要反映这个现实（Webber，2008，p. 2）。

纽卡斯尔是最积极的科学城支持者，它制订了一个计划，投资七亿英镑，将位于Gallowgate的原纽卡斯尔啤酒厂改建成了科学中心，作为提供大量高度专业化研究工作的“创新机器”。但是，2008年10月经合组织关于东北区域经济的报告（OECD，2008）总结，这个计划在改变区域经济方面“不太可能达到期望”。作为关键机构之一，国际生命科学中心（International Centre for Life，ICFL）包括了遗传医学研究所（Institute for Genetic Medicine，IGM），致力于干细胞研究，并与Cels公司达成合作，这是一个由地区发展署为开发商业集群而设立的有着时髦名字的公司。但是，2008年主要研究者之一，再生医学教授科林·麦古金（Colin McGuckin）因研究重点的分歧而辞职。2008年金融危机和随之而来的经济衰退之后，当地房地产市场崩溃，科学中心的开发也因此延迟。其后，2011年首席执行官辞职后，新的联合政府拒绝了地区发展署东北分部关于科学城中心开发的800万英镑的费用申请。新政府关闭了东北分部，迫使大学和政府以接近市场价购买地区发展署（RDA）的股份；市议会和大学共同获得了150万英镑的资助，政府的区域增长基金捐献了600万英镑，但是到2013年，计划仍然未完成（Goddard and Vallance，2013，p. 98）。最后的打击随着政府对科研应用的“弹射器倡议（Catapult initiative）”而来，这项议程将干细胞研究中心落在了伦敦。戈达德（Goddard）和瓦伦斯（Vallance）总结：“在新公司或就业机会的创造方面，基于医学和生命科学产业集群的地区发展构想尚未实现。”（2013，p. 122）

创建将科学研究转化为创新产品和服务的机构。

德国工业成就（第7章）的另外一半归功于1949年成立的弗劳恩霍夫研究所，以科学家、工程师和企业家约瑟夫·冯·弗劳恩霍夫（Joseph von Fraunhofer）命名。它在德国设立了60个机构，每一个都专注于应用科学的不同领域，员工数约1.8万人，拥有的年度研究预算约16.5亿欧元。尽管有一些来自联邦政府和州政府共同持有的基本资金，但是超过70%的资金是来源于政府资助项目或制造业领域的合同项目。事实证明它非常成功地桥接起了大学研究和实际商业应用之间所谓的“死亡谷”。

英国很迟才开始尝试复制弗劳恩霍夫模式。2010年，一份来自赫尔曼·豪瑟博士（Dr Hermann Hauser）——出生于奥地利的著名科学家、企业家，与“硅沼泽（Silicon Fen）”[①]的发展密切相关——的重要的官方报告提请注意一个事实，在其他OECD经济体中，很多研究通常为各种非大学研究机构承担，如弗劳恩霍夫研究所、台湾的工业技术研究院（Industrial Technology Research Institute，ITRI）、韩国的电子通信研究院（Electronics And Telecommunications Research Institute，ETRI），这些研究若由企业和大学留给自己做，通常不能或不会达到足够的数量或质量，甚至两者皆不足（Hauser，2010）。无论是在应用研发上还是在基础研究上，这些组织在研发工作中占有重要的份额，估计在欧盟内占到公共部门资助研发的40%，占到整个研发资助的14%左右（Hauser，2010，Table 1，p. 11）。但是，英国在提升这些技术创新中心（Technology Innovation Centres，TICs）中缺乏明确的优先次序、长远的战略目光或国家层面的协调。在缺乏长期固定资助的情况

① Silicon Fen，也叫Cambridge Cluster，是一片围绕英国剑桥大学的产业区，类似于美国的硅谷。——译者注

下，目前英国的做法往往会导致投资的次优化和分散化。

因此，豪瑟认为英国政府应该优先资助有潜力获得巨大经济效益的地区，构建一个以国家级技术创新中心（TICs）为重点的精英商业网络。它应与英国的创新机构（英国技术战略委员会，Technology Strategy Board）、私人和公共部门合作，提出未来十年的发展战略构想。无论是全新建设还是基于现有中心建设，这些 TICs 的选址都必须考虑本国的自然、历史记录以及研究优势（在大学和其他地方）的所在地，傍靠工业能力和技术吸收能力。每个技术创新中心每年有次序地获得 500～1 000 万英镑的资助，且必须持续十年的时间。最后，豪瑟建议，它们应该向德国同类机构一样有一个名字。他提议叫克拉克·麦克斯韦中心（Clerk Maxwell Centres），取自詹姆斯·克拉克·麦克斯韦（James Clerk Maxwell）[①]，他的统一电磁理论是整个 IT 产业的基础。

① 英国物理学家、数学家，经典电动力学的创始人，统计物理学的奠基人之一。科学史上，称牛顿把天上和地上的运动规律统一起来，是实现第一次大综合，麦克斯韦把电、光统一起来，是实现第二次大综合，因此他与牛顿齐名。——译者注

即将离任的工党政府和下任联合政府都接受了豪瑟的报告，并承诺将在四年内投资超过两亿英镑建设一个新技术与创新中心的网络——现在被称为弹射器（Catapults），预设目标是迅速将研究转变成商业成就。每一个弹射器都由技术战略委员会创建和监督，专注于技术与专业知识的一个特定领域。一旦完全建立，各中心将获得完全平等的资助，包括核心技术战略委员会的拨款，通过弹射器与商业的合作获得的研发补助和通过研究合同获得完全的商业资助。这就是所谓的“3－3－3”（third-third-third）模式。

第一个中心在 2011 年 10 月启用，专注于高附加值制造业。有趣的是，它不是一个单一的地理中心，而是包括了七个分支机构，共雇用 625 名员工，在六年的时间内获得了超过 1.4 亿英镑的公共投资：

◆ 先进成形研究中心（Advanced Forming Research Centre），格拉斯哥（钢坯锻造，板料成形精密锻造）；

◆ 先进制造研究中心（Advanced Manufacturing Research Centre，AMRC），谢菲尔德（材料加工和组件测试，混合物和金属复合材料，装配）；

◆ 工艺创新中心（Centre for Process Innovation），威尔顿，塞奇菲尔德（化学工艺，生物技术，可印刷电子）；

◆ 制造技术中心（Manufacturing Technology Centre），考文垂（自动化和模具，制造、焊接和组装，添加剂和净成形，过程建模）；

◆ 国家复合材料中心（National Composites Centre），布里斯托（复合材料的设计与生产）；

◆ 先进核能制造中心（Nuclear Advanced Manufacturing Research Centre），谢菲尔德（民用核能零件制造）；

◆ 沃威克制造工程团队（Warwick Manufacturing Group），考文垂（轻质产品系统优化，能量储存和管理，数字验证和确认）。

这些机构有两个在中部地区，三个在英格兰北部，一个在苏格兰，只有一个在南部。然而，在 2012 年 3 月，研究细胞治疗的第二中心将设在伦敦，因为这里医院与临床基础设施、物流、大学和人才的丰富集群以及作为一个国际商业中心临近金融部门的优势——这是对纽卡斯尔雄心的最后一击。第三个中心——近海的可再生能源，将其总部设在格拉斯哥，并将在国家可再生能源中心（National Renewable Energy Centre，Narec）附近设立操作中心，邻近诺森伯兰郡的布莱斯。该计划还进一步确定了十个有前景的候选领域：复合系统；数字媒体/创意产业；未来城市；未来互联网系统；光电；资源效率；传感系统；智能电网与分布；空间；运输系统与集成。第四个中心——交互数字经济（Connected Digital Economy），将是一个总部在伦敦的单中心。因此，到目前为止，四个中心有两个设在伦敦。

作为第一个中心的重要组成部分，谢菲尔德的 AMRC 已经通过十年的活动建立了声誉。它坐落在极富象征性的 Orgreave 焦化厂，这里在 1984 年上演了一场警察与罢工者的巨大冲突，当时它只是英国钢铁公司的一个将煤转化为工业燃料的焦化厂。目前它有从全球航空巨头到本地中小企业超过 60 家公司。它正试图通过谢菲尔德大学的运营，主要私营部门的支持，在波音公司（Boeing）、劳斯莱斯（Rolls-Royce）和英国宇航系统公司（BAE）共同领导下，在加工技术方面寻求突破。简言之，就是把一块金属通过钻孔、切割和打磨变成高品质的产品。在南约克郡先进制造园区的两个专业中心[1]，AMRC 聘用了大约 200 名高素质的研究人员和工程师，与超过 60 家私人企业合作特定的项目，也为全体成员的利益而合作一般的项目。目前整个公司正准备进一步发展成谢菲尔德大学先进制造研究所[2]的新组成部分。据劳斯莱斯在 AMRC 的代表 Jamie McGourlay 所说，问题的关键是，在有像这样的中心之前，大学取得的突破是没有商业归属的，而公司不能确定富有想象力的研发所需的成本和时间。在 Orgreave，这些问题被调和了。由大学运营研究中心，而工业集团提供材料、技术和资金（Milmo，2012）。

① http//www. amp-tcchnologycentre. co. uk.

② http//www. amrc. co. uk.

这是一个前景很好的事例，但至少有三点值得注意。第一，正如已经在韦伯的报告里看到的，整个英国的研究基地仍不成比例地集中在"金三角"：即使假定新的弹射器主要位于伯明翰北部，它们还是依赖于一个狭窄的研究基地。纽卡斯尔试图推动干细胞研究的故事就是一个警钟。第二，与德国模式相比，弹射器只得到很少的经费。与弗劳恩霍夫研究所一年 16.5 亿欧元（其中约 30%，即 4.95 亿欧元来自公共部门）的经费相比，弹射器一年的总经费只有两亿英镑，四年的经费仅为弗劳恩霍夫一年经费的一半。第三，也是很严重的一点，这些钱被分散了，就如第一个中心被分散到了至少七个不同的地点。诚然，德国的弗劳恩霍夫的经费也被分散到不少于 60 个中心（每一个中心的公共资金平均为 825 万欧元）。弗劳恩霍夫"系统"似乎在德国有奇效；时间将会告诉我们英国的弹射器是否能取得同样的成效。

与此同时，相当意外的是，2013 年 3 月，商业创新与技能部（the Secretary for Business and Skills）国务大臣文斯·凯布尔（Vince Cable）称赞了弗劳恩霍夫在英国成立分支机构，它刚刚在斯特拉斯克莱德大学（University of Strathclyde）成立了一个光电应用中心，支持诸如安全、医疗、能源和交通等行业，还希望在英国能创建其他中心，有可能是如网络科学、生物能源和塑料电子等技术。凯布尔称赞其是"被验证的、为市场带来新想法和技术的路径"，并且认为它将"为整个英国的创新景象做出有价值的贡献"（Groom，2013b）。但关键的问题是，在持续的公共支出削减期间，除了现有的对弹射器的承诺外，他的部门如何找到核心资金。这看起来古怪，像在水流湍急的河中背着两匹马。但是他可能觉得也不能吹毛求疵。

发展大学，尤其是那些非传统学科结构和教育范围的新大学，来挑战传统政策的智慧，并提出激进的新举措。

高校是规划师和其他城市专业人员受教育的地方。因此，在接下来的数十年里，它们在专业规划师的成败上起着重要的作用。但是，最好的大学能够而且应该不仅是教授专业能力：它们应该成为挑战公认常识的激进新想法的源头，应该与像马克斯-布朗克、弗劳恩霍夫这样的专注研发的机构并肩工作，但承担不同的职责。

如在第7章所看到的，德国提供了最佳案例。在前西德，成立于20世纪70年代初的两所新大学——多特蒙德大学和卡塞尔大学——为经济增长和出现问题的老工业城市的就业提供新的来源，其结构是非传统线性的，着重以非传统方法来智慧地解决问题，提出非常规的答案。在不到二十年的时间里，这两所大学已经有了显著的成果。多特蒙德大学借鉴了现已运用于盎格鲁-撒克逊学术界的模型——最初在加利福尼亚的斯坦福大学，然后在英格兰的剑桥大学，在其新校区旁边创建科技园，以实现大学科研成果向商业应用的转化。卡塞尔大学的教授针对环境政策的传统智慧，开发出了一个关键方法。在迅速采纳那些认为环保限制经济增长的欧洲和美国的思想家的学说后，他们开发出了可替代的政策方案，尤其是在交通方面，最终提出了有轨电车-列车项目。

但是，有趣的是，一所更古老的大学——实际上是德国最古老的大学之一，弗莱堡大学——在同一时间采用了完全相同的方法。而且，由于这是一个很小的城市，大学扮演着主导性的政治角色，实际上，大学主导了城市。一位年轻的博士升任市长，致力于将弗莱堡发展成全球城市可持续发展的典范，并享誉全球。最后，莱比锡的另一所古老的大学很快脱离了传统观念的束缚，在城市文化生活的重建中起着核心作用。有人可能说，它的环境是不同寻常的。但是，在欧洲的很多其他城市中，大学都作为城市触媒起到了关键的作用。在丧失工业基础后，在马尔默追求重建经济的过程中，一所新的技术大学起着至关重要的作用就不足为奇了。

一般来说，20世纪60年代和70年代英国成立的新大学和理工学院已经不再起到城市触媒的重要作用。大城市里成立于19世纪的更古老的城市大学也同样如此。考文垂大学没有追随多特蒙德大学，中央兰开夏大学没有成为另一个卡塞尔大学，索尔福德也没有效仿莱比锡。新的大学和理工学院往往只是简单地寻求与更古老的大学在传统课程结构和方法上的竞争。它们强调不惜一切代价追求传统的、卓越的学术成就，在1992年理工学院相继变成大学后，研究经费集中化实际上推动了这个过程。到2013年“科研卓越框架（Research Excellence Framework，REF）”才姗姗来迟，其中有资助机构开始强调创新研究所能产生的影响。是否会“产生”一所英国的多特蒙德大学或者卡塞尔大学还有待考量。

创建一家本地银行，专门为当地商业和住房购买提供资金。

在第二部分很多被访的欧洲示范城市中，一个关键的特征就是存在本地融资机构，例如德国的Sparkasse①或储蓄银行（数量超过1 000个，分支机构达1.3万个），或是420家地方市政府银行。它们资助德国中小型企业的小生意，同时使私人地主或建筑团体更容易筹资建设新住房。其他欧洲国家也有国家银行，专门为由市政府和区域政府推进的基础设施项目投资，例如很久以前，路易斯·拿破仑为重建巴黎而设的法国国有金融机构信托投资局（*Caisse des Dépôts et Consignations*）。像瑞典的*Kommun-bank*、荷兰的BNG（Bank Nederlandse Gemeenten）②一样，很多银行由市政府高效运营，且服务于市政府。相较于高层的财政部官员，这些机构更贴近需求，因此项目的可行性更高。他们能够培养评估项目和借款人的能力。这些银行的支持也可以为其他投资者提供所需的安全感，那些投资者想要避免单独进入自己没有正确认识的领域。

① Sparkasse没有银行的性质，它是国家的一个机构，主要告诉国民如何储蓄，网点很多。——译者注

② BNG是一家向政府部门提供金融服务的专业银行。——译者注

正如过去成功的市政府投资——如曾被用来支撑投资会议中心的伯明翰展览中心，地方政府承担部分风险是非常重要的。如果地方不支持，投资者们将会涌向那些让他们信心更充足的地方。源自美国的市政债券制度尽管导致一些城市几乎破产，但同时也被认为有助于很多投资项目，如波特兰的有轨电车系统、都市区快速交通（Metropolitan Area Express，MAX），这些都有助于应对城市蔓延。运用欧洲的最佳实践经验，可以鼓励其他城市投资有轨电车项目。

但是出现了一个重要的问题。当有一个像米特兰（Midland）

的商业银行或像利兹永久互助合作社（Leeds Permanent），抑或布拉德福德-宾利银行（Bradford and Bingley）成为常规发展模式时，英国掀起了一股支持 19 世纪强大的区域性银行模式的热潮。无疑它们将更贴近客户的需求，无论是小企业寻求财政支持用于规模扩张，还是购房者申请抵押贷款。但是，它们一定是更有效或更高效的吗？德国州立银行（German *Landesbanken*）和西班牙储蓄银行（Spanish *cajas*）——2007～2008 年金融海啸中两个著名的牺牲品——的失败让人重新考虑这个问题。由约翰·维克斯爵士（Sir John Vickers）任主席的银行业独立委员会（Independent Banking Commission，IBC）的报告指出，在 2007～2010 年的危机中，占据相当比例的、较小的欧洲区域性银行遭受了最大比例的损失，如德克夏银行（Dexia，一家法国-比利时银行，已被比利时政府收为国有）、德国裕宝地产银行（Hypo Real Estate，一家总部在慕尼黑，控股几家德国房地产银行的股份公司）以及各种独立的德国州立银行（ICB，2011，图 4.11，p.112）。

西班牙提供了这一故事的简洁版：处在 2012 年西班牙国家金融危机中心的班基亚银行（Bankia），本身是为接管大量已经失败、留下管理不善历史记录的区域性储蓄银行而成立的，如马德里储蓄银行（Caja Madrid）、瓦伦西亚（Valencia）的班卡加（Bancaja），和一些更小的储蓄银行来自如加那利群岛（Canary Islands）、加泰罗尼亚（Catalonia）、里奥罗（Rioja）、西班牙中部阿维拉（Avila）和塞戈维亚（Segovia）的城镇。它们是典型的小型储蓄银行（caja），在金融危机发生前，这些小型储蓄银行的资产占了整个西班牙银行系统的一半。它们以区域业务开始，并且大多数情况下，在其业务范围内都与政治家保持紧密的关系。因此，马德里储蓄银行和班卡加都深受当政的人民党影响，并且由其直接运营。首先，它们与房地产行业紧密相连，在到 2007 年的十年间，一直为住宅建设热潮提供资金，大量借贷给开发商、建筑公司和购房者。一位参与了 2011 年 7 月班基亚银行上市的投资银行家表示："西班牙 50%的银行部门（都是小型储蓄银行）是不具备公司管治或管理能力来抵御危机的。"（Mallet and Johnson，2012）班基亚银行的失败不仅暴露了西班牙金融系统所有的政治上和管理上的弱点，更因为其太大而对西班牙经济产生全局性影响。它的失败可能威胁到整个银行业网络，因此，它“太大而不能倒闭”。2012 年 5 月 25 日，已经退休的资深银行家荷塞·伊格纳西奥·格里哥萨里（José Ignacio Goirigolzarri）又被聘请回来挽救班基亚银行，他要求 190 亿欧元的新应急资金，另外要求国家先援助 450 万欧元，以帮助清理不良贷款。班基亚银行“重申”其 2011 年的经营状况是净损失 30 亿欧元，而不是原先报告中的净利润 3.09 亿欧元（同上）。

因此，关键是必须设计地方银行的新结构以避免出现管理不善的记录，在其他地方，管理不善已经击垮了这些机构。银行业独立委员会（IBC）的报告认为，英国的银行系统需要进行重大改革。其大部分建议都是关注宏观经济问题，而不是直接关注地方城市的开发和更新。但是有一些建议和地方银行结构改革是高度相关的，最重要的是最晚到 2019 年，零售银行业务应该与批发、投资银行业务彻底分开（IBC，2011，p. 12）。但是，仍留下两个相关的问题：英国银行应该继续由极少数大银行主导，还是需要分散？它应该继续由以盈利为目的的商业银行主导，还是由在历史上起到极其重要的作用的互助合作社（mutual societies）主导？在过去的 1/4 个世纪，这些互助合作社已被鼓励转变为商业银行。

针对上述两个问题，委员会提出非常鲜明的观点，或许可以显著改变英国银行业的面貌。委员会认为英国零售银行业长期存在竞争不足问题，源自集中的市场结构明显地进入壁垒以及消费者局限的可选择余地，尤其是在所谓的商业往来账户（Business Current Account，BCA）和个人往来账户（Personal Current Account，PCA）市场（同上，para. 7. 22，pp. 197～198）。委员会特别建议，政府应该与高效的国有化的劳埃德银行集团（Lloyds Banking Group，LBG）达成协议，来创造一个至少占 PCA 市场 6%的新实体（同上，para. 8. 31～8. 32，p. 214）。委员会还建议，小银行应该更易进入，与大银行的有效竞争也应该更为简单，尤其是通过建立一个定向往来账户服务来理顺个人和小企业账户切换的过程（同上，para. 8. 57～8. 58，p. 221）。

委员会刻意避免对比商业银行和互助合作社的优点，但在以下重要的段落中可能有所涉及：

> 建房互助合作社（building society）[1]立法的先例，似乎为限定银行业的风险管理职能提供了一个特别好的基础。建房互助合作社的规定有效地实行了很长一段时间。许多早期的建房合作社在危机中失败了，或是作为失败的商业典型被接管了，有时与他们的财政工作也有关。然而，提交到委员会的证据表明，那些财政职能方面的问题，只是随股份制后相关限制的解除而出现的。尽管许可的工具类型可能需要扩展，以提供广泛的（可能由限定银行提供的）服务，但原则上，一个限定银行应该能够在建房互助合作社监管框架内，承担其必要的风险管理（同上，para. 3. 53，p. 60）。

英国建房互助合作社联盟起源于18世纪，全盛时期是在1890～1980期间，当时分支数以百计，很多是地方合作社。但是1986年的《建房互助合作社》（Building Societies Act）允许它们在75%的成员赞成的情况下“股份化”，其后很多合作社合并，且绝大多数股份化后被银行接管。到1999年，它们2/3的业务已经股份化；到2011年，互助合作社的数量已经减少到了47个。讽刺的是，在1/4个世纪中，没有任何一个政党表达任何的异议，直到2011年6月，文斯·凯布尔公开谴责“股份化”的破坏，指出20世纪30年代1 000个建房互助合作社的存在创造了更多抵押贷款的“良性循环”，从而掀起了一波住房建设的浪潮。他将抵押贷款的短缺归咎于对建房互助合作社的破坏，称这是“当代最大的经济破坏行为之一”。“需求是创造出来的，它不可能同时出现。这存在一个既创造需求、同时又解决紧迫的供给问题的范畴。”（Treanor and Jowit，2012）政府几乎立刻就提出剩下的建房互助合作社可以获得宽松政策的扶持，以助它们成为大银行的重要替代品。它们将免除银行独立委员会强制银行限定零售和小型商业活动的提议（Goff，2012）。这将满足大众的需求。“英国的提走你的钱活动”（Move Your Money UK，http：//www.moveyourmoney. org. uk/）[2]估计，自2012年初以来，平均一个月有8 000名储户离开了大银行，总计差不多有50万名（Heather Stewart，*The Guardian*，7 July 2012）。

此时传来了重大消息：英国合作银行集团（Co-operative Banking Group）原则上同意收购劳埃德银行集团（LBG）所谓的

① 英国第一家建房互助合作社创建于18世纪末，迄今已有200多年的历史。建房互助合作社创建初期只是一种互助机构，为个人储蓄者和债权人所拥有，具有非营利的性质，主要是为个人储蓄者和股东提供服务。经过多年的经营，英国现时的建房互助合作社不仅采取了多种经营的方式，而且在业务规模方面也得到迅速扩大，从而成为英国金融体系中一支举足轻重的力量，可与英国的清算银行相匹敌。——译者注

② 这是一个全国性的运动，传播理念是个人可以通过自身的购买力，建立更好的银行系统。该活动旨在为人们提供需要的金融机构的类型和相关决策信息。——译者注

“绿色”业务（包括632家分行和约480万客户），从而创造了一家有近1 000家分行、1 100万客户的高街银行（High street bank）[①]，其业务在英国银行网络中的占比近10%，超过了德国州立银行（IBC）的标准。项目获得了原英国金融服务管理局（Financial Services Authority，FSA）、英国财政部（HM Treasury）和欧盟委员会（European Commission）的批准，该交易预计将在2013年11月底完成。英国合作银行集团骄傲地宣称提供了一个“以客户为中心、以成员为主导、以道德为驱动的银行业典范”。由于无需为股东提供高回报，它可以避免高风险交易，转而支持简单的产品：抵押贷款和存款。并且，作为一个包括超市和殡仪馆的更广泛群体的一部分，合作银行致力于以一个“公平诚信的方式”销售其产品。这个700万成员共享所有权的模式提升了忠诚度。在消息公布后的一周里，客户增加了25%[②]。此举受到了文斯·凯布尔的高度赞扬。在2012年9月的一次重要讲话中，他宣布政府正努力建立一个官方机构，目前处于酝酿期。该机构“可以通过替代供应者来操作，供应者包括像汉德斯银行、合作银行、Aldermore银行[③]以及非银行放贷者这样的银行业新挑战者，以提高其放贷能力，网罗现存的业务，如支持业务扩展的合作投资和担保”。他说，新机构能否获得成功，不仅取决于其自身直接干预的能力，还在于它能多大程度上成功地震动商业金融整个广阔的市场，帮助解除快速增长型公司的限制[④]。

然而，这一切被证明是一个虚假的愿望：2013年5月一个戏剧性的消息传来，与劳埃德银行的交易失败了。由于担心合作银行资金短缺，穆迪（Moodys，一家信用评级机构）在5月9日下调了这家银行的信用评级。2009年，凭借其大型商业地产的积累和购买再抵押贷款，合作银行收购了不列颠建房互助合作社，其后它承担了很大的风险。2012年，它的效益从盈利5 400万英镑暴跌到亏损6.7亿英镑。讽刺的是，它无法寻求集团其他部门的帮助，它的现金和资本储备是微薄的，而且，其模式意味着不能迅速筹集资本。2012年底公布的资本比率为8.8%，比四大银行都低。经济学家评论道：“合作银行最后变成了一个老套的故事：一个资本太少的英国银行可能需要政府的支持。”[⑤]

① 主要是指在英国的商业大街（High Street）上遍布的银行，提供便民服务，也被称为“零售银行”，这类银行允许的贷款额度比较小。——译者注

② http://www.co-operativcbank.co.uk/servlet/Satellitc/1342592967915，CFSweb/Page/CFSCtplStandard.

③ 从2009年开始运营的一家英国零售银行，为中小型企业提供融资服务。——译者注

④ http://www bis.gov.uk/ncws/spccches/vince-cable-industrial-strategy-septcmber-2012.

⑤ http://www.economist.com/news/britain/21578109-challenger-britains-big-four-banke-loses-its-appeal-brink.

文斯·凯布尔在访问巴西的途中听闻了这个消息，对此非常失望，他评论说：

> 我认为这是非常令人失望的。我是真的希望这能成功……我们确实需要更多的竞争，需要多样化的商业贷款，让合作银行——一个互助的新成员——进入小额商业借贷领域将还有很长的路要走。[1]

① http://www.bbc.co.uk/news/busjness-22276082.

失败后，工党官方迅速作出回应，艾德·米利班德（Ed Miliband）的概述很接近凯布尔的愿望：基于德国模式的社区银行，建立一个区域银行网络，来帮助小企业获得融资，复兴和重建银行业的信任。工党已经公布了英国投资银行（British Investment Bank）计划，专注于为中小企业，尤其是新兴企业提供长期的资金。但是，这个新提案更进一步提出：基于德国储蓄银行的模式，英国各大区域的放贷机构网络要以促进当地的发展为公民义务，只贷款给当地企业。这仍然是目标，合作银行和一些德国储蓄银行的失败表明要实现可能并不容易。但是，尽管有失败的案例，这仍然是一个强大的、有德国风格的、专注于对地方发展投资的银行系统至关重要的基础。过去的一些失败无损于德国模式大规模的全面成功。

把城市从财政控制的死亡之手中解救出来，从根本上分散政府结构，以便于它能更类似其他民主国家，包括我们的欧洲邻国。

长久以来，英国城市已经被拴在了白厅（Whitehall）[2]的围裙上，尤其是财政部过分集权已成为传统，由此创造了西方世界迄今为止最为集中的官僚国家。西蒙·詹金斯（Simon Jenkins）观察到：

② 英国伦敦市内的一条街。它连接议会大厦和唐宁街。在这条街及其附近有国防部、外交部、内政部、海军部等一些英国政府机关设在这里。因此人们用白厅作为英国行政部门的代称。——译者注

> 和大部分欧洲国家不同，英国从 20 世纪的两次世界大战开始就一直保持稳定的中央集权。地方的政治参与已经减少，地方民主也衰弱到了一个让德国人或美国人困惑的程度。尽管国家机构的扩张受到在野政客的反对，但仍未得到控制。这反映在无休无止的整顿英国国民健康保险制度、刑事司法、地方国防和教育措施中，每一项都增加了政府的规模和成本（Jenkins，2012b）。

这根本不会发生在西欧其他国家。这里公共财政明显来源于地方，使得它们部分独立于更高级的（国家或地区）政府，城市在政策制订和具体事务的管理上有自治权。二战后，一些国家建立了联邦政府体制并写入宪法，如德国和奥地利。其他国家在相当多的地方分权后发展成了自治区体制，如西班牙。有趣的是，在所有案例中，地方自治都是对专制政权下生活的一种回应，在极端情况下，如在汉堡和柏林，因为在德国联邦政府体制内，城市是国家的组成部分，像巴伐利亚或北莱茵-威斯特法伦一样，享有相同的权利和权力。但是其他城市不具备这么高的地位，如莱比锡或卡塞尔，尽管如此，由于财政独立，这些城市的自治权仍受到宪法的保障。有一个极端的例子——鲁尔区，北莱茵-威斯特法伦州政府主动创办了埃姆瑟公园国际建筑展，并以开发公司的形式为其创建了管理结构，但值得注意的是，这个公司并没有自己的权力或资金，完全依靠它的能力赢得辖区内城市的合作。

同样的，在像荷兰、丹麦和瑞典这样的非联邦制国家里，尽管城市也是覆盖面更广泛的共同组织中的一员，但在管理上也享有相当大的自治权，后文会详述。在荷兰，国家政府在海牙设立了VINEX项目，但其后却是通过与市政府的紧密合作来实现的。这不是一项简单的任务，因为大城市以外的地区，大多数的自治市是很小的，很多开发区涉及到两个或者更多个自治市的合作，过程艰难又耗时。但是所有情况下最终的结果都是成立强大的专门机构来推进规划与开发的进程。

在西班牙和比利时，另一个因素是来自那些要求几乎完全独立的地区的民族主义压力。在英国，如果不是从中央政府完全分裂出来，压力当然同样存在，且在一定程度上是被认可的。但是，最有趣的例子是法国。

历史上，尤其是英国人，一直把法国作为欧洲中央集权最极端的例子。就像1958年的法兰西第五共和国宪法提到的，法兰西是一个不可分的、世俗的、民主的、社会的共和国。诚然，它还规定了国家的组织是“分散的”，但是这在实践中几乎难以看到：有个故事这样讲道，在拿破仑的命令下，法国的每一所学校都在同一时间教授相同的课程。这可能未必是真的，第五共和国的创建者、主要的中央集权者查尔斯·戴高乐在1962年曾有一句非常有名的抱怨："你该如何治理一个拥有 246 种奶酪的国家？" （Mignon，1962）。但是，1982 年，在弗朗索瓦·密特朗总统的领导下，法国从根本上改变了政体。1982 年的法律（*Loi Deferre*）废除了由中央任命省长控制其下部门和地区的拿破仑体制（先天的行政监管，the tutelle administrative a priori），将地方官的权力转到新当选的议会和他们的主席手里。重要的是，这伴随着显著的税收转移。

英国从来没发生过这样的改革。西蒙·詹金斯写道：

> 英国的省级城市已经成为工业化复兴链条中的薄弱环节。它们缺乏委托治理的人才，明确责任的领导人，这使得中央政府抑制了地方企业的发展。警察机关、学校、医院诊所、社会服务机构——欧洲大部分地区是由当地政府负责——已经变为笨拙的国有行业，这就意味着不稳固的官僚主义和低效率（Jenkins，2012a）。

他说：分权的反对者

> ……总是处于左右为难的局面。他们说当地的政客没有达到标准，地方政府不能取得他们的信任以实行自由裁量权，更不用说独立的地方税收。因此，地方政府必须被剥夺更多的权力，服务质量恶化导致投票率低下，更进一步剥夺了他们任何争取权力的机会。这是民主赤字的恶性循环。议会成为国有化的服务机构，国会议员们和警察局长成为了事实上的市长。部长们必须在议会上回答，为什么病人在后半夜被从医院送回家（同上）。

当然，财政部官员可能举出西班牙 17 个自治区的例子，2012 年这些自治区面对累积的债务，被金融市场排除在外。2012 年 7 月，瓦伦西亚第一个正式向马德里申请援助，当时为了抑制西班牙十年的公债利息上升到高于可持续的 7%的水平（到今年年底，公债利息已成功控制在这个范围内），它试图拼命限制公共开支总额。尽管其中 13 个地区在 8 月份马德里的一次会议上同意限制支出，但其中最大的两个地区——加泰罗尼亚和安达卢西亚（Andalucia）——没有同意。作为西班牙经济的最大贡献者和负债最重的地区，加泰罗尼亚被要求2012年的债务负担必须限制在其GDP的22.81%以内，2013年的债务负担必须限制在其GDP的23.6%以内。但是要求遭到了断然拒绝，其代表甚至没有出席会议。显然，这是任何一届英国政府都不能平静面对的结果。但西班牙的情况比较特殊：如马德里自治大学的结构经济学教授埃米利·冈萨雷斯（Emilion Gonzalez）指出，“这不是分权，这是将中央政府模式在17个地区复制”，打个比方，就像在只需要12或14所自治公立大学的地方出现了56所自治公立大学（Anon，2012）。

答案当然是设计区域和地方自治的结构，明确禁止上述结果出现。没有人会想要追随美国很多州的案例，那些地方的宪法禁止任何形式的反周期的负债融资。但在德国，联邦政府和州政府的赤字都有特定的限制，可以清晰地提供一个可接受的模型以供学习。

这是2012年10月公布的迈克尔·赫塞尔廷（Michael Heseltine）报告中“不遗余力”（*No Stone Unturned*）的主要内容（Heseltine，2012）。赫塞尔廷说，“中央政府把制订绝大多数经济决策的权力留给自己——把自己创造成一个功能性垄断者，地方政府已经降级到了服务提供者的地位”。而且，“随着白厅接管了更多的权力，其对地方决策者的不信任也增加了……本地商人在社区管理上的参与也越来越少了，他们更是丧失了活力和创造力”（同上，para. 2.4）。他接着说，白厅的垄断“在两个方面不正常”：太多的决定是在伦敦做出来的，没有真正了解决策相关地区特殊的环境；而“在面对一个特定地区时，由于政策部门之间的责任划分，政府没有人负责全盘考虑所有的问题”（同上，para. 2.5）。因此，他得出结论，“我们需要将支持经济增长的、基础的分散资金流汇集成局部地区统一的资金池”……这包括由中央政府提供的技术、基础设施、就业支持、住房、更新和商业支持预算的重要部分（同上，para. 2.29）。他计算出，如果政府在目前支出审查阶段已经使用这种方法，那么可用的资金总额将约有490亿英镑（同上，para. 2.30）。并且：

> 竞争性融资是局部地区释放创业精神的关键。它注入了高

> 涨的热情，并刺激社区以更广阔、更宏大的视野去追求他们之前考虑的任何事情。地区之间形成了良性竞争（同上，para. 2.33）。

但是，这样的地方是哪些呢？赫塞尔廷继续做了进一步的重点推荐：

> 本地企业合作伙伴联盟（Local Enterprise Partnerships，LEPs）与功能性经济市场领域的匹配是非常重要的，因为这能确保地方经济发展的所有障碍都被考虑到，能确保每一个本地企业合作伙伴都处于最佳位置，以确定和调整地方行动来支持发展。（同上，para. 256）

他甚至支持雷德克利夫-莫德委员会（Redcliffe-Maud Commission）[①]的建议，1969 年，基于新 LEP 的地理特征，单一管理区（unitary authority）[②]更多遍布于英格兰有大都市区市长的城市，当然这是基于地方意愿的（同上，建议 15）。

近六个月后，政府自豪地宣称他的大部分建议——89 条中的 81 条——被接受了。具体而言，从 2015 年起，它将创建一个新的单一地方发展基金（Single Local Growth Fund），包括技能、住房和交通资金等重要经济杠杆，通过一个本地的发展协议与每一个本地企业合作伙伴形成竞争，“通过单一地方发展基金的分配来反映他们想法的优劣和地方的需求”。但是，2013 年夏天的支出审查（Spending Review）决定细节，其中，乔治·奥斯本的资金池迅速从 390 亿英镑缩减到 20 亿英镑。政府表示希望每个 LEP 都有所收获，但同时也警告欠发达的 LEP 或者那些没有“有效的管治”和没有“在 LEP 地区共同工作”的企业必须在中央控制下工作，中央决定如何使用单一地方发展基金。回归到雷德克利夫-莫德的提议，这是一个被坚决反对的提议，但是，财政部表示将寻找多个 LEP 来创建一个联合机构，并声称将推动立法，允许有意愿的地区可以直接选举产生市长。

① 由男爵约翰·雷德克利夫-莫德（John Redcliffe-Maud）领导的皇家委员会，其任务是观察英格兰的地方政府结构，提出改善建议。——译者注

② 全名为“单一层级行政管理区”，又可称“权力一元化机构”或“单级化行政区”等，是一种地方管理形式，它是合并上级（如“郡”）和下级（如“区”）两级政府的功能和权限，形成只有“单一层级结构”的地方政府，在特定区域中负责所有地方政府的机能，或者在邻近且通常由其他层级政府（如全国性政府）所管控的地方施行某些特定机能。——译者注

城市与相邻的地方政府在整个城市地区的规划战略和交通方面建立正式或非正式的合作关系（通常是通过强有力的政治领导人）。强大的城市区域管理部门可以不依赖中央政府资助，独立融资来建设城市基础设施，尤其是为新的开发或更新提供重要机会的交通基础设施。

显然，几乎所有的最佳实践案例研究地都乐于在住房建设前大量投资基础设施建设，包括街道、下水道和服务机构。特别是之前强调的对高品质的公共交通的投资是早于需求的，很久以前这就在一个传统的成本收益分析中得以证实。显然，这历来是这些案例城市的政策条款之一。它代表了一种与英国和其他一些国家应用的、狭义的经济计算完全不同的方法。例如，在法国，对有轨电车的投资并不仅仅是为了提高可达性，也是作为城市公共领域投资总体方案的一部分（CETE Nord Picardie，2011）。这是可预见的结果。

核心城市群（Core Cities Group，CCG）和英国地产联合会(British Property Federation，BPF)[①]都指出，在全球基础设施排名中，英国仅位列第三十四名，落后于沙特阿拉伯和马来西亚，在八国集团联盟(G8)[②]中排到了第六位。英国的基础设施投资仅占 GDP 的 1.5%，相比之下，日本的比例为 6%，法国为 3%，尽管法国的劳动力市场不太灵活，但其生产力比英国高 20%（Core Cities and BRF，2010）。在其他欧洲国家——特别是德国和法国，很多城市对有轨电车系统的投资比英国多得多（正如前面提到的，尽管德国的解释是他们的城市不会取消有轨电车，但是法国的有轨电车曾被拆除又恢复），另外，这些国家以轨道为基础的公共交通（火车、地铁和有轨电车）在赶超英国公共交通水平期间都获得了极多的赞助。[③]

第 9 章中蒙彼利埃、里尔和斯特拉斯堡的例子表明，在 20 世纪 90 年代和 21 世纪初，强势的市长利用市镇联合体机制（早在 1966 年，由法国法律创建，但早期并未被大力推广）与规模较小的邻近市镇签订战略协议，以谋求有利于整个城市区域的交通和城市更新战略。所涉及的地区都不约而同地通过延伸国家高速列车网络到现有车站或新建的高速列车专用车站来强化中心城市的节点地位，反过来，这些车站所在地成了区域列车服务和城市区域有轨电

① 一个会员制组织，其目的是提高涉及财产所有权和投资的公司的利益，于 1963 年被注册成有限公司。——译者注

② 八国集团联盟（G8，Group 8，Group of Eight）是指八大工业国美国、英国、法国、德国、意大利、加拿大、日本及俄罗斯的联盟。——译者注

③ http://www.urban-rail.net/eu/euromet.htm and http://epp.eurostat.ec.europa.eu/cache/ITY_OFFPUB/KS-CD-11-001/EN/KS-CD-11-001-EN.PDF.

车系统的枢纽（里尔，一个新的地铁枢纽）。相应的，这又会引发新枢纽周围地区以及城市区域内其他重要区位的大规模开发。因此，这些市长用他们的政治影响力和说服力，将迄今为止常相互怀疑的市镇集结到共同体里，这为整个区域带来了新的发展。如果没有 1966 年的改革赋予他们的权力，他们不可能做得到。但是，最有趣并相关的一点是，在某种重要的意义上，这些权力是被动而宽松的，并且一直在等待合适的时机和合适的人来调用它们。

如第 7 章和第 9 章讨论到的，由于双方之间的协议面临技术和管理问题——一方面是城市及当地有轨电车系统，另一方面是国家铁路系统德国联邦铁路公司，卡尔斯鲁厄和卡塞尔的有轨电车-列车网络的引进不可避免地变得更为复杂。此外，双方都基于同一个区域交通网络（*Verkehrsverein*），用来协调中心城市广泛的通勤区范围内的服务和票价，其本身并没有什么成绩。这还涉及到一些地方政府部门——城市和县——的协调，幸好这些政府部门早在若干年前就已经改组，创建了更大更协调的部门。毫无疑问，这些独特的经验对现在计划建设类似网络的欧洲其他国家是有用的。

这为长期处于基础设施投资低迷的英国提供了一个明显的借鉴，不仅因为大量老化的基础设施需要更新，还因为减少碳排放以履行政府承诺。但是，私人投资者只对已完成的、证实有回报的项目感兴趣。2012 年，政府才慢慢地认识到这个问题。根据 2012 年预算案的规定，2012 年 7 月，当时的城市部长 Greg Clark 宣布和英格兰八个核心城市签订城市协议：大伯明翰和索利哈尔、布里斯托和英格兰西部、大曼彻斯特、利兹城市区域、利物浦城市区域、诺丁汉、纽卡斯尔和谢菲尔德城市区域。2013 年 2 月，又和另外 20 个地方政府签署了该协议。这个协议将权力下放到城市区域，相应的，城市要设定宏大的目标，解决治理问题，还包括将各种投资流汇集到一个统一的资金池。2012 年的预算供给提高到了 1.5 亿英镑，可用于 2013～2014 年期间核心城市的大规模项目，核心城市通过税收增量融资（Tax Increment Financing，TIF）来提供经费，从 20 世纪 50 年代起，美国就成功地应用了这个方式——最初是用于城市更新，后来用于多种用途，包括住房、城市复兴和经济发展，允许地方政府通过融资来促进未来的经济增长速率（Anon，2013；Sear，2012；Dye and Merriman，2006，p. 18）。

在英国，核心城市群和英国地产联合会——两者都为 TIFs 而奔走——指出，财政部可以从一个 TIF 项目中获得更多的财政收益：更高的印花税收入源自房产价格的上涨，因更多经济活动而产生的收入和企业税收的上涨，由于社区享有更新后的社会福利，而降低了健康、安全和福利的成本。指定区域因商业税率全面提高而获取收入，在还清基础设施的资金成本后，也将为财政部所用（Core Cities and BRF，2010）。

该模型源自大曼彻斯特，在 2012 年预算案前已经宣布，包括被称为“赚回来（earn-back）”的 TIF 项目的变动。大曼彻斯特的十个委员会将创建一个“基础设施循环基金（Revolving Infrastructure Fund）”，允许合作伙伴从该项目“赚回来”部分附加营业税率，也得到了即将进行的地方政府财政改革的允许——上升到每年 3 000 万英镑，同意其在按结果付费的基础上，投资 12 亿英镑，用于改善交通等基础设施。议会将通过谨慎的借用营业税收入和对地方政府的征税，募集 12 亿英镑中前期投资的大部分额度。作为回报，政府承诺在三十年内原则上允许最多每年从财政部“赚回来”3 000 万英镑，将由城市区域内商业物业应征税额的变化和相关城市“发展绩效”来决定每年的确切数字。在大曼彻斯特交通基金方案中，“赚回来”的资金将被用于进一步改善基础设施，包括将轻轨电车延伸到特拉福德公园（Trafford Park）的优先投资项目。[①]

Greg clark——现已升任财政部首席财务部长——引述了八个城市的预测，在接下来的二十年里，这八个协议将创造 17.5 万个工作机会、3.7 万新学徒。[②]文职总长 Bob Kerslake 爵士说，政府已经尝试在协议中寻求一种“城市区域方法”。利兹城市区域将协同大曼彻斯特建立一个联合机构，因此，该地区在交通方面的十年拨款将以货币形式预付。谢菲尔德城市区域的八个地方政府也想组建一个联合机构，并已经正式筹划。纽卡斯尔正进一步推动东北联合机构（North East Combined Authority）的组建。

之后，政府将负责促进新的和更大范围的协议，包括农村地区和城市地区（Drillsma-Milgrom，2012）。这是非常重要的，因为如果协议不延伸到八个核心城市区域以外，那么真正的危险是，在每一个区域的核心城市与其他地区之间，将会产生新的区域不平衡。

更深层次的相关问题是，由于 TIFs 仅基于营业税的预期上涨，

① http：//www. communities. gov. uk/news/corporate/2110432 and http：//www. guardian. co. uk/local-government-network/2012/jul/11/city-deals-greg-clark-local-governance-finance.

② http：//www. gregcla-rk. org/greg-in-parliament/.

忽略了更广泛的来自住房开发的增长。的确，历届政府都不愿意重新评估住宅物业，撇开源于此的所有问题，这意味着无论是对新住宅需求最大的英格兰东南部的外围地区，还是在得益于有很好的铁路与曼彻斯特或利兹这种重要的商业中心相连的北部海滨度假胜地，地方政府希望推动居住区开发的情况都不能计入产生的增值中。

当然，更重要的反对意见是，类似以往英国政府的计划，它本质上是依靠借用未来的收入来支付现在的花费。其吸引力正是源自它没有增加当前政府资金支出的总额。问题是，尽管延期了，但花费最终还是必须支付的。欧洲其他国家不必担心用大量政府支出来改善国家的基础设施，也不会受到英国这种奇怪的限制。还有一个问题：为什么英国这么格格不入呢？赫塞尔廷的评论直接挑战这种正统观念，但有趣的是，它是政府已经有效拒绝的极少数建议之一。追溯到落实雷德克利夫-莫德的提议所遭遇的悲惨失败，城市区域政府的长期战斗还没有获胜。

在编制了总体规划之后，以大地块的形式确保足够的住宅用地推向市场，并且保证合理的土地价格，以供迅速地开发。

如在第 3 章中看到的，2007～2008 年的危机以来，英国住房建设已经难以满足现有的和规划的需求，跌到了前所未有的低水平。但是，为启动陷入僵局的住房计划，更便捷的住房融资并不能起作用，反而可能有负面影响。“帮助购买（Help to Buy）”政策将持续运行到 2017 年，这是乔治·奥斯本 2013 年度财政预算的显著特征，它有两个要素：一个是“净值贷款”计划，对于那些能够筹集 5%首付款的首次购房者或二次购房者，政府可以提供另外 20%的无息贷款；另一个是新的抵押担保，对于价值高达 60 万英镑以上的住房提供房价 15%的担保。正如评论家们——包括即将离职的英国央行行长 Sir Mervyn King 和来自国际货币基金组织（International Monetary Fund）的高级代表访问团——所指出的，它有明显的风险：由于住宅建筑处于八十年间的最低水平，激励措施将带来需求的激增，而供应是稳定的，这会导致一个明显的结果：价格飙升。

在伦敦及周边地区可以感觉到这种特殊动力。英国房地产评估公司的最新调查显示，尽管 2013 年 3 月全国房价上涨了 0.3%——是 2010 年 3 月以来的最高涨幅，但最主要的增长驱动是伦敦，房价在本月上涨了 0.7%；其次是东南地区和东安格利亚（East Anglia）。因此，最大的风险不是英格兰乡村保护运动组织（Campaign To Protect Rural England，CPRE）[①]所担心的结果——附近的混凝土搅拌机轰鸣，而是房价对首次购房者来说仍高不可攀，他们仍然保持沉默。如 King 所说，“这个方案有点过于接近一个总体方案，而不是抵押贷款。在金融危机之前，我们有一个非常健康的贷方相互竞争吸引借款人的抵押贷款市场，我们需要回到这个健康的市场”[②]。对需求方的任何刺激，都必须伴随着同样显著的供应量的增加。

欧洲其他国家在管理城市开发上明显比英国城市更好。但是，这并不是因为它们有更严格的管治权力或者土地所有权。瑞典的规划权力是仿照英国 1947 年的城乡规划法（Town and Country Planning Act），包括类似的基本规定：所有开发都不能与当前的城镇规划冲突。斯德哥尔摩曾经在城市及其外围广阔的区域储备过大量的土地，但是现在已经用完，而且由于价格太贵而无法购买更多的土地。瑞典首都的角色开始从开发商转变成投资加密项目（infill projects）的私人开发商中介，以确保再开发能维护公共利益。荷兰的物权法与英国的类似，荷兰城市及周边的大部分土地是私有的。[③]

事实上，第二部分中的最佳实践的示范城市往往代表特殊的情况。哈马比产生于城市与私人业主之间的协议。沃邦和里瑟菲尔德代表了弗莱堡拥有或从国家购买的棕地。一般来说，这些城市的规划师的工作权力和限制与英国规划师类似。

戴维·洛克（David Lock）回顾，在英国，政府将发展增值作为公共财源的不断尝试是一段悠久而几近沉闷的历史，甚至可追溯到 1947 年城乡规划法时期（Lock，2012）。最新的尝试是征收社区基础设施税（Community Infrastructure Levy，CIL），但他说：“它的地方计算方式似乎是灵活多变的，且存在政治上的争议。”（同上，p. 14）而且，地方实践，如米尔顿凯恩斯的关税制定“还没有国家依据或服从公众检查”（同上）。这间接地联系到另一个主要问题：“合理的场地”，即合理分配尚未开发的建设用地的储备。虽然没有人可以肯定地说，开发商是为了土地升值而进行土地储备。但

① 英国著名的环保组织，成立于 1926 年，其宗旨是：保护英国乡村的传统风貌，遏制城市的无限制扩张。八十年里，这个组织开展了大量卓有成效的保护乡村和自然环境的活动，还力促国会通过了一系列环保法令。——译者注

② http：//www/bbc. co. uk/new/business-22581191.

③ http：//depts. washington. edu/open 2100/Resources/1 _ Open Space Systems / Open _ Space _ Systems/Stock-holm _ Case _ Study. pdf；http：//www. eui. eu / Documents / Departments Centres / Law / Research Teaching / Research Themes / Eurpean PrivateLaw / Real Property Project / The Netherland. pdf； and http：//www. eui. eu / Documents / Departments Centres / Law / Research Teaching / Research Themes / European Private Law / Real Property Project / Sweden. PDF.

是，“很明显的是，开发商没有必要赶着在某些地点搞开发”（同上）。

对此，洛克给出了两个答案。一是由左翼政府当选，转向强制购买建设用地，并结合改变补偿法来消除“预期价”。他写道，“根据土地的现状使用价格强制购买土地将会是社会主义可预见的命运”（同上）。激进的右翼政府则会规定地方规划部门需要的建设用地量，制定选址标准，进行开发商招标：开发权的“拍卖”（同上）。这是伦敦政治经济学院（London School of Economics）经济史的高级讲师、激进右倾政策的顾问提姆·罗尼格（Tim Leunig）的提议，他建议议会根据报价（尤其是报价和规划许可价之间的差距）和好的规划准则的双重标准来评估密封递价[①]。收益会以更低的地方税收或更好的服务形式回馈给地方政府及其市民。罗尼格声称，作为国内最热门的开发地区之一，剑桥周围地区的收益可达到每户100万英镑（Branson，2012，p. 18）。

洛克表明存在第三条路：英国新城委员会的前任行政长官John Walker已经建议议会与土地拥有者或开发商合作组建土地战略和开发公司。在合资企业的基础上，他们将提前囤地，双方共同分担风险，分享回报。洛克还说，在面对更激进的解决方案时，聪明的土地拥有者和开发商就会有强烈的动力，与议会一起成立这样的团体（Lock，2012，p. 15）。

这些建议并不相互排斥，它们可以与不同的变化形式相结合。但是，其核心问题，同时也是潜在的解决方案是——预期价：开发商期望可以获得土地开发的规划许可，因此愿意支付土地的附加值，也就是高于土地现有用途的利用价值的部分。洛克拥有痛苦的个人经历：如何迫使米尔顿凯恩斯开发公司和那些开发20世纪60年代的第二代新城的公司就范，在土地的强制性购买上的花费远远超过他们的前辈在建设50年代的第一代新城市时的花费，这仅仅是因为土地所有者会认为，无论是否有新城，这里都会被开发。这极大地扭曲了1947年法案的核心条款：土地开发产生的所有价值被国有化，而实际上土地所有者因土地失去开发价值而获得赔偿金。1954年，保守党废除了这一规定，但不是为了新城及类似的重要开发区，由此，在20世纪六七十年代期间，土地所有者不断地引发了摩擦战，他们认为自己应该得到补偿，因为他们支付了预期

① 密封递价（sealed bids；closes bids）拍卖又称招标式拍卖。采用这种方法时，先由拍卖人公布每批商品的具体情况和拍卖条件等，然后由各竞买方在规定时间内将自己的出价密封递交拍卖人，以供拍卖人进行审查比较，决定将该货物卖给哪一个竞买者。——译者注

价值。

严格的答案确定要回到1947年的法案：所有的开发价值归国家所有，没有预期价值是应付的。但是，有趣的是，这可以和激励结合在一起：土地所有者可以自由地和地方政府在某些特定的日期进行交易，例如通过立法后一年。之后，地方政府将获得控制权，并在整体规划过的土地拍卖时提供完整的土地规划许可（荷兰的原则），或者选择自己开发，或者与选择的开发商通过协议达成合作伙伴关系。基本原理是，在指定的日期后，开发商可以继续从开发过程中获得合理的利润，但不是通过土地的投机。

强大的城市规划部门（或城市机构）有实际规划能力，并愿意做积极引导，尤其是具备能力编制总体规划，为特定地区开发或者更新提供框架。规划师在行业的各个方面都具备真正的实力。这些部门或机构愿意甚至渴望在随后的详细开发过程与私营部门或公民团体接洽。但是，他们站在因控制总体规划进程而获得的优势地位来推行上述工作。

毫无疑问，我们泛欧旅行所考察地方的最重要的结论之一是：无论正规的机构是城市规划部门（如在斯德哥尔摩或弗莱堡）还是一个专门的公共机构（如在汉堡、莱比锡或荷兰的VINEX开发区），成功的关键是一个素质优良、领导得当的规划部门，对任务有奉献精神，有专业能力制订总体规划，并与私营部门和社会团体一起致力于复杂的规划实施过程。详细的案例研究表明，每一个成功的案例一开始都是由公共机构牵头：在邀请私营部门或社团机构为单个要素的详细开发提出建议之前，它会先制订一个总体规划，通常相当详细，如街道、建筑和开放空间的布局，甚至到个别建筑大厦的高度以及体量。所有的案例都清楚地呈现了结果：它是针对整体开发的具有连贯性和简洁性的空间规划，在其指导下，其他机构可能在细节上做出一些重要的变化，例如建筑的外墙，统一中又呈现出特别的变化。

但它确实要求长期保持人员和目标的连续性，例如弗莱堡保持了数十年的连续性。最好的城市例如斯德哥尔摩和弗莱堡，有规划师供职的部门，他们真正具备从城市设计到项目融资等各方面的能力。因此，在从城市总体战略到详细的城市设计，再到与私营部门谈判的规划过程中的各个方面，他们都能起到积极的引导作用。因为他们了解自己的工作，因此能很自信地引导这个过程。

这并不意味着是一个中央集权、自上而下的公共控制过程。城市规划部门或其委托机构必须认识到规划方案及各部分最终的商业可行性。这一点很重要，因为城市将投入大量的公共资金用于交通、供水和污水处理等基础设施，这些必须先行于开发过程。如果证明预期是错误的，城市必须能够而且愿意去修正这个过程。这是非常正确的，因为市中心的更新涉及到吸引新居民回到曾因他们搬往郊区而荒废多时的地区。他们可能让规划师很惊讶，如在哈马比，年幼孩子的父母表现出到城市生活的新意愿。

所有的理由都证明，英国城市应该效仿这种模式。正如已经强调的，法律的力量本质上是类似的。在最知名的案例中，如 20 世纪五六十年代，前伦敦郡议会（London County Council）利用综合发展能力重建伦敦东区，或 20 世纪 40 年代中期到 90 年代早期的 27 个新城建设，包括像斯蒂夫尼奇、哈罗、彼得伯勒和米尔顿凯恩斯等著名案例——都有和本书中案例类似的模式——都有同样可信的结果。但不幸的是，现在一般的英国规划师的能力是不能与半个世纪前英国规划黄金年代的规划师相媲美的。1967 年是英国住房完工量的高峰年，规划师们忙于制订东南部、中部和西北部的区域规划，始于米尔顿凯恩斯、彼得伯勒、特尔福德以及其他几个新城，规划师们在新的系统规划方法的基础上开始了第一轮次区域规划。政府将一个巨大的专业规划师方阵嵌入了今天的英国社区和地方政府部（DCLG）的前身机构。现在回想起来，从总体的、集中的、自上而下的、专业熟练且良性规划等理念来看，当时的规划水平都达到了较高的水准。后来，英国规划走上了一段漫长的下坡路。尽管半个世纪前，英国规划圈内像城市设计和房地产开发等重要领域的知识得到了广泛传播，但是现在已经基本消失了。很明显的是，一般水平的规划师已经不具备城市设计的能力，也不能担当与潜在的开发商争论电子表格中的数据以及依据等微妙而又重要的任务。可悲的是，事实上英国规划师已经丧失了城市生活的艺术。他们不可能在没有招募一大批顾问的情况下建成一个哈马比、一个沃邦或者一个勇堡。如果规划部门要重新牵头，规划教育必须通过以广泛的普及教育为基础，结合更深层次的专业认识来修复这些领域的能力。

和以前一样，规划再一次幸存下来了。地方规划和规划过程仍然存在。新的国家规划政策框架可能会实现用以前的方法没有实现的东西，而专家顾问呼吁建立一个在发展需求和保护需求之间适当平衡的规划体系。时间会证明一切。但同时，我们距离20世纪60年代后期那个由规划体系主导发展过程的光明而又自信的世界还有很长一段路。规划与规划师已被弱化成了一个纯粹的被动角色。这与我们考察的成功地方所看到的模式形成了鲜明对比。我们曾在有智慧的规划艺术方面领先全球，但可悲的是，现在我们落后了。

这并不是说我们缺乏力量：而是说我们已经丧失了意志，丧失了曾经让英国规划享誉全球的力量和能力。曾经，其他欧洲人来向我们学习如何规划好的城市；现在，我们得去向他们学习。但可以确信的是，我们应该再现这些特技。我们应该思考利兹的艾尔河谷生态城（Aire Valley eco-town）如何变成英国的哈姆滨湖城，或者剑桥地区如何应用其快速公交系统来建设一个基于公共交通的卡塞尔有轨电车-列车的新版本，通过良好的公共交通联系一系列的小生态城，抑或卢顿（Luton）地区如何利用新BRT网络来重建类似海牙和鹿特丹的新居住点模式。

事实上，我们应该思考德国人如何将20世纪初发明的装备成功地应用于柏林，之后又应用在埃姆歇公园国际建筑展上。这是一个在英国鲜为人知的传统——英文维基百科里没有的条目，在这个传统下，柏林在1957年建设了著名的汉莎小区（Hansaviertel），接下来的1977～1987年间，柏林在长达十年的国际建筑展中采取了全新的方针，拒绝综合性现代主义的破坏后再开发，追求一种更为敏感的“谨慎的城市更新”和“批判性重建”的方法，试图重现旧城曾经的宜居品质。在随后的几年里，无论是在重新统一的柏林还是德国其他城市——如卡塞尔，这种方法都被证明非常有影响力。最近的海德堡国际建筑展将把重点放在知识与城市发展的关系上，建立一个十年的实验室，来探索知识社会对欧洲城市的影响。它将被安置在德国的前美国陆军总部和一个市内铁路站场内，由当地机构管理，当地政府资助，但独立于政府之外（Kunzmann，2013）。英国从未采用过国际建筑展的方式，但有一个明显的例外：Lansbury，这是战时破坏后伦敦东区第一个被重建的居住区，是1951

年英国节日（Festival of Britain）[1]庆典的一部分（尽管一年后才完成）。英国亟需重温和再次纪念这个范例以展现英国新一代的城市设计。

努力搭建一个更广泛的政策框架，允许并鼓励这些政策实施。

这是最困难的一部分，因为最具争议性。走出 2007～2008 年的财政危机，一系列的新书出版，主张世界各国政府在经济政策上采取根本性的改变，与从 20 世纪 80 年代起就主导了西方世界的潮流背道而驰：特别是在经济衰退的当下，他们提出了凯恩斯反周期政策[2]的公共财政支出方案，并回归更加公平的收入分配，这是 19 世纪 50 年代和 60 年代西方经济的特征（Krugman，2012；Wapshott，2011；Lansley，2011；Skidelsky and Skidelsky，2012；Stiglitz，2012）。他们表示，经济学不像物理学，它不是一门客观科学；大卫·李嘉图（David Ricardo）[3]起的旧名字：政治经济学（Political Economy）更加贴切。但是，令人费解的是，它不仅是一种意识形态冲突，这些书也说明了以下问题是可以举证的：例如在经济衰退时期是削减还是增加公共支出更好，或者是否更富有就能让人们更幸福等问题。这些书的很多内容离本书的主题还有一定的距离，除非在某种意义上，一切事物都以某种方式与其他一切事物相关联。但也不完全如此，本书最后一章主张的政策明显是政治上的，而它们也确实与不同国家的政府在不同的时间制订的经济和社会政策的广泛框架有关联。具体而言，确实很难把本书中最佳城市的优点与一堆特定的、从二战起就深深影响着欧洲大陆国家的政治哲学分开（但是政治哲学的起源可以追溯到二战之前）。其中突出的是社会市场经济，形容成“天主教社会理论中主要的不朽的成果”（Skidelsky and Skidelsky，2012，p. 187）。

它是由一群反纳粹的知识分子于 20 世纪 40 年代发展起来的，主要目的是在家族企业的基础上重建严重联营化的、破碎的、脆弱的德国经济，从而保护分散的资产所有权，这被视为自由的必要条件。刚性的遗产税是确保所有的初始条件，大型工厂里雇主和工人的“共同决策”及国家层面的决策都需要确保得到各阶层的信任。1948 年，这些想法首先得到了基督教社

① 1951 年，英国还没从二战中完全恢复过来就又举办了一次“英国节”（Festival of Britain），其实就相当于博览会。英国政府想要证明自己能完成战后重建的巨大任务。——译者注

② 也即逆经济风向调节的经济政策。凯恩斯根据其理论提出的政策是要求国家扩大公共投资，增加公共需求来弥补私人部门需求不足造成的缺口，使总供给和总需求重新恢复平衡。——译者注

③ 大卫·李嘉图（1772～1823），英国的政治经济学家、股票经纪人和国会议员。他的著作《政治经济学及赋税原理》首次出版于 1817 年。

> 会主义党（Christian Democrats）成员的支持，其后在 1959 年得到了社会民主党员（Social Democrats）的支持。社会市场经济理论有助于形成欧盟的社会模式（Skidelsky and Skidelsky，2012，p. 188）。

他们表明，这是世俗世界的"新自由主义"——一战前兴起于英国——和社会民主主义在基督教世界里的混合物，即是"为私营和公共部门'混合经济'中的新自由主义增加了一个强大而公平的承诺的分支。伴随基本模式许多变体的产生，英国、法国、意大利和斯堪的纳维亚出现了许多政治家园"（Skidelsky and Skidelsky，2012，p. 190）。1991 年，法国经济学家、银行家米歇尔·阿尔贝尔（Michel Albert）在其力作《资本主义反对资本主义》（*Capitalisme contre Capitalisme*）一书中把这种模式描述成"莱茵资本主义模式（Rhineland capitalism）"，是反对盎格鲁-撒克逊、里根-撒切尔自由市场模式的（Albert，1993）。当然，从那时候起，在所有的这些欧洲国家，这一独特的社会政治哲学受到了支持自由市场解决措施的政治潮流深刻的影响（Wooldridge，2013）。但是，从英国和美国的比较可以清楚地看到，在社会关系基础性的基本假设下，它们仍然有强大的影响力。这种影响力在如哈马比、海港西部新城、勇堡或沃邦这样的开发区中是不能忽视的。当完全忽略这种有助于他们实现的精神时，复制这种模式也是可能成功的，但是这将是一个吃力不讨好的任务，也很可能成为无利可图的任务。

我们能学习什么?

因为不同的国家和不同城市具有不可思议的一致性，因此经验是非常明显的。欧洲领先的最佳实践城市已经成功地重新发现了失落的城市生活艺术，世界上其他城市也一样，因本书篇幅有限而没有提到。至少对那些准备去读、去参观的人而言，它们的经验唾手可得。最难的部分是如何应用。

更难的是，因根深蒂固的行政结构和文化传统所造成的阻碍，其他国家也有类似的障碍，但是他们已经努力消除了，因此我们需要向他们学习。

有八条突出的最终启示。它们代表了英国城市更新的无党派政治议程，其中有一些可能也适用于其他国家，它们是：

1. 赋予城市自由。长久以来，英国城市已经被拴在了白厅的围裙上，尤其是财政过分中央集权的传统，创造了迄今为止西方世界里最中央集权的官僚国家。第一个非常重要的结论是，城市必须能够自由生长，自食其力，独立于财政部的零花钱之外。

2. 激励城市领导人发展城市区域。在最大的、最密集的、有卫星城的大都市区，城市本身是不能做这项工作的。它们需要合作，用法国模式规划和投资整个城市区域，伦敦是整个欧洲的优秀模型。它持续腾飞的经济使其远离了英格兰其他城市的忧郁状态，这不足为奇。答案就是效仿。

3. 效仿法国模式，充分投资城市交通和提升城市质量。大城市的有轨电车和小城市的快速公交网络应该在全国范围内推广，同时伴随着小规模的城市改进，成本相对很低，但对城市意象和城市营销方面影响很大。即将到来的欧洲基础设施投资项目——凯恩斯反周期经济计划中最引人注目的部分，且已经推迟了很久——将会提供关键的机会。

4. 在那些最需要经济复兴的区域的关键区位，建立（或重新安置）国家资助的研究机构，无论是否与大学联系起来。效仿德国模式，包括基础研究机构和其他中心，与私人资本联合，将研究成果运用到商业化创新上。

5. 效仿德国模式，重塑大学，使其成为技术和文化变革的媒介。这应该不难做到：德国已经坚持做了 200 年。理工学院的传统是 Tony Crosland 在 1965 年的了不起的发明，但是，其后令人愕然地衰败了，后来甚至更加可悲地在 1992 年被约翰·梅杰撤销，这是需要重新发现和再次确认的。

6. 建立（或重建）区域和地方银行，但并不是以投机利润为目的，而是抱着服务的意愿，通过为健全的新企业提供资金的方式，服务于本地企业和住房建造商。尽管合作银行接管劳埃德银行集团的零售功能遭遇了严重且明显的挫败，但这仍然是工党以及至少联合政府中的关键成员共同追求的主要目标。

7. 创建新的住房使用权形式来补充和替代现有的形式。特别是，重拾合伙租赁运动，它在一战前十年的花园城市和花园郊区运动中取得了空前的成功，但是后来被财政部的死亡之手摧毁。效仿荷兰 VINEX 模式，利用这些新形式，在大城市的易达范围内创建有便捷公共交通联系的新一代的花园郊区。

8. 努力搭建一个更广泛的政策框架，允许并鼓励这些政策实施。更具争议的是，在大衰退期间的扩张性财政赤字的基础上，改革经济政策，甚至更根本的是，回归更平等的收入分配，回归到 20 世纪 50 年代和 60 年代期间德国社会市场经济原则和英国、法国、意大利及斯堪的纳维亚的社会民主主义的原则。

模型近在眼前，我们只需要掀开掩盖它们的面纱，理清我们的思路，创造新的解决方案。但在这样做的同时，我们需要一直牢记一个核心警示。就如埃比尼泽·霍华德在他非常有名的社会城市示意图的底部所写：无贫民窟无烟尘的城市，只有一张图表，规划必须因地制宜。

是的，哈姆滨湖城可以为利兹艾尔河谷的城市内部生态城提供一种模式。沃邦和里瑟菲尔德可以为北安普敦或彼得伯勒的可持续扩展提供灵感。同样，勇堡和荷兰其他的 VINEX 扩展区也可以激发泰晤士河口区和其他地方新的城市群。但是从来不能确定的是：地理环境不会如此一致。当我们考虑区域空间规模的关键要素时，上述所有情况都属实。欧洲没有城市地区是可以与英格兰东南部的巨型城市区域进行远距离比较的。法国的类似地区巴黎盆地的面积更大，但是其中大多是小城镇，与巴黎极少有功能性的联系，实际上，如地理学家卢多维克·阿尔贝（Ludovic Halbert）所述，巴黎真正的功能地域的面积是相对较小的，包括历史上的巴黎城及其附近郊区的五个建于 20 世纪 60 年代的新城（Hall and Pain，2006）。最具可比性的是荷兰的兰斯塔德，但是即使在这里，中心城市和伦敦相比也微不足道，所谓的绿心也没有呈现出和伦敦绿带一样的对城市扩张的绝对空间限制。因此，最受欢迎的方式是在电车短线轨道两端的城市棕地或新的绿地上进行城市扩张，但这很难应用于伦敦。无论好坏，自 1944 年艾伯克隆比规划和 1947 年城乡规划法以来，经历了七十多年的发展，英格兰东南部巨型多中心城市群已发展成为一个独一无二的区域。

要完全弄懂这一事实的寓意，并且甚至在大纲中就提出合适的解决方案就需要另外一本书了。幸运的是，那本书是存在的。在《社会城市》（*Sociable Cities*，Hall and Ward，1998）一书的后面，我和科林·沃德探讨了英格兰东南部巨型多中心城市群的解决方案：北安普顿、Wellingborough、Kettering 和 Corby 之间的麦西亚城（City of Mercia），连接剑桥、Huntingdon 和彼得伯勒的安格利亚城，被 Folkestone、Dover、Deal、Ramsgate、Margate 和 Whitstable 包围的肯特城（City of Kent）。

这本书出版后不久，出版商将发行一个新修订版的《社会城市》，修订版中将寻求明确地体现这本书所总结的、可供三个次区域未来学习的经验。那将是对这些经验在不同地理背景下适用性的严峻考验，最终也是对这次 21 世纪泛欧旅行意义的检验。

参考书目

All websites cited below were accessed in May 2012 or later.

Academy of Urbanism and Stadt Freiburg (2012) *Freiburg Charter: Requirements on Urban Development and Planning for the Future*, 2nd amended edition. Freiburg: Stadtplanungsamt.

Accenture (2012) *Carbon Capital*. London: Accenture.

ADULM (Agence de Développement et d'Urbanisme de Lille Métropole) (2006) *The Urban Regeneration of Lille Métropole. Le renouveau urbain de Lille Métropole*. Lille: ADULM.

Albert, M. (1993) *Capitalism against Capitalism*. London: Whurr.

Almaas, I.H. (1999) Regenerating the Ruhr (IBA Emscher Park project for regeneration of Germany's Ruhr Region). *The Architectural Review*, **205**, February, pp. 13–14. Available at: http://findarticles.com/p/articles/mi_m3575/is_1224_205/ai_54172205.

Andersson, Å.E. (1985) *Kreativitet: StorStadens Framtid*. Stockholm: Prisma.

Andersson, Å.E. and Matthiessen, C.W. (1991) *Øresundsregionen: Kreativitet – Integration – Vækst*. Copenhagen: Munksgaard.

Anon (2012) Régions au bord de Gouffre. *Midi-Libre*, 27 July.

Anon (2013) English cities: freedom at last. *The Economist*, 2 February. Available at: http://www.economist.com/news/britain/21571193-englands-big-cities-are-getting-surprising-taste-autonomy-freedom-last.

Arab, N. (2004) L'Activité de Projet dans l'Aménagement Urbain: Processus de l'Elaboration et Modes des Pilotage. Le Cas de la Ligne B strasbourgeois et d'Odysseum à Montpellier. Doctoral thesis, Ecole Nationale des Ponts et Chaussées.

Bader, I. and Scharenberg, A. (2010) The sound of Berlin: subculture and the global music industry. *International Journal of Urban and Regional Research*, **34**(1), pp. 76–91.

Baert, T., Le Bailly, S., Le Bailly de Tilleghem, S., Joseph-François, D., Klein, R. and ADULM (2004) *Architectural Guide to the Lille Metropolitan Area*. Paris: Le Passage.

Ball, M. (2012) *European Housing Review 2012*. London: Royal Institution of Chartered Surveyors.

Banham, R. (1971) *Los Angeles: The Architecture of Four Ecologies*. New York: Harper Row.

Banister, D. (1996) Energy, quality of life and the environment: the role of transport. *Transport Reviews*, **16**(1), pp. 23–35.

Banister, D. (1997) Reducing the need to travel. *Environment and Planning B*, **24**(3), pp. 437–449.

Banister, D. (2005) *Unsustainable Transport: City Transport in the New Century*. London: Routledge.

Banister, D., Dreborg, K., Hedberg, L., Hunhammer, S., Steen, P. and Åkerman, J. (1998) Development of Transport Policy Scenarios for the EU: Images of the Future. Paper presented at the 8th World Conference on Transport Research, Antwerp.

Banister, D. and Stead, D. (1997) Sustainable Development and Transport. Paper presented at the Expert Group Meeting of the URBAN 21 Project, Bonn.

Banister, D., Watson, S. and Wood, C. (1997) Sustainable cities – transport, energy and urban form. *Environment and Planning*, **24**(1), pp. 125–143.

Barker, K. (2003) *Review of Housing Supply. Interim Report – Analysis*. London: The Stationery Office. Available at: www.barkerreview.org.uk/

Barker, K. (2004) *Barker Review of Housing Supply*. London: HM Treasury. Available at: http://www.barkerreview.org.uk/.

Barker, K. (2006) *Barker Review of Land Use Planning. Final Report – Recommendations*. London: HMSO. Available at: http://www.barkerreviewofplanning.org.uk.

Barling, D., Sharpe, R. and Lang, T. (2008) *Towards a National Sustainable Food Security Policy: A Project to Map the Policy Interface between Food Security and Sustainable Food Supply*. London: City University London.

Barlow, J. (2000) *The Private Sector Housebuilding Industry: Structure and Strategies into the 21st Century*. London: Council of Mortgage Lenders. Available at: www.cml.org.uk/cml/filegrab/pdf_pub_resreps_26full.pdf.pdf?ref.

Barton, H., Grant, M. and Horswell, M. (2011) Suburban solutions: the other side of the story. *Town and Country Planning*, **80**, pp. 339–345.

Bathelt, H. and Boggs, J.S. (2003) Towards a reconceptualization of development paths: Is Leipzig's creative industries cluster continuation of or a rupture with the past? *Economic Geography*, **79**(3), 265–293.

Bathelt, H. and Boggs, J.S. (2005) Continuities, Ruptures, and Re-bundling of Regional Development Paths: Leipzig's Metamorphosis, in Fuchs, G. and Shapira, P. (eds.) *Rethinking Regional Innovation and Change. Path Dependency or Regional Breakthrough?* New York: Springer, pp. 147–170.

BBC News Business (2012) *Energy bill Q&A*. 29 November. Available at: http://www.bbc.co.uk/news/business-20458326.

Beyer, A. (2011) L'enjeu transfrontalier de l'extension des réseaux de tramway urbain à Strasbourg et à Bâle, in Hamman, P. (ed.) *Le Tramway dans la Ville. Le Projet urbain négocié à l'Aune des Déplacements*, Rennes: Presses Universitaires de Rennes, pp. 253–

BIS (Business, Innovation and Skills) (2010) *Local Growth: Realising every Place's Potential*. Presented to Parliament by the Secretary of State for Business, Innovation & Skills by Command of Her Majesty, 28 October 2010. Cm 7961. London: Stationery Office.

Blake, N., Croot, J. and Hastings, J. (2004) *Measuring the Competitiveness of the UK Construction Industry*. Volume 2. London: Experian Business Strategies for DTI.

Boddy, M. and Parkinson, M. (eds.) (2004) *City Matters: Competitiveness, Cohesion and Urban Governance*. Bristol: Policy Press.

Boeijenga, J. and Mensink, J. (2008) *Vinex Atlas*. Rotterdam: 010 Publishers.

Bonneville, M. (2005) The ambiguity of urban renewal in France: between continuity and rupture. *Journal of Housing and the Built Environment*, **20**, pp. 229–242.

Branson, A. (2012) Interview: Tim Leunig, motivational thinker. *Planning*, 1 June, pp. 18–19. Available at: http://www.planningresource.co.uk/news/1134415/tim-leunig-motivational-thinker/.

Breheny, M. (1997) Urban compaction: feasible and acceptable? *Cities*, **14**(4), pp. 209–217.

Breheny, M. (2001) Densities and sustainable cities: the UK experience, in Echenique, M. and Saint, A. (eds.) *Cities for the New Millennium*. London: Spon, pp. 39–51.

Breheny, M. and Rookwood, R. (1993) Planning the sustainable city region, in Blowers, A. (ed.) *Planning for a Sustainable Environment*. London: Earthscan, pp. 150–189.

Brown, G. (2005) Chancellor of the Exchequer's Budget Statement. 16 March.

Buchanan, J., Froud, J., Johal, S., Leaver, A. and Williams, K. (2009) Undisclosed and Unsustainable: Problems of the UK National Business Model. CRESC Working paper 75, University of Manchester. Available at: http://www.cresc.ac.uk/sites/default/files/wp%2075.pdf.

Bueler, R. and Pucher, J. (2011) Sustainable transport in Freiburg: lessons from Germany's environmental capital. *International Journal of Sustainable Transportation*, **5**, pp. 43–70.

BWCareer (2012) Intensity of Research and Development: Baden-Württemberg a European Leader. Available at: http://www.bw-career.com/index.php?id=144&tx_ttnews%5Btt_news%5D=396&tx_ttnews%5BbackPid%5D=29&cHash=a00a12f1a3a609c96191ab737d61fc32#.

Callcutt, J. (2007) *The Callcutt Review of Housebuilding Delivery*. London: DCLG. Available at http://www.communities.gov.uk/archived/publications/housing/thecallcuttreview.

Calthorpe, P. (1993) *The Next American Metropolis: Ecology, Community, and the American Dream*. New York: Princeton Architectural Press.

Carmona, M. (2004) *Smaller Towns Report: Delivering Retail-Led Renaissance in Towns and Smaller Cities*. London: British Council for Shopping Centres.

Carmona, M., Cadell, C., Falk, N. and Hall, P. (2000) *Living Places – Urban Renaissance in the South East*. Technical Report. London: DETR.

Centre for Cities (2008) *Cities Outlook 2008*. London: Centre for Cities.

CETE Nord Picardie (2011) Appraising Territorial Effects of Tram-based System: Results of the State of Art. Presentation by Hasiak, S. and Richer, C. at the SINTROPHER Workshop, Valenciennes. Available at: http://sintropher.eu/fileadmin/editors/Workshops/Valenciennes_2011/WP2/WP2_SINTROPHER_synth%C3%A4se_phase_1_CETE_.pdf.

Champion, T. and Townsend, A. (2011) The fluctuating record of economic regeneration in England's second-order city-regions, 1984–2007. *Urban Studies*, **48**, pp. 1539–1562.

Christaller, W. (1966 [1933]) *Central Places in Southern Germany*. Translated by Baskin, C.W. Englewood Cliffs, NJ: Prentice Hall.

Clark, C. (1951) Urban population densities. *Journal of the Royal Statistical Society, A*, **114**, pp. 490–496.

Clark, C. (1957) Transport: maker and breaker of cities. *Town Planning Review*, **28**, pp. 237–250.

Collins, P. (2013) Five questions for Britain. *Prospect*, February, pp. 26–29.

Colomb, C. (2007) *Making Connections: Transforming People and Places in Europe. Case study of Roubaix, Lille (France)*. York: Joseph Rowntree Foundation.

Colomb, C. (2011) Culture in the city, culture for the city? The political construction of the trickle-down in cultural regeneration strategies in Roubaix, France. *Town Planning Review*, **82**, 77–98.

Colomb, C. (2012) *Staging the New Berlin: Place Marketing and the Politics of Urban Reinvention Post-1989*. London: Routledge.

Committee on Climate Change (2011*a*) *Adapting to Climate Change in the UK: Measuring Progress*. Adaptation Sub-Committee Progress Report 2011. London: Committee on Climate Change.

Committee on Climate Change (2011*b*) Renewable Energy Review. Available at: http://www.theccc.org.uk/reports/renewable-energy-review.

Committee on Climate Change (2012) *How Local Authorities can Reduce Emissions and Manage Climate Risk*. London: Committee on Climate Change. Available at: http://www.theccc.org.uk/reports/local-authorities.

Committee on Climate Change, Adaptation Sub-Committee (2012) *Climate Change – is the UK Preparing for Flooding and Water Scarcity?* London: Committee for Climate Change. Available at: http://hmccc.s3.amazonaws.com/ASC/2012%20report/1586_ASC%20Report%202012_Bookmarked_2.pdf.

Compas (2012) Premières Estimations du Taux de Pauvreté des plus grandes Communes de France. (By François Cousseau, Louis Maurin and Violaine Mazery). *Compas Études*, No. 2, August. Available at: http://www.compas-tis.fr/download/compas_etudes_2_aout_2012.pdf.

Connolly, K. (2010) Anarchists in Berlin turn anger on new 'bourgeoisie'. *The Observer*, 10 January.

Conservative Party Central Office (2009) Control Shift: Returning Power to Local Communities. Green Paper no. 9. London: Conservative Central Office. Available at: www.conservatives.com/.../Returning%20Power%20Local%20Comm...

Cook, B. (2013) Tackling the energy crisis. *Planning*, 22 February, pp, 17–19.

Core Cities Group and the British Property Federation (2010) *A Rough Guide to Tax Increment Financing*. London: Core Cities Group. Available at: http://www.bpf.org.uk/en/files/bpf_documents/A_Rough_Guide_to_Tax_Increment_Financing.pdf.

Council of Mortgage Lenders (2009) *Market Commentary*. Available at: http://www.cml.org.uk/cml/publications/marketcommentary/160.

Dagnogo, C. and Ries, R. (2011) *Mobilité durable, la nouvelle révolution des transports*. Paris: Fondation Jean Juarès.

Daseking, W. (2009) Cambridge Masterclass, 17 June 2009. London: URBED.

Davis, I. and Harvey, V. (2008) *Zero Carbon: What does it mean to Homeowners and Housebuilders?* Amersham: NHBC Foundation.

DCLG (Department for Communities and Local Government) (2004, 2007, 2010) *Indices of Deprivation*. London: DCLG. Available at: http://www.communities.gov.uk/communities/research/indicesdeprivation/deprivation04/; 07/; 10/.

DCLG (2006) *Policy Planning Statement, PPS3: Housing*. London: DCLG. Available at: www.communities.gov.uk/.../planningandbuilding/pdf/1918430.pdf.

DCLG (2007) *Homes for the Future: More Affordable, More Sustainable*. CM 7191. London: The Stationery Office. Available at: www.communities.gov.uk/documents/housing/pdf/439986.pdf.

DCLG (2009) *Sustainable New Homes – The Road to Zero Carbon: Consultation on the Code for Sustainable Homes and the Energy Efficiency Standard for Zero Carbon Homes*. London: DCLG. Available at: http://www.communities.gov.uk/publications/planningandbuilding/futureofcodeconsultation.

DCLG (2010) *Evaluation of the National Strategy for Neighbourhood Renewal: Final Report*. London: The Stationery Office. Available at: http://www.communities.gov.uk/publications/communities/evaluationnationalstrategy.

DCLG (2011) *Laying the Foundations: A Housing Strategy for England*. London: The Stationery Office. Available at: http://www.communities.gov.uk/publications/housing/housingstrategy2011.

DCLG (2012) *House Building: March Quarter 2012, England*. London: DCLG. Available at: www.communities.gov.uk/documents/statistics/pdf/2145660.pdf.

de Goei, B., Burger, M.J., van Oort, F.G. and Kitson, M. (2008) Testing the super-region. *Town and Country Planning*, **77**(11), pp. 458–464

DECC (Department for Energy and Climate Change) (2010) *The Green Deal: A Summary of the Government's Proposals*. London: DECC.

DECC (2011*a*) *Planning Our Electric Future: A White Paper for Secure, Affordable and Low-Carbon Electricity*. Cm 8099. London: Stationery Office.

DECC (2011*b*) *UK Renewable Energy Roadmap*. London: DECC.

DECC (2011*c*) *Transport Energy Consumption in the UK since 1970*. London: DECC.

DECC (2012) *The Green Deal: A Summary of the Government's Proposals*. London: DECC. Available at: http://www.decc.gov.uk/assets/decc/legislation/energybill/1010-green-deal-summary-proposals.pdf.

DEFRA (Department for the Environment, Food and Rural Affairs) (2006) *Food Security and the UK: An Evidence and Analysis Paper.* Available at: http://statistics.defra.gov.uk/esg/reports/foodsecurity/foodsecurity.doc.

DEFRA (2011) *Water White Paper – Water for Life*. Cm 8320. London: The Stationery Office. Available at: http://www.official-documents.gov.uk/document/cm82/8230/8230.asp.

Desjardins, X. (2011) Quand le tramway sort de la ville. Reflexions sur la pertinence territoriale des tramways regionaux a partir de l'exemple de Kassel. *Transports urbains*, No. 119 (Novembre), pp. 16–22.

Desjardins, X., Seguret, S. and Beaucire, F. (2011) Urbanisation et corridors ferroviaires: quel degré de relation? in Pumain, D. and Mattel, M.-F. (ed.) *Données urbaines*, 6. Paris: Economica, pp. 75–80.

DETR (Department for the Environment, Transport and the Regions) (2000) *Our Towns and Cities: The Future: Delivering an Urban Renaissance.* Cm 4911. London: The Stationery Office.

Diacon, D., Pattison, B., Strutt, J. and Vine, J. (2011) *More Homes and Better Places: Solutions to Address the Scale of Housing Need*. Coalville: BSHF. Available at: www.bshf.org/scripting/getpublication.cfm?thePubID=25E04994...

Dorling, D. (2011) *Injustice: Why Social Inequality Persists*. Bristol: Policy Press.

Dorling, D. and Thomas, B. (2005) *People and Places: A 2001 Census Atlas of the UK*. Bristol: Policy Press.

Drillsma-Milgrom, D. (2012) Clark launches City Deals. *Local Government Chronicle*, 5 July. Available at: http://www.lgcplus.com/briefingsservices/economic-development/

clark-launches-city-deals/5046680.article?blocktitle=Latest-Local-Government-News&contentID=2249.

Dye, R.F. and Merriman, D.F. (2006) Tax increment financing: a tool for local economic development. *Land Lines*, **18**(1), pp. 1–7.

Dykstra, C.A. (1926) Congestion deluxe – do we want it? *National Municipal Review*, **15**(7), pp. 394–398.

Echenique, M., Barton, H., Hargreaves, T. and Mitchell, G. (2010) *SOLUTIONS Final Report. Sustainability and Land Use in Outer Neighbourhoods*. Available at: www.suburbansolutions.ac.uk.

Echenique, M., Hargreaves, A. and Mitchell, G. (2009) Spatial planning, sustainability and long-run trends. *Town and Country Planning*, **78**(9), pp. 380–385.

ECOTEC (1993) *Reducing Transport Emissions Through Land Use Planning*. London: HMSO.

ECOTEC in cooperation with NordRegio and Eurofutures (2007) *State of the European Cities Report: Adding Value to the European Urban Audit*. Available at: ec.europa.eu/regional_policy/sources/.../urban/stateofcities_2007.pdf.

Environment Agency (2011) *The Case for Change: Current and Future Water Availability*. Report – GEHO1111BVEP-E-E. Bristol: Environment Agency.

Ertürk, I., Froud, J., Leaver, A., Moran, M. and Williams, K. (2011) City State against National Settlement: UK Economic Policy and Politics after the Financial Crisis. CRESC Working Paper 101, University of Manchester. Available at: http://www.cresc.ac.uk/publications/city-state-against-national-settlement-uk-economic-policy-and-politics-after-the-financial-crisis.

European Environment Agency (2012) *Towards Efficient Use of Water Resources in Europe*. Available at: http://www.eea.europa.eu/publications/towards-efficient-use-of-water.

Eurostat (2011) News Release 37/11: Recycling accounted for a quarter of municipal waste in 2009. Available at: epp.eurostat.ec.europa.eu/cache/ITY.../8.../8-08032011-AP-EN.PDF.

Falk, N. (2007) Lessons from Freiburg: pointers for 'eco-towns' provided by the Vauban and Rieselfeld extensions of Freiburg. *Town and Country Planning*, **76**(10), pp. 336–339.

Falk, N. (2008) *Beyond Eco-Towns: The Economic Issues*. Manchester: URBED Available at: http://www.urbed.coop/projects/beyond-eco-towns.

Falk, N. (2011) Masterplanning and infrastructure in new communities in Europe, in Tiesdell, S. and Adams, D, *Urban Design and the Real Estate Development Process*. Chichester: Wiley-Blackwell, pp. 34–53.

Farthing, S., Winter, J. and Coombes, T. (1997) Travel behaviour and local accessibility to services and facilities, in Jenks, M., Burton, E. and Williams, K. (eds.) *The Compact City. A Sustainable Urban Form?* London: E&FN Spon, pp. 181–189.

Field, S. (2011) Vauban, Freiburg, Germany: case study, in Foletta, N. and Simon, S. (eds.) *Europe's Vibrant New Low Car(bon) Communities*), New York: ITDP, pp. 96–106. Available at: http://www.itdp.org/documents/092611_ITDP_NED_Desktop_Print.pdf.

Fischer, K. (2011) Learning from Europe: Myths and Models of Urban Design. Lecture at University of Sydney. Available at: http://tv.unsw.edu.au/EF160EB0-79D5-11E0-8BD10050568336DC.

Fogelson, R.M. (1993) *The Fragmented Metropolis: Los Angeles, 1850–1930*. Berkeley, CA: University of California Press.

Foletta, N. and Simon, S. (eds.) (2011) *Europe's Vibrant New Low Car(bon) Communities*. New York: ITDP.

Forum Vauban (2009) *Planning a Sustainable Community*. Freiburg: Forum Vauban, e.V.

Fraser, C. and Baert, T. (2003) Lille: from textile giant to tertiary turbine, in Couch, C., Fraser, C. and Percy, S. (eds.) *Urban Regeneration in Europe*. Oxford: Blackwell.

Gallent, N. (2009) The future of housing and homes. *Land Use Policy*, **26**, Supplement 1, pp. 93–102.

Gallent, N., Hamiduddin, I. and Madeddu, M. (2011) Selecting and Allocating Land for Housing Development: Politics, Expedient Sites, Regional Planning and Localism. London: RICS. Available at: http://www.rics.org/site/scripts/download_info.aspx?fileID=10870.

Garreau, J. (1991) *Edge City: Life on the New Frontier*. New York: Doubleday.

Glazer, N. (1988) *The Limits of Social Policy*. Cambridge, MA: Harvard University Press.

Goddard, J. and Vallance, P. (2013) *The University and the City*. London: Routledge.

Goff, S. (2012) Move to relax building society rules. *Financial Times*, 6 July. Available at: http://www.ft.com/cms/s/0/ab0402c6-c782-11e1-a850-00144feab49a.html#axzz2OQ5il6cK.

Goodhart, D. (2013) White flight? *Prospect*, February, pp. 30–31.

Goodier, C.I. and Pan, W. (2010) *The Future of UK Housebuilding*. London: RICS. Dec 2010, www.rics.org/ukhousebuilding.

Gordon, P., Kumar, A. and Richardson, H. (1989) Congestion, changing metropolitan structure and city size in the United States. *International Regional Science Review*, **12**(1), pp. 45–56.

Gordon, P. and Richardson, H.W. (1997) Are compact cities a desirable planning goal? *Journal of the American Planning Association*, **63**(1), pp. 95–106.

Green New Deal (2011) Freiburg 'Green City'. Available at: http://greennewdeal.eu/de/energie/best-practice/en/freiburg-green-city.html.

Groom, B. (2013*a*) UK green technology faltering, says EEF. *Financial Times*, 19 February. Available at: http://www.ft.com/cms/s/0/c705045e-79eb-11e2-b377-00144feabdc0.html#axzz2M29EMasd.

Groom, B. (2013*b*) Cable welcomes UK branch of Fraunhofer research group. *Financial Times*, 23 May. Available at: http://www.ft.com/cms/s/0/4bcd67be-c3b9-11e2-8c30-00144feab7de.html#axzz2UEYVXZQy.

Halifax (2010) *The UK Housing Market Over the Past 50 Years*. Available at: www.lloydsbankinggroup.com/.../2010/50_Years_of_Housing_UK.p.

Hall, P. (1987) Metropolitan settlement strategies, in Rodwin, L. (ed.) *Shelter, Settlement and Development*. London: Allen and Unwin, pp. 236–259.

Hall, P. (1988) *Cities of Tomorrow: An Intellectual History of Urban Planning and Design in the Twentieth Century*. Oxford: Basil Blackwell. Updated edition 1996.

Hall, P. (1998*a*) *Cities in Civilization: Culture, Technology and Urban Order*. London: Weidenfeld and Nicolson.

Hall, P. (1998*b*) Conclusions, in Banister, D. (ed.) *Transport Policy and the Environment*. London: E&FN Spon, pp. 333–336.

Hall, P. (1999) Planning for the mega-city: a new Eastern Asian urban form? in Brotchie, J., Newton, P., Hall, P. and Dickey, J. (eds.) *East West Perspectives on 21st Century Urban Development: Sustainable Eastern and Western Cities in the New Millennium*. Aldershot: Ashgate, pp. 3–36.

Hall, P. (2001) Global city-regions in the twenty-first century, in Scott, A.J. (ed.) *Global City-Regions: Trends, Theory, Policy*. Oxford: Oxford University Press, pp. 79–77.

Hall, P. (2006) The north's existential dilemma. *Town and Country Planning*, **75**, pp. 229–

Hall, P. (2012) Can we reverse the long downward slide? *Town and Country Planning*, **81**, pp. 252–253.

Hall, P. and Pain, K. (2006) *The Polycentric Metropolis: Learning from the Mega-City Regions in Europe*. London: Earthscan.

Hall, P., Thomas, R., Gracey, H. and Drewett, R. (1973) *The Containment of Urban England*. 2 volumes. London: George Allen and Unwin.

Hall, P. and Ward, C. (1998) *Sociable Cities: The Legacy of Ebenezer Howard*. Chichester: Wiley.

Hanson, S. (1982) The determinants of daily travel-activity patterns: relative location and sociodemographic factors. *Urban Geography*, **3**(3), pp. 179–202.

Harding, A. and Robson, B. (2006) *A Framework for City-Regions*. London: ODPM.

Harrison Church, R.J., Hall, P., Lawrence, G.R.P., Mead, W.R. and Mutton, A. (1967) *An Advanced Regional Geography of Northern and Western Europe*. London: Hulton.

Hauser, H. (2010) *The Current and Future Role of Technology and Innovation Centres in the UK: A Report by Dr. Hermann Hauser for Lord Mandelson, Secretary of State, Department for Business Innovation & Skills*. London: DBIS.

Headicar, P (1996) The local development effects of major new roads: M40 case study. *Transportation*, **23**, pp 55–69.

Headicar, P. and Curtis, C. (1998) The location of new residential development: its influence on car-based travel, in Banister, D. (ed.) *Transport Policy and the Environment*. London: E&FN Spon, pp. 223–242.

Heinker, H.H. (2004) *Boomtown Leipzig*. Leipzig: Faber und Faber.

Heseltine, M. (2012) *No Stone Unturned: In Pursuit of Growth*. London: Department of Business Innovation and Skills. Available at http://www.bis.gov.uk/assets/BISCore/corporate/docs/N/12-1213-no-stone-unturned-in-pursuit-of-growth.pdf.

Hesselmann, M. (2011) Berlin's gentrification needs. Radical ideas. *The Guardian*, 7 February.

Hickman, R. and Banister, D. (2002) Reducing Travel by Design: What happens over Time? Paper presented at the 5th Symposium of the International Urban Planning and Environment Association, Oxford.

Hilber, C.A.L. and Vermeulen, W. (2010) *The Impact of Restricting Housing Supply on House Prices and Affordability*, Final Report. London: DCLG. Available at: www.communities.gov.uk/documents/housing/pdf/1767142.pdf.

Holmans, A., Monk, S. and Whitehead, C. (2008) *Research Report: Homes for the Future: A New Analysis of Housing Need and Demand in England*. London: Shelter. Available at: http://england.shelter.org.uk/professional_resources/policy_and_practice/policy_library/policy_library_folder/homes_for_the_future_-_a_new_analysis_of_housing_need_and_demand_in_england.

Holmans, A. and Whitehead, C. (2008) *New and Higher Projections of Future Population in England*. Town and Country Planning Tomorrow Series, Paper 10. London: Town and Country Planning Association.

Holmans, A. and Whitehead, C. (2011) *New and Novel Household Projections for England with a 2008 Base*. London: TCPA. Available at http://www.tcpa.org.uk/pages/new-and-novel-household-projections-for-england-with-a-2008-base.html.

Holzapfel, H. (2012) The city that came out of the shadows. *Town and Country Planning*, **81**, pp. 135–138.

ICB (Independent Commission on Banking) (2011) *Final Report: Recommendations* (Vickers Commission). September 2011. London: ICB. Available at: http://banking commission.independent.gov.uk/.

IW (Institut der deutschen Wirtschaft Köln) (2011) *Städteranking 2011: Die 50 größten deutschen Städte im Test*. Available at: www.insm-wiwo-staedteranking.de/.../endbericht_...

Jackson, A.A. (2006) *London's Metroland*. Harrow: Capital Transport Publishing.

Jacobs, J. (1969) *The Economy of Cities*. New York: Vintage.

Jenkins, S. (2012*a*) Elected mayors will destroy our shadowy civic mafias. *The Guardian*, 17 April.

Jenkins, S. (2012*b*) Sixty years of progress? *Prospect*, 25 May.

Jenks, M., Burton, E. and Williams, K. (1996) *The Compact City: A Sustainable Urban Form?* London: Spon.

Killian, J. and Pretty, D. (2008) *Planning Applications: A Faster and More Responsive System – Final Report* (Killian Pretty Report). London: DGCL. Available at: http://www.planningportal.gov.uk/planning/planningpolicyandlegislation/reform/killianpretty/finalreport.

Krätke, S. (2000) Berlin: the metropolis as a production space. *European Planning Studies*, **8**(1), pp. 7–27.

Krätke, S. (2003) Global media cities in a worldwide urban network. *European Planning Studies*, **11**(6), pp. 605–628.

Krätke, S. and Borst, R. (2000) *Berlin. Metropole Zwischen Boom und Crise*. Opladen: Leske+Budrich.

Krätke, S. and Taylor, P.J. (2004) A world geography of global media cities. *European Planning Studies*, **12**(4), pp. 459–477.

Krugman, P. (2012) *End this Depression Now!* New York: W.W. Norton.

Kunzmann, K.R. (2010) *Industrial Heritage: an Asset for Structural Change in Old Industrial Regions: The Ruhr in Germany 10 Years after the IBA Emscher Park*. Sesto San Giovanni: A History and a Future Industrial Heritage for the Whole World. International Symposium. Available at: http://www.sestosg.net/convegno_unesco/KUNZMANN_PDF.pdf.

Kunzmann, K.R. (2013) Strategic urban development by building exhibitions: a German success story. *Urban Flux*, forthcoming.

Kunzmann, K.R. and Tata, L. with Buchholz, T. (2003) *Dortmund: A Story of Change*. Dortmund: Universität Dortmund, Fakultät Raumplanung, Fachgebiet Europäische Raumplanung.

Lambert, R. (2013) UK's Energy policy restricts growth. *Financial Times*, 20 February. Available at: http://www.ft.com/cms/s/0/cf236024-7b51-11e2-8eb3-00144feabdc0.html#axzz2M29EMasd.

Lane, T. (2013) Green for growth: zero-carbon homes. *Building*, 25 February. Available at: http://www.building.co.uk/story.aspx?storyCode=5049330.

Lange, B. (2010) *SWOT Analysis on the status of Creative Industries in Leipzig* (EU Interreg IVB project 'Creative City Challenge'). Leipzig: Leibniz-Institute for Regional Geography Leipzig e.V.

Lansley, S. (2011) *The Cost of Inequality: Why Economic Equality is Essential for Recovery*. London: Gibson Square.

Larkin, K. (2009) *Public Sector Cities: Trouble Ahead*. London: Centre for Cities. Available at http://www.centreforcities.org/publicsectorcities.html.

Le Galès, P. and Mawson, J. (1995) Contracts versus competitive bidding: rationalising urban policy programmes in England and France. *Journal of European Policy*, **2**(2), pp. 205–241.

Lefèbvre, H. (2003 [1970]) *The Urban Revolution*. Minneapolis, MN: University of Minnesota Press.

Library House (2007) *An Analysis of UK University Technology and Knowledge Transfer Activities*. Cambridge: Library House.

Liefooghe, C. (2005) Services: the future of industry? From coalmining and textile industries to environmental services and distance selling in the Nord-Pas-de-Calais Region – France. Paper presented to the working group of the Regional Studies Association 'The Role of Industrial Knowledge in economic development of post-industrial regions'. Available at: http://www.staff.ncl.ac.uk/p.s.benneworth/oirs/liefooghe.pdf.

Lin, G.C.S. and Ma, L.J.C. (1994) The role of small towns in Chinese regional development. *International Regional Science Review*, **17**(1), pp. 75–97.

Local Data Company (2011) *'The Good, the Bad and the (Very) Ugly' Annual Survey*. London: Local Data Company.

Lock, D. (2012) Parties are plotting a new wave of reforms. *Planning*, No. 1937, 29 June, pp. 14–15.

McDowell, L. (2003) *Redundant Masculinities: Employment Change and White Working Class Youth*. Oxford: Blackwell.

McGee, T.G. (1995) Metrofitting the emerging mega-urban regions of ASEAN, in McGee, T.G. and Robinson, I (eds.) *The Mega-Urban Regions of Southeast Asia*. Vancouver: University of British Columbia Press.

McKay, D. (2008) *Sustainable Energy Without Hot Air*. Cambridge: UIT.

Maitland, R. (2007) Culture, city users and the creation of new tourism areas in cities, in Smith, M.K. (ed.) *Tourism, Culture and Regeneration*. Wallingford: CABI, pp. 25–35.

Maitland, R. and Newman, P. (eds.) (2009) *World Tourism Cities: Developing Tourism Off the Beaten Track*. London: Routledge.

Mallet, V. and Johnson, M. (2012) The bank that broke Spain. *Financial Times*, 21 June. Available at: http://www.ft.com/cms/s/0/d8411cf6-bb89-11e1-90e4-00144feabdc0.html#axzz20Q5il6cK.

Marshall, S. (2001) The challenge of sustainable transport, in Layard, A., Davoudi, S. and Batty, S. (eds.) *Planning for a Sustainable Future*. London: Spon, pp. 131–147.

Matthiessen, C.W. (1993) Copenhagen on the European scene, in City of Copenhagen, Lord Mayor's Department, *Copenhagen! Views and Visions*. Copenhagen: City of Copenhagen, pp. 40–43.

Matthiessen, C.W. (2000) Bridging the Öresund: potential regional dynamics: integration of Copenhagen (Denmark) and Malmö–Lund (Sweden). A cross-border project on the European metropolitan level. *Journal of Transport Geography*, **8**, pp. 171–180.

Matthiessen, C.W. (2004) The Öresund area: pre- and post-bridge cross-border functional integration: the bi-national regional question. *GeoJournal*, **61**, pp. 31–39.

Matthiessen, C.W., Schwarz, A.W. and Find, S. (2010) World cities of scientific knowledge: systems, networks and potential dynamics. An analysis based on bibliometric indicators. *Urban Studies*, **47**(9), 1879–1897.

Meadows, D.H., Meadows, D.L., Randers, J. and Behrens, W.W. III (1972) *Limits to Growth: A Report for the Club of Rome*. New York: Universe Books.

Meadows, D., Randers, J. and Meadows, D. (2004) *Limits to Growth, The 30-Year Update*. Available at: http://www.mnforsustain.org/meadows_limits_to_growth_30_year_update_2004.htm.

Menerault, P. (2008) *Gares ferroviaires et projets métropolitains: une ville en mutation: Métropole Lilloise (Extrait du thème 1: la stratégie métropolitaine)*. Lille: POPSU: Plate-forme d'Observation des Projets et Stratégies Urbaines.

Menzl, M. (2010) *Reurbanisierung? Zuzugsmotive und locale Bindungen der neuen*

Innenstadtbewohner – Das Beispiel der HafenCity Hamburg. Diskussions-papier zur HafenCity Nr. 2. Hamburg: HafenCity Hamburg GmbH. Available at: www.hafencity.com/.../DP_Menzl_Reurbanisierun...

Mignon, E. (1962) *Les Mots du Général de Gaulle*. Paris: Fayard.

Mills, G. (2001) New tramways in France: the case of Montpellier. *Transport Reviews*, **21**(3), pp. 337–352.

Milmo, D. (2012) In Orgreave, hope rises from the fields where miners fought and lost. *The Observer*, 8 July. Available at: http://www.guardian.co.uk/business/2012/jul/08/orgreave-hope-miners-fought-lost?INTCMP=SRCH.

Mowat, C.L. (1955) *Britain between the Wars 1918–1940*. London: Methuen.

NAO (National Audit Office) (2008) *Planning for Homes: Speeding Up Planning Applications for Major Housing Developments in England*. London: NAO.

Naess, P. and Sandberg, S.L. (1996) Workplace location, modal split and energy use for commuting trips. *Urban Studies*, **33**(3), pp. 557–580.

Naess, P., Roe, P.G. and Larsen, S. (1995) Travelling distances, modal split and transportation energy in thirty residential areas in Oslo. *Journal of Environmental Planning and Management*, **38**(3), pp. 349–370.

Netherlands, Ministry of Housing, Physical Planning and the Environment (1991) *Fourth Report (EXTRA) on Physical Planning in the Netherlands: Comprehensive Summary: On the Road to 2015*. The Hague: Ministry of Housing, Physical Planning and the Environment, Department for Information and International Relations.

Newman, P.W.G. and Kenworthy, J.R. (1989) Gasoline consumption and cities: a comparison of U.S. cities with a global survey. *Journal of the American Planning Association*, **55**, pp. 24-37.

Newman, P. and Kenworthy, J. (1999) *Sustainability and Cities: Overcoming Automobile Dependence*. Washington DC: Island Press.

Newman, P. and Kenworthy, J. (2000) The ten myths of automobile dependence. *World Transport Policy & Practice*, **6**(1), pp. 15–25.

Newman, P. and Thornley, A. (1996) *Urban Planning in Europe*. London: Routledge.

Nuissl, H. and Rink, D. (2003) *Urban Sprawl and Post-Socialist Transformation – the Case of Leipzig (Germany)*. UFZ Report 4/2003. Leipzig: UFZ Centre for Environmental Research.

ODPM (Office of the Deputy Prime Minister) (2003) *Sustainable Communities: Building for the Future*. London: ODPM. Available at: http://www.communities.gov.uk/publications/communities/sustainablecommunitiesbuilding.

OECD (Organization for Economic Cooperation and Development) (2008) *Territorial Reviews: Newcastle in the North East, The United Kingdom*. Paris: OECD.

Oxley, M., Brown, T., Nadin, V., Qu, L., Tummers, L. and Fernández-Maldonado, A.M. (2009) *Review of European Planning Systems*. Fareham: National Housing and Planning Advice Unit.

Owens, S.E. (1984) Spatial structure and energy demand, in Cope, D.R., Hills, P.R. and James, P. (eds.) *Energy Policy and Land Use Planning*. Oxford: Pergamon, pp. 215–240.

Owens, S. (1986) *Energy, Planning and Urban Form*. London: Pion.

Palmer, J. and Cooper, I. (2011) *Great Britain's Housing Energy Fact File*. London: DECC. Available at: www.eclipseresearch.co.uk/.../energy/...

Paris, D. and Baert, T. (2011) Lille 2004 and the role of culture in the regeneration of Lille métropole. *Town Planning Review*, **82**(1), pp. 29–43.

Paris, D. and Stevens, J.-F. (2000) *Lille et sa région urbaine: la bifurcation métropolitaine*. Paris: L'Harmattan.

Paris, D. and Baert, T. (2011) Lille 2004 and the role of culture in the regeneration of Lille métropole. *Town Planning Review*, **82**, pp. 29–43.

Parity Projects (2008) *Energy Options Appraisal for Domestic Buildings in the London Borough of Sutton*. Available at: https://www.sutton.gov.uk/CHttpHandler.ashx?id=5173&p=0.

Parkinson, M., Champion, T. *et al.* (2006) *The State of the English Cities*, Vols. 1 and 2. London: ODPM.

Parkinson, M., Hutchins, M., Simmie, J., Clark, G. and Verdonk, H. (2004) *Competitive European Cities: Where do the Core Cities Stand?* London: ODPM. Available at: http://www.ljmu.ac.uk/EIUA/67773.htm.

Plöger, J. (2010) Leipzig, in Power, A., Plöger, J. and Winkler, A. (2010) *Phoenix Cities: The Fall and Rise of Great Industrial Cities*. Bristol: Polity Press for Joseph Rowntree Foundation, pp. 107–129.

Power, A., Plöger, J. and Winkler, A. (2010) *Phoenix Cities: The Fall and Rise of Great Industrial Cities Across Europe*. Bristol: Policy Press.

Pradeilles, J.-C. with Chapoutot, J.-J. (1981) *Régulation politique et contradictions territoriales: Les politiques locales de transport des agglomérations lilloise et grenobloise, 1972–1978*. Grenoble: Ministère des Transports/Institut d'Urbanisme de Grenoble, Mission de la Recherche Université des Sciences Sociales.

Priemus, H. (2011) Synergy between transport infrastructures and cities – towards better places, in Chisholm, S. (ed.) *Investing in Better Places: International Perspectives*. London: The Smith Institute.

Reeds, J. (2011) *Smart Growth: From Sprawl to Sustainability*. Totness: Green Books.

Ries, R. (2011) Sustainable Mobility. Interview with Roland Ries, Senator and Mayor of Strasbourg, by sustainable-mobility.org. Available at: http://www.youtube.com/watch?v=IbuCrgpZ54s.

Rightmove (2011) House Price Index October 2011. Available at: http://www.rightmove.co.uk/news/house-price-index/october-2011.

Rudlin, D. and Falk, N. (2009) *Sustainable Urban Neighbourhood: Building the 21st Century Home*. Oxford: Architectural Press.

RuSource (Rural Information Network) (2006) *Food security and the UK* (Briefing 445). Available at: www.ifr.ac.uk/waste/Reports/RuSource_foodsecurity.pdf.

Savills (2012) *Residential Markets in Germany Current Developments, Prospects and Opportunities*. Available at: http://www.savills.de/pdf-de/savills-research-residential-market-report---executive-summary.pdf.

Schaer, C. (2010) The challenge of making HafenCity feel neighborly. Spiegelonline. 28 August 2010. Available at: http://www.spiegel.de/international/germany/hamburg-s-new-quarter-the-challenge-of-making-hafencity-feel-neighborly-a-714008-2.html.

Schelkes, R., Schuster, M. and Selle, K. (2005) *Baugruppenarchitektur in Freiburg: vom Experiment zur Rege*. Freiburg: Modo Verlag.

Science Communication Unit, the University of the West of England (2012) *In Depth Report: Soil Sealing*. Brussels: European Commission DG Environment. Available at: http://ec.europa.eu/environment/integration/research/newsalert/pdf/IR2.pdf.

Scott, A.J. (2001) *Global City-Regions: Trends, Theory, Policy*. Oxford: Oxford University Press.

Sear, C. (2012) *Tax Increment Financing*. Standard Note SN/PC/05797/ London: House of Commons Library, Parliament and Constitution Centre.

Seebohm, F. (1968) *Report of the Committee on Local Authority and Allied Personal Social Services*. London: HMSO.

Seltmann, G. (2007) *Renaissance of an Industrial Region: 'Internationale Bauausstellung Emscher*

Park' Achievements and Future Model for Others. Flechtingen: GseProjekte-Office for Regional Development. Available at: http://www.riss.osaka-.ac.jp/jp/events/point/P. Seltmann.pdf.

SenFin (Senatsverwaltung für Finanzen) (2007) *Haushalt und Finanzen Berlins. Ein Überblick*. Berlin: SenFin.

Sheppard, F.H.W. (1971) *London 1808–1870: The Infernal Wen*. London Secker and Warburg.

SINTROPHER (Sustainable Tram-Based Transport Options for Peripheral European Regions) (2011) *Evaluation of Transport Linkages between the Region of Kassel and the European Metropolises*. Findings Report WP2A1. Available at: http://sintropher.eu/index.php?id=reports.

Sit, F.S.V. and Yang, C. (1997) Foreign-investment-induced exo-urbanization in the Pearl River Delta, China. *Urban Studies*, **34**(4), pp. 647–677.

Skidelsky, R. (2010) *Keynes: The Return of the Master*. Harmondsworth: Penguin.

Skidelsky, R. and Skidelsky, E. (2012) *How Much is Enough? The Love of Money, and the Case for the Good Life*. London: Allen Lane.

Stadt Leipzig (2006*a*) *Monitoringbericht 2006 – kleinräumiges Monitoring des Stadtumbaus*. Leipzig: Department of Urban Development.

Stadt Freiburg (2006*b*) *Freiburg Solar Energy Guide*. Freiburg: City of Freiburg Environmental Protection Agency.

Stadt Freiburg (2012) *Green City Freiburg: Approaches to Sustainability*. Available at http://www.fwtm.freiburg.de/servlet/PB/show/1199617_l2/GreenCity.pdf.

Stadt Heidelberg (2012) *Internationale Bauausstellung (IBA) Heidelberg: 'Wissen-schafft-Stadt'*. Available at: http://www.heidelberg.de/servlet/PB/menu/1213166/index.html.

Stadt Leipzig (2005) *Monitoringbericht 2005 – kleinräumiges Monitoring des Stadtumbaus*. Leipzig: Department of Urban Development.

Stadt Leipzig (2007) *Abschlussbericht zum Forschungsprojekt Kleinräumiges Monitoring des Stadtumbaus in Leipzig*. Leipzig: Department of Urban Development.

Stern, N. (2007) *The Economics of Climate Change. The Stern Review*. Cambridge: Cambridge University Press.

Stiglitz, J.E. (2012) *The Price of Inequality*. London: Allen Lane.

TCPA (Town and Country Planning Association) (2010) *Making Planning Work: Briefing Paper 4, Incentives for Growth*. London: TCPA.

Thomson, J.M. (1977) *Great Cities and Their Traffic*. London: Gollancz.

Treanor, J. and Jowit, J. (2012) Cable laments destruction of building societies. *The Guardian*, 18 June. Available: http://www.guardian.co.uk/politics/2012/jun/18/cable-laments-destruction-building-societies.

Turner, C. (2011) Welcome to HafenCity – Germany's crazy ambitious urban redesign project. Mother Nature Network, 11 July. Available at: http://www.mnn.com/green-tech/research-innovations/blogs/welcome-to-hafencity-germanys-crazy-ambitious-urban-redesign-p.

UK Technology Strategy Board (2012) *Catapult Update: Shaping the Network of Centres*. March 2012. London: UK Technology Strategy Board. Available at: http://www.innovateuk.org/_assets/0511/Catapultupdate_final.pdf.

UN-Habitat (2004) *The State of the World's Cities 2004/2005: Globalization and Urban Culture*. London: Earthscan.

Urban Task Force (1999) *Towards an Urban Renaissance*. London: Routledge.

Urbed (2002) *Towns and Cities: Partners in Urban Renaissance*. London: ODPM.

Urbed (2004) *Selby District Renaissance*. Available at http://www.urbed.coop/projects/selby-district-renaissance.

Veltz, P. (1996) *Mondialisation, villes et territoires: l'économie d'archipel*. Paris: Presses Universitaires de France.

von Petz, U. (2010) News from the field: city planning exhibitions in Germany, 1910–2010. *Planning Perspectives*, **25**, pp. 375–382.

Wackernagel, M. and Rees, W. (1996) *Our Ecological Footprint*. London: New Society Publishers.

Wapshott, N. (2011) *Keynes Hayek: The Clash That Defined Modern Economics*. New York and London: W.W. Norton.

Ward, C. (1978) *The Child in the City*. London: Architectural Press.

Watson, H. (2006) Berlin's empty heart. *Architectural Design*, **76**(3), pp. 100–103.

Webber, C. (2008) *Innovation, Science and the City*. London: Centre for Cities.

Wellings, F. (2006) *Private Housebuilding Annual 2006*. London: Troubadour Publishing.

Wilkinson, R.J. and Pickett, K. (2009) *The Spirit Level: Why More Equal Societies Almost Always Do Better*. Harmondsworth: Allen Lane.

Wo-Lap, L.L. (2002) Race to become China's economic powerhouse. CNN, 11 June.

Wooldridge, A. (2013) *Northern Lights: Special Report, The Nordic Countries. The Economist*, 2 February.

Wright, O. and Cooper, C. (2012) George Osborne slammed by his own climate change advisors over 'dash for gas'. *The Independent*, 13 September. Available at: http://www.independent.co.uk/news/uk/politics/george-osborne-slammed-by-his-own-climate-change-advisors-over-dash-for-gas-8135035.html.

索 引

译者简介

袁媛博士，中山大学教授，国家注册规划师。